国家卫生健康委员会"十四五"规划教材

全国高等中医药教育教材

供中药学类专业用

高等数学

第 3 版

主　编　杨　洁

副主编　尹立群　宋伟才　关红阳　孙　健　吕鹏举

编　委　（按姓氏笔画排序）

尹立群（天津中医药大学）　　　　宋乃琪（北京中医药大学）

付文娇（湖北中医药大学）　　　　宋伟才（江西中医药大学）

白丽霞（山西中医药大学）　　　　陈继红（河南中医药大学）

吕鹏举（哈尔滨医科大学）　　　　陈婷婷（黑龙江中医药大学）

关红阳（辽宁中医药大学）　　　　林　薇（成都中医药大学）

孙　健（长春中医药大学）　　　　洪全兴（福建中医药大学）

杨　洁（北京中医药大学）　　　　董寒晖（山东第一医科大学）

秘　书　于　芳（北京中医药大学）

人民卫生出版社

·北京·

图书在版编目（CIP）数据

高等数学/杨洁主编. —3 版. —北京：人民卫
生出版社，2023.8
ISBN 978-7-117-35021-1

Ⅰ.①高…　Ⅱ.①杨…　Ⅲ.①高等数学-医学院校-
教材　Ⅳ.①O13

中国国家版本馆 CIP 数据核字（2023）第 155411 号

| 人卫智网 | www. ipmph. com | 医学教育、学术、考试、健康，
购书智慧智能综合服务平台 |
| 人卫官网 | www. pmph. com | 人卫官方资讯发布平台 |

高 等 数 学
Gaodeng Shuxue
第 3 版

主　　编：杨　洁
出版发行：人民卫生出版社（中继线 010-59780011）
地　　址：北京市朝阳区潘家园南里 19 号
邮　　编：100021
E - mail：pmph @ pmph. com
购书热线：010-59787592　010-59787584　010-65264830
印　　刷：三河市宏达印刷有限公司
经　　销：新华书店
开　　本：850×1168　1/16　　印张：15
字　　数：393 千字
版　　次：2012 年 5 月第 1 版　　2023 年 8 月第 3 版
印　　次：2023 年 9 月第 1 次印刷
标准书号：ISBN 978-7-117-35021-1
定　　价：59. 00 元

打击盗版举报电话：010 - 59787491　E - mail：WQ @ pmph. com
质量问题联系电话：010 - 59787234　E - mail：zhiliang @ pmph. com
数字融合服务电话：4001118166　　E - mail：zengzhi @ pmph. com

◇◇◇ 修 订 说 明 ◇◇◇

为了更好地贯彻落实党的二十大精神和《"十四五"中医药发展规划》《中医药振兴发展重大工程实施方案》及《教育部 国家卫生健康委 国家中医药管理局关于深化医教协同进一步推动中医药教育改革与高质量发展的实施意见》的要求,做好第四轮全国高等中医药教育教材建设工作,人民卫生出版社在教育部、国家卫生健康委员会、国家中医药管理局的领导下,在上一轮教材建设的基础上,组织和规划了全国高等中医药教育本科国家卫生健康委员会"十四五"规划教材的编写和修订工作。

党的二十大报告指出:"加强教材建设和管理""加快建设高质量教育体系"。为做好新一轮教材的出版工作,人民卫生出版社在教育部高等学校中医学类专业教学指导委员会、中药学类专业教学指导委员会、中西医结合类专业教学指导委员会和第三届全国高等中医药教育教材建设指导委员会的大力支持下,先后成立了第四届全国高等中医药教育教材建设指导委员会和相应的教材评审委员会,以指导和组织教材的遴选、评审和修订工作,确保教材编写质量。

根据"十四五"期间高等中医药教育教学改革和高等中医药人才培养目标,在上述工作的基础上,人民卫生出版社规划、确定了中医学、针灸推拿学、中医骨伤科学、中药学、中西医临床医学、护理学、康复治疗学 7 个专业 155 种规划教材。教材主编、副主编和编委的遴选按照公开、公平、公正的原则进行。在全国 60 余所高等院校 4 500 余位专家和学者申报的基础上,3 000 余位申报者经教材建设指导委员会、教材评审委员会审定批准,被聘任为主编、副主编、编委。

本套教材的主要特色如下:

1. **立德树人,思政教育** 教材以习近平新时代中国特色社会主义思想为引领,坚守"为党育人、为国育才"的初心和使命,坚持以文化人,以文载道,以德育人,以德为先。将立德树人深化到各学科、各领域,加强学生理想信念教育,厚植爱国主义情怀,把社会主义核心价值观融入教育教学全过程。根据不同专业人才培养特点和专业能力素质要求,科学合理地设计思政教育内容。教材中有机融入中医药文化元素和思想政治教育元素,形成专业课教学与思政理论教育、课程思政与专业思政紧密结合的教材建设格局。

2. **准确定位,联系实际** 教材的深度和广度符合各专业教学大纲的要求和特定学制、特定对象、特定层次的培养目标,紧扣教学活动和知识结构。以解决目前各院校教材使用中的突出问题为出发点和落脚点,对人才培养体系、课程体系、教材体系进行充分调研和论证,使之更加符合教改实际、适应中医药人才培养要求和社会需求。

3. **夯实基础,整体优化** 以科学严谨的治学态度,对教材体系进行科学设计、整体优化,体现中医药基本理论、基本知识、基本思维、基本技能;教材编写综合考虑学科的分化、交叉,既充分体现不同学科自身特点,又注意各学科之间有机衔接;确保理论体系完善,知识点结合完备,内容精练、完整,概念准确,切合教学实际。

4. **注重衔接,合理区分** 严格界定本科教材与职业教育教材、研究生教材、毕业后教育教材的知识范畴,认真总结、详细讨论现阶段中医药本科各课程的知识和理论框架,使其在教材中得以凸显,既要相互联系,又要在编写思路、框架设计、内容取舍等方面有一定的区分度。

5. 体现传承,突出特色 本套教材是培养复合型、创新型中医药人才的重要工具,是中医药文明传承的重要载体。传统的中医药文化是国家软实力的重要体现。因此,教材必须遵循中医药传承发展规律,既要反映原汁原味的中医药知识,培养学生的中医思维,又要使学生中西医学融会贯通;既要传承经典,又要创新发挥,体现新版教材"传承精华、守正创新"的特点。

6. 与时俱进,纸数融合 本套教材新增中医抗疫知识,培养学生的探索精神、创新精神,强化中医药防疫人才培养。同时,教材编写充分体现与时代融合、与现代科技融合、与现代医学融合的特色和理念,将移动互联、网络增值、慕课、翻转课堂等新的教学理念和教学技术、学习方式融入教材建设之中。书中设有随文二维码,通过扫码,学生可对教材的数字增值服务内容进行自主学习。

7. 创新形式,提高效用 教材在形式上仍将传承上版模块化编写的设计思路,图文并茂、版式精美;内容方面注重提高效用,同时应用问题导入、案例教学、探究教学等教材编写理念,以提高学生的学习兴趣和学习效果。

8. 突出实用,注重技能 增设技能教材、实验实训内容及相关栏目,适当增加实践教学学时数,增强学生综合运用所学知识的能力和动手能力,体现医学生早临床、多临床、反复临床的特点,使学生好学、临床好用、教师好教。

9. 立足精品,树立标准 始终坚持具有中国特色的教材建设机制和模式,编委会精心编写,出版社精心审校,全程全员坚持质量控制体系,把打造精品教材作为崇高的历史使命,严把各个环节质量关,力保教材的精品属性,使精品和金课互相促进,通过教材建设推动和深化高等中医药教育教学改革,力争打造国内外高等中医药教育标准化教材。

10. 三点兼顾,有机结合 以基本知识点作为主体内容,适度增加新进展、新技术、新方法,并与相关部门制定的职业技能鉴定规范和国家执业医师(药师)资格考试有效衔接,使知识点、创新点、执业点三点结合;紧密联系临床和科研实际情况,避免理论与实践脱节、教学与临床脱节。

本轮教材的修订编写,教育部、国家卫生健康委员会、国家中医药管理局有关领导和教育部高等学校中医学类专业教学指导委员会、中药学类专业教学指导委员会、中西医结合类专业教学指导委员会等相关专家给予了大力支持和指导,得到了全国各医药卫生院校和部分医院、科研机构领导、专家和教师的积极支持和参与,在此,对有关单位和个人表示衷心的感谢!为了保持教材内容的先进性,在本版教材使用过程中,我们力争做到教材纸质版内容不断勘误,数字内容与时俱进,实时更新。希望各院校在教学使用中,以及在探索课程体系、课程标准和教材建设与改革的进程中,及时提出宝贵意见或建议,以便不断修订和完善,为下一轮教材的修订工作奠定坚实的基础。

人民卫生出版社

2023 年 3 月

◇◇◇ 前　言 ◇◇◇

随着科学技术的发展,对人才的需求越来越高。为了适应当前教学改革和人才培养目标,教育部高等学校大学数学课程教学指导委员会于2014年首次制定了医科类本科数学基础课程教学基本要求。高等数学作为高等中医药院校一门重要的公共基础课程,一直担负着提高学生逻辑思维能力和基本职业技能的重要作用。

本书根据医科类数学基础课程的教学基本要求,结合国家卫生健康委员会"十四五"规划教材建设的指导思想和总体原则,对"十三五"期间编写的第2版规划教材进行修订。本次修订,对第2版教材编写及排版中的疏漏进行了修正,对部分内容和习题进行了删改;在书中有机融入了思政元素。编写的融合教材部分提高了可读性。本教材通俗易学,利于提高学生的学习兴趣和对知识的理解掌握,为后续相关课程奠定了基础。

本书共九章。第一章由关红阳编写;第二章由宋乃琪、林薇编写;第三章由孙健、付文娇编写;第四章由宋伟才编写;第五章由陈婷婷、陈继红编写;第六章由尹立群编写;第七章由杨洁编写;第八章由吕鹏举、洪全兴编写;第九章由白丽霞、董寒晖编写。本书由杨洁、尹立群、宋伟才、关红阳等统稿,于芳任秘书并担任了部分统稿工作。

本书可供高等医药院校中药学及其他专业作为教材使用,也可以作为医药卫生工作者及数学爱好者的学习参考书。

在本书编写过程中,参考了相关学科教材,并得到了各参编学校领导和老师的大力支持与帮助,在此一并表示感谢。

由于编者水平有限,书中难免有一些不妥之处,恳请使用本教材的师生以及读者给予批评指正。

编者
2023 年 3 月

◇◇◇ 目 录 ◇◇◇

第一章

函数与极限

第一节 函 数

一、函数的定义与性质

1. 常量与变量 我们观察和研究某一变化过程时,常常会遇到两种不同的量:一种量在此变化过程中保持同一数值而不发生变化,这样的量称为**常量**,通常用字母 $a,b,c,\cdots$ 表示。另一种量是在该变化过程中可能取不同的值,这种量称为**变量**,用字母 $x,y,z,t,\cdots$ 表示。

例如,一架客机在飞行过程中,机内乘客人数 n 是一个常量,而飞机飞行的高度 h 和速度 v,在飞行过程中都是不断发生变化的变量。

2. 集合与映射 集合是数学中的一个基本概念。例如,一个教室里的所有学生构成一个集合,全体自然数也构成一个集合。

定义 1.1 一般地,所谓**集合**指具有某种特定性质的事物而组成的总体。组成该集合的每个事物称为集合的**元素**。若 a 是集合 M 中的元素,记为 $a \in M$,读作 a 属于 M;若 a 不是集合 M 中的元素,记作 $a \notin M$,读作 a 不属于 M。

由有限个元素组成的集合称为**有限集**。例如,集合 $A = \{a_1, a_2, \cdots, a_n\}$;由无穷多个元素组成的集合称为**无限集**,如集合 $N = \{x \mid x$ 是自然数$\}$,显然,N 是一个无限集。又如集合 $B = \{x \mid x$ 具有特征 $P\}$,任何具有这个特征 P 的事物 a 都是集合 B 的元素。反之,不是这个集合 B 的元素都不具有这个特征。

讨论变量间的数量关系时,必须明确变量的取值范围,**数集**是表示变量取值范围的一种常用方法。本书中所讨论的变量总假定在实数范围内变化。

常用的数集除了自然数集 N、整数集 Z、有理数集 Q、实数集 R 外,还有各种类型的区间。假设 $a,b \in R$ 且 $a<b$,则各种类型的区间如下:

开区间:$(a,b) = \{x \in R \mid a<x<b\}$;闭区间:$[a,b] = \{x \in R \mid a \leqslant x \leqslant b\}$。

半开区间：$[a,b)=\{x\in R\mid a\leqslant x<b\}$，$(a,b]=\{x\in R\mid a<x\leqslant b\}$。

无穷区间：$(-\infty,+\infty)=R$，$(a,+\infty)=\{x\in R\mid x>a\}$，$[a,+\infty)=\{x\in R\mid x\geqslant a\}$，$(-\infty,b)=\{x\in R\mid x<b\}$，$(-\infty,b]=\{x\in R\mid x\leqslant b\}$。

此外，为了讨论函数在一点附近的某些性态，需要引入点的邻域概念。

定义 1.2 假设 $a,\delta\in R(\delta>0)$，数集 $\{x\mid x\in R$ 且 $\mid x-a\mid<\delta\}$，即数轴上和点 a 的距离小于 δ 的点的全体，称为以点 a 为中心、δ 为半径的**邻域**，记作 $N(a,\delta)$（图 1-1）。

$$N(a,\delta)=(a-\delta,a+\delta)$$

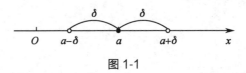

图 1-1

类似地，还有点的空心邻域，即数集 $\{x\mid x\in R$ 且 $0<\mid x-a\mid<\delta\}$，称为以点 a 为中心、δ 为半径的**空心邻域**，记为 $N(\mathring{a},\delta)$。

定义 1.3 假设 X,Y 为非空集合，若存在从 X 到 Y 的一个对应关系 $f:\forall x\in X$，在 Y 中都有唯一确定的 y 与 x 对应，记为 $y=f(x)$，则称 f 为 X 到 Y 的一个**映射**，记作 $f:X\to Y$，其中 $\forall$ 表示任意。

定义中 X 称为映射 f 的**定义域**；对应关系 f（映射）又称为**对应法则**。显然，集合 $D_f=\{y\mid y=f(x):\forall x\in X\}\subseteq Y$，这里我们称 D_f 为映射 f 的**值域**。

例 1 设集合 $X=\{x\mid x$ 是甲班的同学$\}$，$Y=N$，则甲班某同学的年龄 f 就是从集合 X 到 Y 的一个映射，对于 $\forall x\in X$，Y 中都有唯一的元素 $y\in Y$ 与 x 相对应。

在映射概念中，当 X,Y 是数集时，则 f 称为 X 到 Y 的一个函数。下面详细论述函数的概念。

3. 函数的概念 先看几个例子。

例 2 一个圆柱形容器，底面半径为 a，高为 h，其内所盛溶液体积 V 随着溶液高度 x 的变化规律为

$$V=\pi a^2 x\quad(0\leqslant x\leqslant h)$$

例 3 在板蓝根注射液含量稳定性的研究中，测得 pH = 6.28，温度 78℃时，保温时间 t 与板蓝根注射液含量的破坏百分比为 p，测得数据见表 1-1：

表 1-1

保温时间 t/h	32	64	96	128
含量破坏百分比 $p/\%$	4.55	12.27	15.45	18.18

例 4 某日某地气温 T 和时间 t 是两个变量，由气温自动记录仪描绘一条曲线（图 1-2）。这个图形表示气温 T 随时间 t（从时刻 0 开始）的变化而变化的函数关系，记录时间范围是 24 小时。

例 5 表达式 $y=\mid x\mid=\begin{cases}x, & x\geqslant0\\-x, & x<0\end{cases}$，表明 y 是 x 的函数（分段函数）（图 1-3）。

上面几个例子，虽然实际意义各不相同，变量之间的对应关系是用不同的方式来表达；但是，它们都表达了两个变量之间的相依关系。这种相依关系给出了一种对应法则，依据这一法则，当其中一个变量在其变化范围内任意取定一个值时，另一个变量就有确定的值与之对应，两个变量之间的这种对应关系称之为函数关系，它是函数概念的实质。

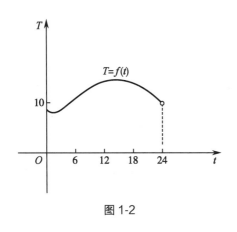

图 1-2

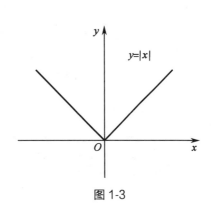

图 1-3

定义 1.4 设在某一变化过程中有两个变量 x 和 y,变量 x 的取值范围为数集 D,若对于每一个 $x \in D$,按照一定的对应法则 f,变量 y 总有唯一确定的值与 x 对应,则称 y 是 x 的**函数**,记作 $y=f(x)$。D 称为函数 f 的**定义域**,x 为自变量,y 为因变量。全体函数值的集合 $D_f = f(D) = \{y \mid y=f(x) : \forall x \in D\}$ 称为函数的**值域**。与 x_0 对应的 y 值称为函数 $y=f(x)$ 在点 x_0 处的函数值。

函数 $y=f(x)$ 中,表示对应关系的记号 f(对应法则)也可用其他字母来表示,例如"φ""F"。这时函数就记作 $y=\varphi(x)$ 或 $y=F(x)$。

在实际问题中,函数的定义域通常可根据问题的实际意义来确定。例如,例 2 的定义域为 $D=[0,h]$;例 3 中,定义域 $D=[0,t]$;例 4 中,定义域 $D=[0,24)$。

在数学中有时不考虑函数的实际意义,而研究抽象的用算式表达的函数。这时我们约定:函数的定义域就是自变量所取使算式有意义的一切实数。

例如,函数 $y=\sqrt{1-x^2}$ 的定义域是闭区间 $[-1,1]$,而 $y=\dfrac{1}{\sqrt{1-x^2}}$ 的定义域是开区间 $(-1,1)$。

若自变量在函数的定义域内任取一个数值时,对应的函数值只有一个,这种函数称为**单值函数**,否则就称为**多值函数**。上述例子都是单值函数。特别地,本书所研究的函数都是指单值函数。

假设函数 $y=f(x)$ 的定义域为 D,对于 $\forall x \in D$,对应的函数值为 $y=f(x)$。这样,以 x 为横坐标,以 y 为纵坐标可在 xOy 平面上确定一点 $P(x,y)$。当 x 取遍 D 上的每一个值时,点 $P(x,y)$ 的一个集合 $C=\{(x,y) \mid y=f(x), x \in D\}$;此集合 C 称为 $y=f(x)$ 的图像(图形)。

函数的表示方法通常有 3 种:

(1)**解析法(公式法)**:用一个表达式(公式)表示变量之间的函数关系,如例 2。

(2)**列表法**:用一张表格表示变量之间的函数关系,如例 3。

(3)**图像法**:借助坐标系可用图形表示变量间的函数关系,如例 4 和例 5。

4. 函数的几个特性

(1)**有界性**:设函数 $y=f(x)$ 的定义域为 D,区间 $I \subseteq D$。若存在常数 K,使得

$$f(x) \leqslant K \ [\text{或} f(x) \geqslant K]$$

对于 $\forall x \in I$ 都成立,则称函数 $f(x)$ 在 I 上有**上界**(或**下界**)。

若函数 $f(x)$ 在 I 上既有上界,又有下界,则称函数 $f(x)$ 是 I 上的**有界函数**。

例如,对 $\forall x \in R$,恒有 $|\sin x| \leqslant 1$,$|\cos x| \leqslant 1$,所以 $y=\sin x, y=\cos x$,在实数域上是有界函数;显然,常数 1 是 $\sin x$ 和 $\cos x$ 的一个上界,而 -1 是其一个下界。

容易证明:函数 $f(x)$ 在 I 上有界 $\Leftrightarrow f(x)$ 在 I 上既有上界,又有下界。

（2）**奇偶性**：设 $f(x)$ 的定义域 D 关于原点对称，即 $\forall x \in D$，有 $-x \in D$。

若对于 $\forall x \in D$，$f(-x) = f(x)$ 恒成立，则称 $f(x)$ 为**偶函数**。

若对于 $\forall x \in D$，$f(-x) = -f(x)$ 恒成立，则称 $f(x)$ 为**奇函数**。

例如，$y = x^2$，$y = \cos x$ 都是偶函数；$y = x^3$，$y = \sin x$ 都是奇函数；而 $y = \sin x + \cos x$ 是非奇非偶函数。

注 偶函数的图像关于 y 轴对称，奇函数的图像关于原点对称。

（3）**单调性**：设函数 $f(x)$ 的定义域为 D，区间 $I \subseteq D$。若对于 $\forall x_1, x_2 \in I$，当 $x_1 < x_2$ 时，恒有 $f(x_1) < f(x_2)$ [或 $f(x_1) > f(x_2)$]，则称函数 $f(x)$ 在区间 I 上**单调增加**（或减少）。单调增加或单调减少的函数统称为**单调函数**。

例如，函数 $y = x^2$ 在 $[0, +\infty)$ 上单调增加，在 $(-\infty, 0]$ 上单调减少；而在区间 $(-\infty, +\infty)$ 内函数 $y = x^2$ 就不是单调函数。

（4）**周期性**：设函数 $f(x)$ 的定义域为 D，若存在一个不为零的常数 l，使得对于 $\forall x \in D$ 有 $(x + l) \in D$，且 $f(x+l) = f(x)$ 恒成立，则称 $f(x)$ 为**周期函数**，l 称为 $f(x)$ 的**周期**。通常所说的周期函数的周期是指其**最小正周期**。

例如，函数 $\sin x$，$\cos x$ 的周期都是 2π；而函数 $\tan x$ 是以 π 为周期的函数，函数 $\sin \omega x$ [$\omega \neq 0$，$x \in (-\infty, +\infty)$] 的周期是 $\dfrac{2\pi}{|\omega|}$。

二、初等函数

1. 反函数 在研究两个变量的函数关系时，可根据问题的需要选定其中一个为自变量，另一个就是因变量。如函数 $y = ax + b$ （$a \neq 0$）中，x 是自变量，y 是因变量。若从这个函数式中解出 x，即

$$x = \frac{1}{a}y - \frac{b}{a}$$

则称它为函数 $y = ax + b$ （$a \neq 0$）的反函数。显然，$y = ax + b$ （$a \neq 0$）也是 $x = \dfrac{1}{a}y - \dfrac{b}{a}$ 的反函数。

一般地说，有如下定义：

定义 1.5 设函数 $y = f(x)$ 的定义域是 D，值域是 $f(D)$，若对于 $\forall y \in f(D)$，通过关系式 $y = f(x)$ 能唯一确定 D 中的一个 x 值，这样便可得到定义在 $f(D)$ 上并以 y 为自变量，x 为因变量的函数 $x = \phi(y)$，我们称它是 $y = f(x)$ 的**反函数**，记作 $x = f^{-1}(y)$，通常又可以记为 $y = f^{-1}(x)$。而 $y = f(x)$ 称为**直接函数**。

例如，$y = \sin x$，$y = a^x$ 的反函数分别是 $x = \arcsin y$，$x = \log_a y$。

注 （1）$y = f(x)$ 和 $x = f^{-1}(y)$ 互为反函数。

（2）严格单调函数都有反函数。

例如 $y = x^3$ 的反函数为 $x = \sqrt[3]{y}$，$y = x^3$ 和 $x = \sqrt[3]{y}$ 在其定义域内都是单调函数。而 $y = x^2$ 在其定义域内不是单调函数，这时它无反函数。

2. 复合函数 在实际问题中，经常会遇到两个变量之间的联系不是直接的，即因变量不直接依赖于自变量，而是通过中间一个变量联系起来。

例如，有质量为 m 的物体，以初速度 v_0 竖直上抛，由物理学知识可知，动能 E 是速度 v 的函数 $E = \dfrac{1}{2}mv^2$，速度 v 在不计空气阻力的情况下是 $v = v_0 - gt$，g 是重力加速度，因此，E 通过 v 成为 t 的函数 $E = \dfrac{1}{2}m(v_0 - gt)^2$，它由函数 $E = \dfrac{1}{2}mv^2$ 和 $v = v_0 - gt$ 复合而成。

定义 1.6 设 y 是 u 的函数 $y=f(u)$，u 又是 x 的函数 $u=\phi(x)$，若 x 在 $u=\phi(x)$ 的定义域（或其一部分）上取值时，对应的 u 使 $y=f(u)$ 有定义，则 y 通过 u 与 x 建立了函数关系，即 $y=f(u)=f[\phi(x)]$，我们称之为由函数 $y=f(u)$ 与 $u=\phi(x)$ 复合而成的**复合函数**。其中，u 称为中间变量，$y=f(u)$ 称为**外层函数**，$u=\phi(x)$ 称为**内层函数**。

例如，函数 $y=\arcsin(x^2)$ 可看作是由函数 $y=\arcsin u$ 和 $u=x^2$ 复合而成的复合函数。

形成复合函数的中间变量可以有有限多个。例如，由 $y=\lg u$，$u=\tan v$，$v=x^2+5$ 经过两次复合所构成的 x 的复合函数 $y=\lg\tan(x^2+5)$。

利用这一概念，有时可把复合函数分解为几个独立的简单函数。例如，$y=\mathrm{e}^{\sqrt{x^2+1}}$ 可以看成是由 $y=\mathrm{e}^u$，$u=\sqrt{v}$，$v=x^2+1$ 三个函数复合而成的。

注 函数 $u=\phi(x)$ 的值域不能超出 $y=f(u)$ 的定义域 U，这是极为重要的。

3. 基本初等函数 中学学过的幂函数、指数函数、对数函数、三角函数、反三角函数和常数这六类函数统称为**基本初等函数**。这些函数在中学数学课程里已详细研究过，现在将它们综述在表 1-2 中。

表 1-2　基本初等函数

类别及解析式	定义域	值域	图形
幂函数 $y=x^a$ $a>0$ a 次抛物线	因 a 而异，但 $[0,+\infty)$ 是公共定义域	因 a 而异，但 $[0,+\infty)$ 是公共值域	（在第一象限内）
	$a<0$ 令 $a=-m(m>0)$ $y=x^{-m}=\dfrac{1}{x^m}$ m 次双曲线	公共定义域为 $(0,+\infty)$	公共值域为 $(0,+\infty)$	
指数函数 $y=a^x(a>0,a\neq 1)$	$(-\infty,+\infty)$	$(0,+\infty)$	
对数函数 $y=\log_a x(a>0,a\neq 1)$	$(0,+\infty)$	$(-\infty,+\infty)$	
三角函数 正弦函数 $y=\sin x$ 余弦函数 $y=\cos x$ 正切函数 $y=\tan x$ 余切函数 $y=\cot x$	$(-\infty,+\infty)$ $(-\infty,+\infty)$ $x\neq n\pi+\dfrac{\pi}{2}$ $x\neq n\pi$ $(n=0,\pm 1,\cdots)$	$[-1,1]$ $[-1,1]$ $(-\infty,+\infty)$ $(-\infty,+\infty)$	$y=\tan x$　$y=\cot x$

笔记栏

续表

类别及解析式	定义域	值域	图形
反三角函数 反正弦函数 $y=\arcsin x$ 反余弦函数 $y=\arccos x$ 反正切函数 $y=\arctan x$ 反余切函数 $y=\text{arccot} x$	$[-1,1]$ $[-1,1]$ $(-\infty,+\infty)$ $(-\infty,+\infty)$	$\left[-\dfrac{\pi}{2},\dfrac{\pi}{2}\right]$ $[0,\pi]$ $\left(-\dfrac{\pi}{2},\dfrac{\pi}{2}\right)$ $(0,\pi)$	$y=\arcsin x$　$y=\arccos x$　$y=\arctan x$　$y=\text{arccot} x$

4. 初等函数　通常把由基本初等函数经过有限次的四则运算和有限次的函数复合所构成,并能用一个解析式表达的函数称为**初等函数**。

例如,$y=\ln(\sin x+4)$,$y=\mathrm{e}^{2x}\cdot\sin(3x+1)$,$y=\sqrt[3]{\sin x}$,$\cdots$,都是初等函数。

初等函数虽然是常见的最重要函数,但是在工程技术中,也经常遇到非初等函数。例如,符号函数 $y=\text{sgn}x=\begin{cases}\dfrac{|x|}{x},&x\neq0\\0,&x=0\end{cases}$,取整函数 $y=[x]$ 等分段函数都是非初等函数。

注　分段函数一般不是初等函数,但 $y=|x|=\sqrt{x^2}$ 是初等函数。

在微积分运算中常把初等函数分解为基本初等函数来研究,学会分析初等函数的结构十分重要。

第二节　极　　限

高等数学研究的主要对象是函数,而研究方法是极限。高等数学中几乎所有概念都离不开极限,因此,极限是高等数学中最基本的一个概念,极限方法也是研究函数、解决许多实际问题的基本思想方法和主要工具。

一、数列的极限

极限概念是由求某些实际问题的精确解而产生的。例如,我国古代数学家刘徽(公元3世纪)利用圆内接正多边形推算圆面积的方法(割圆术)是极限思想在几何学上的典型应用。

假设有一个圆,首先在其内作内接正 3 边形,它的面积记为 A_1;然后垂直平分内接正 3 边形的每一边,这样每一垂线都和圆周相交,再把这些交点与相邻正 3 边形的顶点相连接,可得内接正 6 边形,其面积记为 A_2;然后依次作出内接正 12 边形,面积记为 A_3;这样循此下去,每次边数都增加 1 倍。一般地,把内接正 $3\times2^{n-1}$ 边形的面积记为 $A_n(n\in N)$。这样,我们得到一系列内接正多边形的面积序列

$$A_1,A_2,\cdots,A_n,\cdots$$

它们构成了一列有次序的数。显然,当 n 增大时,内接正 $3\times2^{n-1}$ 边形与圆的差别越来越小,从而用 A_n 作为圆面积的近似值也越来越精确。但是,无论 n 取得怎样大,只要 n 取定了,A_n 终究只是正 $3\times2^{n-1}$ 边形的面积,而不是圆的面积。因此,设想无限增大 n,记为 $n\rightarrow+\infty$,读作 n 趋于正无穷大,亦即内接正多边形的边数无限增加,在这个过程中,内接正 $3\times2^{n-1}$ 边形就无限趋近

于圆,同时 A_n 也无限地趋近于某一确定的数,这个数即可理解为圆的面积。这个面积值在数学上称之为上述有次序的数 $A_1,A_2,\cdots,A_n,\cdots$,当 $n\to+\infty$ 时的极限。

事实上,若圆半径为 r,则内接正 n 边形的面积 A_n 和周长 I_n 分别为

$$A_n=\frac{1}{2}nr^2\sin\alpha_n,I_n=2nr\sin\frac{1}{2}\alpha_n\left(\alpha_n=\frac{2\pi}{n}\right)$$

其中 α_n 是圆内接正 n 边形的任一边所对的圆心角。

在圆的面积问题中,可清楚地看到,正是这个数列的极限才精确表达了圆的面积。

前人在解决实际问题中逐渐形成的这种极限方法,已经成为高等数学中的一种基本方法,因此有必要作进一步的阐明。首先说明数列的概念。

定义 1.7 若按照某一法则,有第一个数 x_1,第二个数 x_2,$\cdots$;这样依自然数次序排列的一列数,使得对于任何一个正整数 n 都有一个确定的数 x_n 与 n 对应,则这一列有次序的数

$$x_1,x_2,\cdots,x_n,\cdots$$

称为**数列**,记为 $\{x_n\}$。数列中的每一个数称为数列的**项**,第 n 项 x_n 称为数列的**通项**(或称**一般项**)。

下面通过几个例子说明数列的一般情况。

$$1,\quad -\frac{1}{2},\quad \frac{1}{3},\quad -\frac{1}{4},\quad \cdots,\quad (-1)^{n+1}\frac{1}{n},\quad \cdots$$

当 $n\to+\infty$ 时,数列的通项 $x_n=(-1)^{n+1}\frac{1}{n}\to0$。

$$2,\quad \frac{3}{2},\quad \frac{4}{3},\quad \frac{5}{4},\quad \cdots,\quad \frac{n+1}{n},\quad \cdots$$

当 $n\to+\infty$ 时,数列的通项 $x_n=\frac{n+1}{n}\to1$。

$$2,\quad 4,\quad 8,\quad \cdots,\quad 2^n,\cdots$$

当 $n\to+\infty$ 时,数列的通项 $x_n=2^n\to+\infty$。

$$0.3,\quad 0.33,\quad 0.333,\quad \cdots,\quad 0.3\cdots3,\quad \cdots$$

当 $n\to+\infty$ 时,数列的通项 $x_n=0.3\cdots3\to\frac{1}{3}$。

$$1,\quad -1,\quad 1,\cdots,\quad (-1)^{n+1},\quad \cdots$$

当 $n\to+\infty$ 时,上述数列的通项 $x_n=(-1)^{n+1}$ 在 1 和 -1 之间来回摆动。

一般地,若数列 $\{x_n\}$ 当 n 无限增大时,x_n 的取值无限趋近于常数 a,则称常数 a 是数列 x_n 当 $n\to+\infty$ 时的极限,记作 $\lim\limits_{n\to+\infty}x_n=a$。

下面给出数列极限的精确定义。

定义 1.8 若数列 $\{x_n\}$ 与常数 a 有下列关系:对于任意给定的正数 ε(无论它多么小),总存在正整数 N,使得对于 $n>N$ 时的一切 x_n,不等式 $|x_n-a|<\varepsilon$ 恒成立,则称常数 a 是数列 $\{x_n\}$ 的**极限**,或者称数列 $\{x_n\}$ 收敛于 a,记为 $\lim\limits_{n\to+\infty}x_n=a$ 或 $x_n\to a,(n\to+\infty)$(图 1-4)。

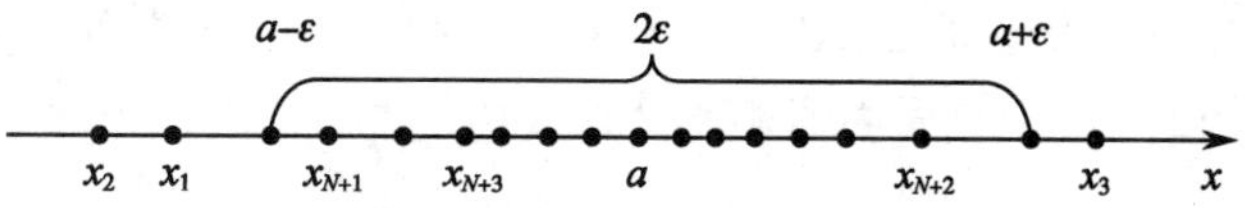

图 1-4

若数列 $\{x_n\}$ 没有极限,就说数列 $\{x_n\}$ 是发散的。

例 6 证明：$\lim\limits_{n\to+\infty}\dfrac{n+1}{n}=1$。

证 对于任意 $\varepsilon>0$，要使 $\left|\dfrac{n+1}{n}-1\right|<\varepsilon$，即 $\dfrac{1}{n}<\varepsilon$，则 $n>\dfrac{1}{\varepsilon}$。取 $N=\left[\dfrac{1}{\varepsilon}\right]$，那么当 $n>N$ 时，有

$n>\dfrac{1}{\varepsilon}$，即 $\dfrac{1}{n}<\varepsilon$，于是 $\left|\dfrac{n+1}{n}-1\right|<\varepsilon$，这就说明 $\lim\limits_{n\to+\infty}\dfrac{n+1}{n}=1$。

下面讨论收敛数列的两个基本定理。

定理 1.1 收敛数列的极限是唯一的。

证（用反证法） 设数列 $\{x_n\}$ 存在两个相异的极限 a,b，不妨设 $a<b$。因为 $\lim\limits_{n\to+\infty}x_n=a$，故对于正数 $\varepsilon=\dfrac{b-a}{2}$，存在 $N_1\in N$，使得当 $n>N_1$ 时，恒有 $|x_n-a|<\varepsilon$ 成立。

同理，因为 $\lim\limits_{n\to+\infty}x_n=b$，则对于 $\varepsilon=\dfrac{b-a}{2}$，存在 $N_2\in N$，当 $n>N_2$ 时，恒有 $|x_n-b|<\varepsilon$ 成立。

现在，取 $N=\max\{N_1,N_2\}$，则当 $n>N$ 时，$|x_n-a|<\varepsilon$ 和 $|x_n-b|<\varepsilon$ 同时成立，于是
$$|a-b|=|(a-x_n)-(b-x_n)|\leqslant|x_n-a|+|x_n-b|<2\varepsilon=|a-b|$$

矛盾。

定理 1.2 收敛数列 $\{x_n\}$ 一定有界。

证 令 $\lim\limits_{n\to+\infty}x_n=a$，由定义可知：若取 $\varepsilon=1$，则存在 $N>0$，使得当 $n>N$ 时，恒有 $|x_n-a|<1$；即当 $n>N$ 时，$|x_n|=|x_n-a+a|\leqslant|x_n-a|+|a|<1+|a|$。这说明 $1+|a|$ 是数列 $\{x_n\}$ 当 $n>N$ 时的一上界。而前面的 N 个项显然都有限，因此，若取 $K=\max\{|x_1|,|x_2|,\cdots,|x_n|,1+|a|\}$，则对于 $\forall n\in N$，恒有 $|x_n|\leqslant K$，故数列 $\{x_n\}$ 有界。

定理 1.2 的逆命题不成立，即有界数列未必收敛。

例如，数列 $\{(-1)^n\}$ 有界，显然它无极限。

思政元素

割圆术（中国极限思想）

极限是高等数学中非常重要的概念，早在我国战国时期，伟大哲学家、思想家庄子在《庄子·天下》中就提出："一尺之棰，日取其半，万世不竭"。一尺之棰是一有限的物体，但它却可以无限地分割下去，这体现了庄子的分割思想和极限思想。

魏晋时期伟大的数学家刘徽首创"割圆术"。他在为《九章算术》做注时提出"割之弥细，所失弥少，割之又割，以至于不可割，则与圆合体，而无所失矣"，即通过圆内接正多边形细割圆，并使正多边形的周长无限接近圆的周长。刘徽的"割圆术"是人类历史上首次将极限和无穷小分割引入数学证明，成为人类文明史中不朽的篇章。南北朝时期祖冲之在刘徽的研究基础上将圆周率精确到了小数点后 7 位。这个结果是当时世界上圆周率计算的最精确的数据，比欧洲人要早 1 000 多年。古人的创新精神和科研动力值得我们钦佩和学习，希望同学们能利用前人的宝贵经验和现有的科研条件，勇于尝试、勇于创新，为祖国多做贡献。

推荐名书：《九章算术》《千古绝技"割圆术"：刘徽的大智慧》。

二、函数的极限

1. 函数当 $x \to \infty$ 时的极限 通过直观分析,当 $x \to \infty$ 时,$f(x) = \dfrac{1}{x}$ 越来越趋近于 0。

一般地,若当 $|x|$ 无限增大时,函数 $f(x)$ 与常数 A 越来越接近,则称常数 A 是 $f(x)$ 当 $x \to \infty$ 时的极限,记作 $\lim\limits_{x \to \infty} f(x) = A$。

下面给出函数当 $x \to \infty$ 时极限的精确定义。

定义 1.9 设函数 $f(x)$ 当 $|x|$ 大于某一正数时有定义,若对任意给定的正数 ε(不论它多么小),总存在正数 X,使得满足 $|x| > X$ 的一切 x,对应的函数值 $f(x)$ 都满足

$$|f(x) - A| < \varepsilon$$

则称常数 A 为函数 $f(x)$ 当 $x \to \infty$ 时的**极限**,记作 $\lim\limits_{x \to \infty} f(x) = A$ 或 $f(x) \to A (x \to \infty)$。

注 (1)若 $\lim\limits_{x \to \infty} f(x) = A$,则 A 是唯一确定的常数;并且 $x \to \infty$ 既表示 x 趋于 $+\infty$,又表示 x 趋于 $-\infty$。

(2)若 $x \to +\infty$ 时,函数 $f(x)$ 的取值与常数 A 越来越接近,则称常数 A 是 $f(x)$ 当 $x \to +\infty$ 时的极限,记作 $\lim\limits_{x \to +\infty} f(x) = A$。若 $x \to -\infty$ 时,$f(x)$ 的取值与常数 A 越来越接近,则称常数 A 是 $f(x)$ 当 $x \to -\infty$ 时的极限,记作 $\lim\limits_{x \to -\infty} f(x) = A$。

(3)$\lim\limits_{x \to \infty} f(x) = A$ 存在的充分必要条件是:$\lim\limits_{x \to +\infty} f(x) = \lim\limits_{x \to -\infty} f(x) = A$。

例如,函数 $f(x) = 1 + \dfrac{1}{x}$,当 $|x| \to +\infty$ 时,有 $\dfrac{1}{x} \to 0$,$f(x) = 1 + \dfrac{1}{x} \to 1$,所以

$$\lim\limits_{x \to \infty} \left(1 + \dfrac{1}{x}\right) = 1$$

对于函数 $\varphi(x) = \arctan x$,因为当 $x \to +\infty$ 时,函数 $\varphi(x) = \arctan x \to \dfrac{\pi}{2}$;而当 $x \to -\infty$ 时,函数 $\varphi(x) = \arctan x \to -\dfrac{\pi}{2}$,所以当 $x \to \infty$ 时,函数 $\varphi(x) = \arctan x$ 极限不存在。

显然,$\lim\limits_{x \to \infty} x^2 = +\infty$,这时称 $f(x) = x^2$ 当 $x \to \infty$ 时极限不存在或者发散。

2. 函数当 $x \to x_0$ 时的极限

定义 1.10 设 $f(x)$ 在点 x_0 的某空心邻域内有定义,若对任意给定的正数 ε(不论它多么小),总存在正数 δ,对于满足 $0 < |x - x_0| < \delta$ 的一切 x,函数值 $f(x)$ 恒满足不等式

$$|f(x) - A| < \varepsilon$$

则称常数 A 为函数 $f(x)$ 当 $x \to x_0$ 时的**极限**,记作

$$\lim\limits_{x \to x_0} f(x) = A \text{ 或 } f(x) \to A (x \to x_0)$$

上述定义的直观意义是,假定函数 $f(x)$ 在点 x_0 的某空心邻域内有定义,若在 $x \to x_0$ 的过程中,对应的函数值 $f(x)$ 无限趋近于确定的常数 A,则这个常数 A 就是 $f(x)$ 当 $x \to x_0$ 时的极限。

注 (1)若极限 $\lim\limits_{x \to x_0} f(x) = A$ 存在,则 A 是唯一确定的常数;并且 $x \to x_0$ 表示 x 从 x_0 的左右两侧以任何方式趋近于 x_0;极限 A 的存在与 $f(x)$ 在 x_0 点有无定义或其定义是何值没有什么关系。

(2)由图示法:$\lim\limits_{x \to x_0} C = C$,$\lim\limits_{x \to x_0} x = x_0$,在求极限过程中可以直接使用。

例 7 讨论当 $x \to 2$ 时,函数 $f(x) = 3x - 1$ 的极限。

解 函数 $f(x)=3x-1$ 的图形如图 1-5 所示，不难看出，当 $x \to 2$ 时，函数 $f(x)=3x-1$ 无限趋近于 5，所以

$$\lim_{x \to 2}(3x-1)=5$$

例 8 讨论当 $x \to 1$ 时，函数 $f(x)=\dfrac{x^2-1}{x-1}$ 的极限。

解 虽然 $f(x)=\dfrac{x^2-1}{x-1}$ 在 $x=1$ 处无定义，但是，其极限存在与否与此无关。实际上，当 $x \neq 1$ 时，$f(x)=\dfrac{(x-1)(x+1)}{x-1}=x+1$，因此，由图示法，当 $x \to 1$ 时，$f(x)=x+1 \to 2$，故

$$\lim_{x \to 1}\frac{x^2-1}{x-1}=2$$

例 9 讨论函数 $f(x)=\begin{cases} x+1 & x>0 \\ 0 & x=0 \\ x-1 & x<0 \end{cases}$（图 1-6），当 $x \to 0$ 时的极限。

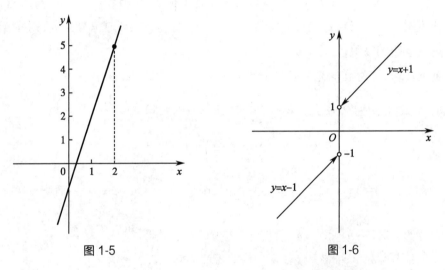

图 1-5　　　　　　　　　　　图 1-6

解 x 从 0 的左侧趋近于 0 时，$f(x)$ 趋近于 -1；x 从 0 的右侧趋近于 0 时，$f(x)$ 趋近于 1；x 分别从 0 的左、右两侧趋近于 0 时，$f(x)$ 趋近于不同的极限，因此，当 $x \to 0$ 时，$f(x)$ 没有确定的变化趋势，从而在点 $x=0$ 处，函数 $f(x)$ 的极限不存在。

从例 9 看到，虽然函数 $f(x)$ 在点 $x=0$ 处的极限不存在，但是当 x 从点 $x=0$ 的一侧趋近于 0 时，函数 $f(x)$ 还是分别趋近于不同的确定常数，由此可引出单侧极限的概念。

当 x 从 $x=x_0$ 处的左侧（$x<x_0$）无限趋近于点 x_0 时，函数 $f(x)$ 无限趋近于常数 A，就称常数 A 是函数 $f(x)$ 在点 x_0 处的**左极限**，记作

$$\lim_{x \to x_0^-}f(x)=A\left[\text{或} f(x_0-0)=A\right]$$

类似地，可定义**右极限**

$$\lim_{x \to x_0^+}f(x)=B\left[\text{或} f(x_0+0)=B\right]$$

根据左、右极限的定义，有下面的定理：

定理 1.3 函数 $f(x)$ 在点 x_0 处极限存在的充要条件是 $f(x)$ 在点 x_0 的左、右极限都存在并且相等，即

$$\lim_{x \to x_0}f(x)=A \Leftrightarrow \lim_{x \to x_0^-}f(x)=\lim_{x \to x_0^+}f(x)=A$$

注　此定理可直接用来判定函数的极限是否存在。

例 10　讨论函数 $f(x) = \dfrac{|x|}{x}$ 当 $x \to 0$ 时的极限。

解　由于 $\lim\limits_{x \to 0^-} f(x) = \lim\limits_{x \to 0^-} \dfrac{|x|}{x} = \lim\limits_{x \to 0^-} \dfrac{-x}{x} = -1$，$\lim\limits_{x \to 0^+} f(x) = \lim\limits_{x \to 0^+} \dfrac{|x|}{x} = \lim\limits_{x \to 0^+} \dfrac{x}{x} = 1$，即函数 $f(x)$ 当 $x \to 0$ 时的左、右极限都存在，但不相等，所以由定理 1.3，函数 $f(x) = \dfrac{|x|}{x}$ 当 $x \to 0$ 时，极限不存在。

关于函数极限的性质还有如下定理：

定理 1.4（极限的局部保号性）　若 $\lim\limits_{x \to x_0} f(x) = A$，且 $A > 0 (A < 0)$，则存在点 x_0 的某空心邻域，当 x 在该邻域内时，恒有 $f(x) > 0 [f(x) < 0]$。

定理 1.5（唯一性）　若极限 $\lim\limits_{x \to x_0} f(x) = A$ 存在，则 A 必唯一。

定理 1.6（局部有界性）　若极限 $\lim\limits_{x \to x_0} f(x)$ 存在，则必存在点 x_0 的某邻域，使得 $f(x)$ 在该邻域内有界。

证　设 $\lim\limits_{x \to x_0} f(x) = A$，由极限定义，若取 $\varepsilon = 1$，则存在 $\delta > 0$，使满足 $0 < |x - x_0| < \delta$ 的所有 x，恒有 $|f(x) - A| < 1$，即 $A - 1 < f(x) < A + 1$。这说明在点 x_0 的 δ 邻域内 $f(x)$ 有界。

3. 无穷小量与无穷大量

（1）无穷小量

定义 1.11　设函数 $f(x)$ 在点 x_0 的某空心邻域内或 $|x|$ 大于某一正数时有定义，当 $x \to x_0$ $(x \to \infty)$ 时，函数 $f(x)$ 以零为极限，则称 $f(x)$ 是当 $x \to x_0 (x \to \infty)$ 时的**无穷小量**，简称**无穷小**。

特别地，以零为极限的数列 $\{x_n\}$ 称为 $n \to +\infty$ 时的无穷小。

例如，因为 $\lim\limits_{x \to 3}(x - 3) = 0$，$\lim\limits_{x \to +\infty} \dfrac{1}{2^n} = 0$，所以 $x - 3 (x \to 3)$，$\dfrac{1}{2^n} (x \to +\infty)$，都是无穷小量。

极限 $\lim\limits_{x \to x_0} f(x) = A$ 的意义是，当 $x \to x_0$ 时，$f(x) \to A$，即

$$f(x) - A \to 0$$

若令 $\alpha = f(x) - A$，则 α 是无穷小，即 $\lim\limits_{x \to x_0} \alpha = 0$，于是 $f(x) = A + \alpha$。

反之，若 $f(x) = A + \alpha$，$\lim\limits_{x \to x_0} \alpha = 0$，则 $\alpha = f(x) - A \to 0$，即 $f(x) \to A$，于是

$$\lim\limits_{x \to x_0} f(x) = A$$

这样就得到下述函数极限与无穷小的关系定理。

定理 1.7　$\lim\limits_{x \to x_0} f(x) = A \Leftrightarrow f(x) = A + \alpha$，这里 $\lim\limits_{x \to x_0} \alpha = 0$。

注　当 $x \to \infty$ 时，定理也成立。

定理 1.8　有限个无穷小的和、差、积仍然是无穷小。

定理 1.9　有界函数与无穷小的乘积是无穷小。从而常数与无穷小的乘积也是无穷小。

例如：$\lim\limits_{x \to 0}\left(x \sin \dfrac{1}{x}\right) = 0$，因为 $\sin \dfrac{1}{x}$ 有界，x 是无穷小 $(x \to 0)$；故当 $x \to 0$ 时，$x \sin \dfrac{1}{x}$ 是无穷小。

（2）无穷大量

定义 1.12　设函数 $f(x)$ 在点 x_0 的某空心邻域内有定义，当 $x \to x_0$ 时，函数 $f(x)$ 的绝对值趋向于无穷大，则称 $f(x)$ 是当 $x \to x_0$ 时的**无穷大量**，简称**无穷大**。记为

$$\lim\limits_{x \to x_0} f(x) = \infty$$

若当 $x \to x_0$ 时，$f(x)$ 保持正值且无限增大，则称 $f(x)$ 为**正无穷大**，记作

$$\lim_{x \to x_0} f(x) = +\infty$$

同样，当 $x \to x_0$ 时，$f(x)$ 保持负值且无限增大，则称 $f(x)$ 为**负无穷大**，记作

$$\lim_{x \to x_0} f(x) = -\infty$$

类似地，可以给出 $x \to \infty$ 时无穷大量的定义。

显然，当 $n \to +\infty$ 时，$\ln n, n^2, e^n$ 都是无穷大量；而当 $x \to 0$ 时，$x, x^2, x+x^2, \sin x, \tan x$，都是无穷小量。

注 （1）无穷大量、无穷小量概念反映的是变量的变化趋势，因此任何常量都不是无穷大量，任何非零常量都不是无穷小量；谈及无穷大、无穷小量时，首先应当给出自变量的变化趋势。

（2）无限个无穷小量之和不一定是无穷小量。

例如，当 $n \to +\infty$ 时，$\dfrac{1}{n}$ 是无穷小，其 $2n$ 个之和的极限为 2，它并不是无穷小。

（3）无穷大量乘以有界量不一定是无穷大量。例如，当 $n \to +\infty$ 时，n^2 是无穷大量，$\dfrac{1}{n^3}$ 是有界量，显然 $n^2 \times \dfrac{1}{n^3}$ 不是无穷大量。

（4）设函数 $f(x)$ 在点 x_0 的某空心邻域内有定义，且极限 $f(x) > 0$，而极限 $\lim\limits_{x \to x_0} f(x)$ 未必大于 0。

例如，$f(x) = \begin{cases} x^2, & x \neq 0 \\ 8, & x = 0 \end{cases}$，显然 $f(x) > 0$，但是，$\lim\limits_{x \to 0} f(x) = 0$。

关于无穷大、无穷小有如下结论：

定理 1.10 在自变量的同一变化过程中，若 $f(x)$ 为无穷大，则 $\dfrac{1}{f(x)}$ 为无穷小；反之，若 $f(x)$ 为无穷小，且 $f(x) \neq 0$，则 $\dfrac{1}{f(x)}$ 必为无穷大。

4. 极限的四则运算法则 下面的定理仅对 $x \to x_0$ 的情形进行讨论。对于 $x \to \infty$ 的情况，结论仍然成立。

定理 1.11 若 $\lim\limits_{x \to x_0} f(x)$、$\lim\limits_{x \to x_0} g(x)$ 存在，则当 $x \to x_0$ 时 $f(x) \pm g(x)$，$f(x) \cdot g(x)$，$\dfrac{f(x)}{g(x)}$ [此时 $\lim\limits_{x \to x_0} g(x) \neq 0$] 极限都存在，且

（1）$\lim\limits_{x \to x_0} [f(x) \pm g(x)] = \lim\limits_{x \to x_0} f(x) \pm \lim\limits_{x \to x_0} g(x)$。

（2）$\lim\limits_{x \to x_0} [f(x) \cdot g(x)] = \lim\limits_{x \to x_0} f(x) \cdot \lim\limits_{x \to x_0} g(x)$；特别地，$\lim\limits_{x \to x_0} [kg(x)] = k \lim\limits_{x \to x_0} g(x)$（$k$ 为常数）。

（3）$\lim\limits_{x \to x_0} \dfrac{f(x)}{g(x)} = \dfrac{\lim\limits_{x \to x_0} f(x)}{\lim\limits_{x \to x_0} g(x)}$。

这里只给出（2）的证明，（1）和（3）的证明与（2）类似，留给读者自己完成。

证 设 $\lim\limits_{x \to x_0} f(x) = A$，$\lim\limits_{x \to x_0} g(x) = B$；则

$$f(x) = A + \alpha, g(x) = B + \beta$$

这里 α, β 都是 $x \to x_0$ 时的无穷小；所以

$$f(x) \cdot g(x) = (A + \alpha)(B + \beta) = AB + (A\beta + B\alpha + \alpha\beta) = AB + \gamma$$

这里 $\gamma = A\beta + B\alpha + \alpha\beta$ 是 $x \to x_0$ 时的无穷小；因此

$$\lim_{x \to x_0}[f(x) \cdot g(x)] = A \cdot B = \lim_{x \to x_0}f(x) \cdot \lim_{x \to x_0}g(x)$$

以上结论对数列极限同样成立。在下面的例题中请读者指出每一步的根据。

例 11　已知 $x_n = \dfrac{2^n-1}{2^n}$，求 $\lim\limits_{n \to +\infty}x_n$。

解　$\lim\limits_{n \to +\infty}x_n = \lim\limits_{n \to +\infty}\dfrac{2^n-1}{2^n} = \lim\limits_{n \to +\infty}\left(1 - \dfrac{1}{2^n}\right) = \lim\limits_{n \to +\infty}1 - \lim\limits_{n \to +\infty}\dfrac{1}{2^n} = 1 - 0 = 1$

例 12　求极限 $\lim\limits_{x \to 1}\dfrac{2x-3}{x^2-5x+4}$。

解　因为

$$\lim_{x \to 1}(x^2-5x+4) = 0$$

而 $\lim\limits_{x \to 1}(2x-3) = 2-3 = -1$，由商的极限法则有

$$\lim_{x \to 1}\frac{x^2-5x+4}{2x-3} = \frac{\lim\limits_{x \to 1}(x^2-5x+4)}{\lim\limits_{x \to 1}(2x-3)} = \frac{0}{-1} = 0$$

于是，由无穷小与无穷大的关系有：

$$\lim_{x \to 1}\frac{2x-3}{x^2-5x+4} = \infty$$

例 13　求极限 $\lim\limits_{x \to 2}(x^3-2x^2+1)$。

解　$\lim\limits_{x \to 2}(x^3-2x^2+1) = \lim\limits_{x \to 2}x^3 - \lim\limits_{x \to 2}(2x^2) + \lim\limits_{x \to 2}1 = (\lim\limits_{x \to 2}x)^3 - 2(\lim\limits_{x \to 2}x)^2 + 1$
$= 2^3 - 2 \cdot 2^2 + 1 = 1$

例 14　求极限 $\lim\limits_{x \to 1}\dfrac{x^2-1}{2x^2-x-1}$。

解　因为 $\lim\limits_{x \to 1}(2x^2-x-1) = 0$，所以不能直接运用商的极限法则。首先要对分式进行处理，然后再求极限。于是

$$\lim_{x \to 1}\frac{x^2-1}{2x^2-x-1} = \lim_{x \to 1}\frac{(x-1)(x+1)}{(x-1)(2x+1)} = \lim_{x \to 1}\frac{x+1}{2x+1} = \frac{\lim\limits_{x \to 1}(x+1)}{\lim\limits_{x \to 1}(2x+1)} = \frac{2}{3}$$

例 15　求极限 $\lim\limits_{x \to 3}\dfrac{\sqrt{1+x}-2}{x-3}$。

解　因为 $\dfrac{\sqrt{1+x}-2}{x-3} = \dfrac{(\sqrt{1+x}-2)(\sqrt{1+x}+2)}{(x-3)(\sqrt{1+x}+2)} = \dfrac{x-3}{(x-3)(\sqrt{x+1}+2)} = \dfrac{1}{\sqrt{x+1}+2}$，所以

$$\lim_{x \to 3}\frac{\sqrt{1+x}-2}{x-3} = \lim_{x \to 3}\frac{1}{\sqrt{1+x}+2} = \frac{1}{4}$$

例 16　求下列各式的极限。

(1) $\lim\limits_{x \to \infty}\dfrac{3x^2-2x-1}{2x^3-x^2+5}$　　　(2) $\lim\limits_{x \to \infty}\dfrac{3x^3-4x^2+2}{7x^3+5x^2+3}$　　　(3) $\lim\limits_{x \to \infty}\dfrac{2x^3-x^2+5}{3x^2-2x-1}$

解　当 $x \to \infty$ 时，分子和分母都是无穷大，所以不能直接运用商的极限法则。首先要对分式进行处理，将分子和分母同时除以 x 的最高次幂。

(1) $\lim\limits_{x \to \infty}\dfrac{3x^2-2x-1}{2x^3-x^2+5} = \lim\limits_{x \to \infty}\dfrac{\dfrac{3}{x}-\dfrac{2}{x^2}-\dfrac{1}{x^3}}{2-\dfrac{1}{x}+\dfrac{5}{x^3}} = \dfrac{0}{2} = 0$

$(2)\ \lim\limits_{x\to\infty}\dfrac{3x^3-4x^2+2}{7x^3+5x^2+3}=\lim\limits_{x\to\infty}\dfrac{3-\dfrac{4}{x}+\dfrac{2}{x^3}}{7+\dfrac{5}{x}+\dfrac{3}{x^3}}=\dfrac{3}{7}$

$(3)\ \lim\limits_{x\to\infty}\dfrac{2x^3-x^2+5}{3x^2-2x-1}=\lim\limits_{x\to\infty}\dfrac{2-\dfrac{1}{x}+\dfrac{5}{x^3}}{\dfrac{3}{x}-\dfrac{2}{x^2}-\dfrac{1}{x^3}}=\infty$

事实上，不难看出例 16 是下式的各种特例。

$$\lim\limits_{x\to\infty}\frac{a_mx^m+a_{m-1}x^{m-1}+\cdots+a_0}{b_nx^n+b_{n-1}x^{n-1}+\cdots+b_0}=\begin{cases}0, & m<n\\ \dfrac{a_m}{b_n}, & m=n\\ \infty, & m>n\end{cases}$$

5. 无穷小量的比较 前面讨论了两个无穷小量的和、差、积仍然是无穷小。但是，两个无穷小量的比（商）却不一定是无穷小。例如当 $x\to 0$ 时，$x^2,3x^2,x^3,\sin x$ 都是无穷小，但是

$$\lim\limits_{x\to 0}\frac{\sin x}{x^2}=\infty,\quad \lim\limits_{x\to 0}\frac{x^3}{x^2}=0,\quad \lim\limits_{x\to 0}\frac{3x^2}{x^2}=3$$

从上面几式可看出：两个无穷小比的极限情况各不相同，它反映的是两个无穷小量趋于零的快慢程度。其中 $\sin x\to 0$ 比 $x^2\to 0$ 的速度"慢"，而 $x^3\to 0$ 比 $x^2\to 0$ 的速度要"快"，$3x^2\to 0$ 与 $x^2\to 0$ 的速度"快慢相当"。

下面引出几个概念来说明两个无穷小量之间比较的一般方法。

定义 1.13 设 α,β 是当 $x\to x_0$ 时的两个无穷小量，即 $\lim\limits_{x\to x_0}\alpha=0,\lim\limits_{x\to x_0}\beta=0$。

若 $\lim\limits_{x\to x_0}\dfrac{\beta}{\alpha}=0$，则称 β 是较 α 更**高阶无穷小**，即 $\beta\to 0$ 比 $\alpha\to 0$ 快，记作 $\beta=o(\alpha)$。

若 $\lim\limits_{x\to x_0}\dfrac{\beta}{\alpha}=\infty$，则称 β 是较 α 更**低阶无穷小**，即 $\beta\to 0$ 比 $\alpha\to 0$ 慢，记作 $\alpha=o(\beta)$。

若 $\lim\limits_{x\to x_0}\dfrac{\beta}{\alpha}=c\ne 0$，则称 β 与 α 是**同阶无穷小**，即 $\beta\to 0$ 与 $\alpha\to 0$ 快慢相当。

若 $\lim\limits_{x\to x_0}\dfrac{\beta}{\alpha}=1$，则称 β 与 α 是**等价无穷小**，即 $\beta\to 0$ 与 $\alpha\to 0$ 快慢一样，记作 $\alpha\sim\beta$。

若 $\lim\limits_{x\to x_0}\dfrac{\beta}{\alpha^k}=c\ne 0,(k>0)$，则称 β 是关于 α 的 k **阶无穷小**。

注 $x\to\infty$ 时定理也成立。

由定义 1.13 可知，$x\to 0$ 时，$\sin x$ 与 x 是等价无穷小，$3x^2$ 与 x^2 是同阶无穷小，而 x^2 是较 $\sin x$ 更高阶无穷小，即 $x^2=o(\sin x)$。

关于等价无穷小量还有下面的定理，常用于简化极限运算。

定理 1.12 设 $\alpha,\beta,\alpha',\beta'$ 都是 $x\to x_0$ 时的无穷小量，且 $\alpha\sim\alpha',\beta\sim\beta'$，又极限 $\lim\limits_{x\to x_0}\dfrac{\beta'}{\alpha'}$ 存在，则极限 $\lim\limits_{x\to x_0}\dfrac{\beta}{\alpha}$ 也存在，且 $\lim\limits_{x\to x_0}\dfrac{\beta}{\alpha}=\lim\limits_{x\to x_0}\dfrac{\beta'}{\alpha'}$。

证 $\lim\limits_{x\to x_0}\dfrac{\beta}{\alpha}=\lim\limits_{x\to x_0}\left(\dfrac{\beta}{\beta'}\cdot\dfrac{\beta'}{\alpha'}\cdot\dfrac{\alpha'}{\alpha}\right)=\lim\limits_{x\to x_0}\dfrac{\beta}{\beta'}\cdot\lim\limits_{x\to x_0}\dfrac{\beta'}{\alpha'}\cdot\lim\limits_{x\to x_0}\dfrac{\alpha'}{\alpha}=\lim\limits_{x\to x_0}\dfrac{\beta'}{\alpha'}$

注　$x \to \infty$ 时定理也成立。

例如，$x \to 0$ 时，$\sin ax \sim ax$，$\tan bx \sim bx$，则 $\lim\limits_{x \to 0} \dfrac{\sin ax}{\tan bx} = \lim\limits_{x \to 0} \dfrac{ax}{bx} = \dfrac{a}{b}$。

当 $x \to 0$ 时，常见的等价无穷小还有：

$$\ln(x+1) \sim x, \mathrm{e}^x - 1 \sim x, \sin x \sim x, \tan x \sim x, 1 - \cos x \sim \frac{1}{2}x^2 \, 。$$

注　将 x 换为 $mx(m \neq 0)$ 时，也成立。

三、两个重要极限

1. 极限存在的两个准则

准则 1（夹边定理）　设函数 $f(x), g(x), h(x)$ 在点 x_0 的某邻域内有定义，$g(x) \leqslant f(x) \leqslant h(x)$ 且 $\lim\limits_{x \to x_0} g(x) = \lim\limits_{x \to x_0} h(x) = A$，则 $\lim\limits_{x \to x_0} f(x)$ 存在且 $\lim\limits_{x \to x_0} f(x) = A$。

注　$x \to \infty$ 时也成立。

证　因为 $\lim\limits_{x \to x_0} g(x) = \lim\limits_{x \to x_0} h(x) = A$，故对于任意的小正数 ε 存在 $\delta_1 > 0$，使当 $|x - x_0| < \delta_1$ 时，有 $|g(x) - A| < \varepsilon$；同时存在 $\delta_2 > 0$，使当 $|x - x_0| < \delta_2$ 时，有 $|h(x) - A| < \varepsilon$；取 $\delta = \min\{\delta_1, \delta_2\}$，当 $|x - x_0| < \delta$ 时，恒有 $|g(x) - A| < \varepsilon$ 和 $|h(x) - A| < \varepsilon$；即

$$A - \varepsilon < g(x) < A + \varepsilon, A - \varepsilon < h(x) < A + \varepsilon$$

于是

$$A - \varepsilon < g(x) \leqslant f(x) \leqslant h(x) < A + \varepsilon$$

则

$$A - \varepsilon < f(x) < A + \varepsilon$$

即

$$|f(x) - A| < \varepsilon$$

例 17　求极限 $\lim\limits_{n \to +\infty} \left(\dfrac{1}{\sqrt{n^2 + 1}} + \dfrac{1}{\sqrt{n^2 + 2}} + \cdots + \dfrac{1}{\sqrt{n^2 + n}} \right)$。

解　因为 $\dfrac{1}{\sqrt{n^2 + n}} \leqslant \dfrac{1}{\sqrt{n^2 + i}} \leqslant \dfrac{1}{\sqrt{n^2 + 1}} (1 \leqslant i \leqslant n)$，所以

$$\frac{n}{\sqrt{n^2 + n}} \leqslant \frac{1}{\sqrt{n^2 + 1}} + \frac{1}{\sqrt{n^2 + 2}} + \cdots + \frac{1}{\sqrt{n^2 + n}} \leqslant \frac{n}{\sqrt{n^2 + 1}}$$

由于

$$\lim_{n \to +\infty} \frac{n}{\sqrt{n^2 + n}} = 1, \lim_{n \to +\infty} \frac{n}{\sqrt{n^2 + 1}} = 1$$

于是

$$\lim_{n \to +\infty} \left(\frac{1}{\sqrt{n^2 + 1}} + \frac{1}{\sqrt{n^2 + 2}} + \cdots + \frac{1}{\sqrt{n^2 + n}} \right) = 1$$

定义 1.14　若数列 $\{x_n\}$ 对任意 $n \in N$，都有 $x_n \leqslant x_{n+1}(x_n \geqslant x_{n+1})$，则称数列 $\{x_n\}$ 是**单调增加（减少）**。单调增加和单调减少的数列统称为**单调数列**。

准则 2　单调有界数列必有极限（证明从略）。

例如，数列 $\left\{ \dfrac{n+1}{n} \right\}$ 单调减少，且 $1 < \dfrac{n+1}{n} \leqslant 2$，例 6 已经证明 $\lim\limits_{n \to +\infty} \dfrac{n+1}{n} = 1$。

2. 两个重要极限

（1）$\lim\limits_{x\to 0}\dfrac{\sin x}{x}=1$

证 设 $0<x<\dfrac{\pi}{2}$，作一个单位圆（图 1-7）。图中 $\angle AOB=x$，作 $BC\perp OB$，连接 AB，设 S_1 表示 $\triangle AOB$ 面积，S_2 为扇形 AOB 的面积，S_3 是 $\triangle BOC$ 的面积。显然 $S_1<S_2<S_3$，又 $S_1=\dfrac{1}{2}\sin x$，$S_2=\dfrac{1}{2}x$，$S_3=\dfrac{1}{2}\tan x$，于是有

$$\frac{1}{2}\sin x<\frac{1}{2}x<\frac{1}{2}\tan x$$

故

$$\sin x<x<\tan x$$

由于 $\sin x>0$，上式除以 $\sin x$，得

$$1<\frac{x}{\sin x}<\frac{1}{\cos x}$$

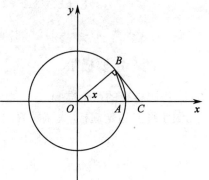

图 1-7

不等式中的每一项取倒数，则

$$\cos x<\frac{\sin x}{x}<1$$

由图示法 $\lim\limits_{x\to 0^+}\cos x=1$，所以 $\lim\limits_{x\to 0^+}\dfrac{\sin x}{x}=1$，另一方面，当 $x\to 0^-$ 时，有

$$\lim_{x\to 0^-}\frac{\sin x}{x}=\lim_{x\to 0^+}\frac{\sin(-x)}{-x}=\lim_{z\to 0^+}\frac{\sin z}{z}=1\ (z=-x)$$

综合上述两种情况，有

$$\lim_{x\to 0}\frac{\sin x}{x}=1$$

为了更好地利用这个重要极限公式，应掌握好如下模型：

$$\lim_{\phi(x)\to 0}\frac{\sin\phi(x)}{\phi(x)}=1$$

例 18 求下列各极限。

1）$\lim\limits_{n\to+\infty}2^n\sin\dfrac{3}{2^n}$　　　2）$\lim\limits_{x\to 0}\dfrac{\tan 2x}{\sin 3x}$　　　3）$\lim\limits_{x\to 0}\dfrac{1-\cos x}{x^2}$　　　4）$\lim\limits_{x\to\pi}\dfrac{\sin x}{x-\pi}$

解 1）$\lim\limits_{n\to+\infty}2^n\sin\dfrac{3}{2^n}=\lim\limits_{n\to+\infty}\dfrac{3}{\dfrac{3}{2^n}}\cdot\sin\dfrac{3}{2^n}$

$$=3\lim_{\frac{3}{2^n}\to 0}\frac{\sin\dfrac{3}{2^n}}{\dfrac{3}{2^n}}$$

$$=3\cdot 1=3$$

$$2)\lim_{x\to0}\frac{\tan2x}{\sin3x}=\lim_{x\to0}\frac{\frac{\sin2x}{\cos2x}}{\sin3x}=\lim_{x\to0}\frac{\frac{\sin2x}{2x}}{\frac{\sin3x}{3x}}\cdot\frac{2x}{3x\cdot\cos2x}$$

$$=\frac{1}{1}\cdot\frac{2}{3}=\frac{2}{3}$$

$$3)\lim_{x\to0}\frac{1-\cos x}{x^2}=\lim_{x\to0}\frac{2\sin^2\frac{x}{2}}{x^2}=\lim_{x\to0}\frac{2\sin^2\frac{x}{2}}{4\cdot\left(\frac{x}{2}\right)^2}$$

$$=\frac{1}{2}\lim_{x\to0}\left(\frac{\sin\frac{x}{2}}{\frac{x}{2}}\right)^2=\frac{1}{2}$$

$$4)\lim_{x\to\pi}\frac{\sin x}{x-\pi}=\lim_{x\to\pi}\frac{\sin(\pi-x)}{-(\pi-x)}=-\lim_{x\to\pi}\frac{\sin(\pi-x)}{\pi-x}=-1$$

$$(2)\lim_{x\to\infty}\left(1+\frac{1}{x}\right)^x=e$$

证 该证明分 4 步进行。

1）首先，讨论 $x=n$ 的情况。令 $x_n=\left(1+\frac{1}{n}\right)^n$，首先证明 $\lim\limits_{n\to+\infty}\left(1+\frac{1}{n}\right)^n=e$。展开 x_n，则有

$$x_n=\left(1+\frac{1}{n}\right)^n=C_n^0+C_n^1\cdot\frac{1}{n}+C_n^2\cdot\frac{1}{n^2}+C_n^3\cdot\frac{1}{n^3}+\cdots+C_n^{n-1}\cdot\frac{1}{n^{n-1}}+C_n^n\cdot\frac{1}{n^n}$$

$$=1+1+\frac{n(n-1)}{2!}\cdot\frac{1}{n^2}+\frac{n(n-1)(n-2)}{3!}\cdot\frac{1}{n^3}+\cdots+\frac{n(n-1)\cdots[n-(n-1)]}{n!}\cdot\frac{1}{n^n}$$

$$=1+1+\frac{1}{2!}\cdot\left(1-\frac{1}{n}\right)+\frac{1}{3!}\cdot\left(1-\frac{1}{n}\right)\left(1-\frac{2}{n}\right)+\cdots+\frac{1}{n!}\cdot\left(1-\frac{1}{n}\right)\left(1-\frac{2}{n}\right)\cdots\left(1-\frac{n-1}{n}\right)$$

又

$$x_{n+1}=\left(1+\frac{1}{n+1}\right)^{n+1}$$

$$=1+1+\frac{1}{2!}\cdot\left(1-\frac{1}{n+1}\right)+\frac{1}{3!}\cdot\left(1-\frac{1}{n+1}\right)\left(1-\frac{2}{n+1}\right)+\cdots+\frac{1}{(n+1)!}\cdot\left(1-\frac{1}{n+1}\right)\cdots\left(1-\frac{n}{n+1}\right)$$

逐项比较 x_n 和 x_{n+1}，有

$$\left(1+\frac{1}{n}\right)^n<\left(1+\frac{1}{n+1}\right)^{n+1}\quad(\text{即 }x_n<x_{n+1})$$

于是，通项 $x_n=\left(1+\frac{1}{n}\right)^n$ 单调增加。下面再说明 x_n 有界，因为

$$x_n=1+1+\frac{1}{2!}\cdot\left(1-\frac{1}{n}\right)+\frac{1}{3!}\cdot\left(1-\frac{1}{n}\right)\left(1-\frac{2}{n}\right)+\cdots+\frac{1}{n!}\cdot\left(1-\frac{1}{n}\right)\left(1-\frac{2}{n}\right)\cdots\left(1-\frac{n-1}{n}\right)$$

$$\leqslant1+1+\frac{1}{2!}+\frac{1}{3!}+\cdots+\frac{1}{n!}\leqslant1+1+\frac{1}{2\cdot1}+\frac{1}{3\cdot2}+\cdots+\frac{1}{n(n-1)}$$

$$\leqslant2+\left(1-\frac{1}{2}\right)+\left(\frac{1}{2}-\frac{1}{3}\right)+\left(\frac{1}{3}-\frac{1}{4}\right)+\cdots+\left(\frac{1}{n-1}-\frac{1}{n}\right)$$

$$=2+1-\frac{1}{n}<3$$

因此 x_n 单调增加且有界,所以 $\lim\limits_{n\to+\infty}\left(1+\dfrac{1}{n}\right)^n$ 存在,不妨假设 $\lim\limits_{n\to+\infty}\left(1+\dfrac{1}{n}\right)^n=\mathrm{e}$。

2)再讨论 $x\to+\infty$ 的情况。对于 $x>0$,显然,$[x]\leqslant x<[x]+1$,从而

$$\frac{1}{[x]}\geqslant\frac{1}{x}\geqslant\frac{1}{[x]+1}$$

即

$$1+\frac{1}{[x]}\geqslant 1+\frac{1}{x}\geqslant 1+\frac{1}{[x]+1}$$

于是

$$\left(1+\frac{1}{[x]}\right)^{[x]+1}\geqslant\left(1+\frac{1}{x}\right)^x\geqslant\left(1+\frac{1}{[x]+1}\right)^{[x]}$$

然而

$$\lim_{x\to+\infty}\left(1+\frac{1}{[x]}\right)^{[x]+1}=\lim_{[x]\to+\infty}\left(1+\frac{1}{[x]}\right)^{[x]}\cdot\left(1+\frac{1}{[x]}\right)=\mathrm{e}$$

$$\lim_{x\to+\infty}\left(1+\frac{1}{[x]+1}\right)^{[x]}=\lim_{[x]\to+\infty}\left(1+\frac{1}{[x]+1}\right)^{[x]+1}\cdot\left(1+\frac{1}{[x]+1}\right)^{-1}=\mathrm{e}$$

所以

$$\lim_{x\to+\infty}\left(1+\frac{1}{x}\right)^x=\mathrm{e}$$

3)最后讨论 $x\to-\infty$ 的情况。这时,令 $x=-y$,则

$$\lim_{x\to-\infty}\left(1+\frac{1}{x}\right)^x=\lim_{y\to+\infty}\left(1+\frac{1}{-y}\right)^{-y}=\lim_{y\to+\infty}\left(\frac{y-1}{y}\right)^{-y}=\lim_{y\to+\infty}\left(\frac{y}{y-1}\right)^y$$

$$=\lim_{y-1\to+\infty}\left(1+\frac{1}{y-1}\right)^{y-1}\left(1+\frac{1}{y-1}\right)=\mathrm{e}$$

4)综上所述,有

$$\lim_{x\to\infty}\left(1+\frac{1}{x}\right)^x=\mathrm{e}$$

注 令 $z=\dfrac{1}{x}$,则当 $x\to\infty$ 时,$z\to 0$,于是有

$$\lim_{x\to\infty}\left(1+\frac{1}{x}\right)^x=\lim_{z\to 0}(1+z)^{\frac{1}{z}}=\mathrm{e}$$

为了更好地利用这个重要极限公式,应掌握好如下模型:

$$\lim_{\phi(x)\to\infty}\left[1+\frac{1}{\phi(x)}\right]^{\phi(x)}=\mathrm{e}$$

或

$$\lim_{\varphi(x)\to 0}[1+\varphi(x)]^{\frac{1}{\varphi(x)}}=\mathrm{e}$$

例 19 求下列各极限。

1)$\lim\limits_{x\to\infty}\left(1+\dfrac{k}{x}\right)^x$ 　　　2)$\lim\limits_{x\to\infty}\left(\dfrac{x+1}{x-2}\right)^{x+3}$ 　　　3)$\lim\limits_{x\to 0}(1-x)^{\frac{2}{x}}$

解 1)$\lim\limits_{x\to\infty}\left(1+\dfrac{k}{x}\right)^x=\lim\limits_{\frac{x}{k}\to\infty}\left\{\left[1+\dfrac{1}{\left(\dfrac{x}{k}\right)}\right]^{\frac{x}{k}}\right\}^k$

$$=\mathrm{e}^k \quad (k\neq 0)$$

$$2)\lim_{x\to\infty}\left(\frac{x+1}{x-2}\right)^{x+3}=\lim_{x\to\infty}\left(1+\frac{3}{x-2}\right)^{x-2+5}=\lim_{x-2\to\infty}\left(1+\frac{3}{x-2}\right)^{\frac{x-2}{3}\times3+5}$$

$$=\lim_{\frac{x-2}{3}\to\infty}\left\{\left[1+\frac{1}{\left(\frac{x-2}{3}\right)}\right]^{\frac{x-2}{3}}\right\}^{3}\cdot\lim_{x-2\to\infty}\left(1+\frac{3}{x-2}\right)^{5}$$

$$=\mathrm{e}^{3}$$

$$3)\lim_{x\to0}(1-x)^{\frac{2}{x}}=\lim_{-x\to0}\left\{\left[1+(-x)\right]^{\frac{1}{-x}}\right\}^{-2}=\left\{\lim_{-x\to0}\left[1+(-x)\right]^{\frac{1}{-x}}\right\}^{-2}=\mathrm{e}^{-2}$$

第三节　函数的连续与间断

　　自然界中有许多现象,如气温变化、植物生长、血液流动、地球绕着太阳运动等,都是连续变化的。用数学方法研究这种连续现象,就会得到函数的连续性概念。高等数学中研究的函数主要就是连续函数。

　　本节首先讨论函数改变量的概念,然后进一步引出函数连续的概念与性质,最后简述初等函数的连续性。

一、函数的连续

1. 函数的改变量

　　定义 1.15　函数 $y=f(x)$ 当自变量 x 在其定义域内由 x_0 变到 x 时,函数值从 $f(x_0)$ 变到 $f(x)$,自变量 x 的差值 $\Delta x=x-x_0$ 称为自变量 x 在 $x=x_0$ 处的**改变量**;相应地,函数值的差值 $\Delta y=f(x)-f(x_0)$ 称为函数 $y=f(x)$ 在 $x=x_0$ 处的**改变量**。也称 $\Delta x,\Delta y$ 为 x 和 y 在 $x=x_0$ 处的**增量**(图 1-8)。

　　根据上述过程,有

$$x=x_0+\Delta x,\quad \Delta y=f(x_0+\Delta x)-f(x_0)$$

这里 Δx 和 Δy 都是完整的记号,其值可正可负,当然也可以是零。

　　例如,二次函数 $y=x^2$ 在 $x=1$ 处的改变量为

$$\Delta y=f(1+\Delta x)-f(1)=(1+\Delta x)^2-1^2$$
$$=2\cdot\Delta x+\Delta x^2$$

而 $y=x^2$ 在 $x=2$ 处的改变量为

$$\Delta y=f(2+\Delta x)-f(2)=(2+\Delta x)^2-2^2$$
$$=4\Delta x+\Delta x^2$$

　　比较上面两个改变量,对于同样大小的 Δx, $y=x^2$ 在 $x=2$ 处的改变量比在 $x=1$ 处的改变量要大。也就是说,函数 $y=x^2$ 在 $x=2$ 处的变化要比在 $x=1$ 处的变化要快,从 $y=x^2$ 的图像上能清楚地看出此曲线的变化情况(图 1-9)。

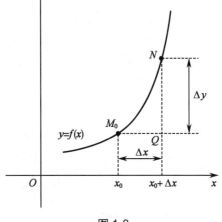

图 1-8

2. 函数的连续定义

　　函数 $y=f(x)$ 在 $x=x_0$ 处的改变量为

$$\Delta y=f(x_0+\Delta x)-f(x_0)$$

假如 x_0 不变而让自变量的改变量 Δx 变动,则函数 $y=f(x)$ 在 $x=x_0$ 处的改变量 Δy 随 Δx 的

笔记栏

变化而变化。若当 $\Delta x \to 0$ 时,有 $\Delta y \to 0$,即

$$\lim_{\Delta x \to 0} \Delta y = 0$$

这时称函数 $y=f(x)$ 在点 x_0 处是连续的,因此有下述定义。

定义 1.16 设函数 $y=f(x)$ 在点 x_0 的某邻域内有定义,若当自变量 x 的改变量 $\Delta x = x - x_0$ 趋于零时,对应的函数改变量 $\Delta y = f(x_0 + \Delta x) - f(x_0)$ 也趋于零,则称函数 $y=f(x)$ 在点 x_0 处**连续**。

根据 $y=x^2$ 在 $x=2$ 处的改变量为 $\Delta y = 4\Delta x + \Delta x^2$,则

$$\lim_{\Delta x \to 0} \Delta y = \lim_{\Delta x \to 0}(4\Delta x + \Delta x^2) = 0$$

所以 $y=x^2$ 在 $x=2$ 处连续。当然 $y=x^2$ 在 $x=1$ 处也连续。

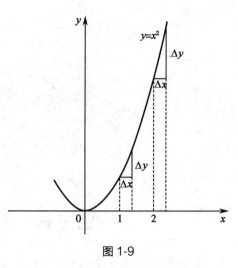

图 1-9

为了应用方便,把函数 $y=f(x)$ 在点 x_0 处连续的定义用不同方式叙述如下。

因为

$$x = x_0 + \Delta x, \quad \Delta y = f(x_0 + \Delta x) - f(x_0)$$

所以,当 $\Delta x \to 0$ 时,有 $x \to x_0$;又 $\lim\limits_{\Delta x \to 0} \Delta y = 0$,故

$$\lim_{\Delta x \to 0}[f(x_0 + \Delta x) - f(x_0)] = 0$$

即

$$\lim_{x \to x_0} f(x) = \lim_{\Delta x \to 0} f(x_0 + \Delta x) = f(x_0) = f(\lim x)$$

上式说明,假设函数 $y=f(x)$ 在点 x_0 的某邻域内有定义,若 $f(x)$ 当 $x \to x_0$ 时极限存在,并且等于 $f(x)$ 在点 x_0 处的函数值 $f(x_0)$,即 $\lim\limits_{x \to x_0} f(x) = f(x_0)$,则函数 $y=f(x)$ 在点 x_0 处连续。

函数的连续定义也可用 $\varepsilon - \delta$ 语言叙述如下:设函数 $y=f(x)$ 在点 x_0 的某邻域内有定义,若对于任意小正数 ε,总存在 $\delta > 0$,使得对于任意 x,只要 $|x - x_0| < \delta$,就有 $|f(x) - f(x_0)| < \varepsilon$,则称函数 $y=f(x)$ 在点 x_0 处**连续**。

注 连续函数 $y=f(x)$ 的图像是一条连续且不间断的曲线。

根据左、右极限的定义,也可以得到左连续、右连续的概念。

若 $\lim\limits_{x \to x_0^-} f(x) = f(x_0)$,即 $f(x_0 - 0) = f(x_0)$,则称 $y=f(x)$ 在点 x_0 处**左连续**。

若 $\lim\limits_{x \to x_0^+} f(x) = f(x_0)$,即 $f(x_0 + 0) = f(x_0)$,则称 $y=f(x)$ 在点 x_0 处**右连续**。

若函数 $f(x)$ 在开区间 (a,b) 内的任一点都连续,则称 $f(x)$ 在 (a,b) 内连续。

若函数 $f(x)$ 在开区间 (a,b) 内的任一点都连续,并且在点 a 右连续,即 $\lim\limits_{x \to a^+} f(x) = f(a)$;而在点 b 左连续,即 $\lim\limits_{x \to b^-} f(x) = f(b)$,则称 $f(x)$ 在闭区间 $[a,b]$ 上连续。

二、函数的间断

根据函数的连续定义,函数 $f(x)$ 在点 x_0 处连续必须同时满足下述 3 个条件:

(1)函数 $y=f(x)$ 点 x_0 处有定义,即 $f(x_0)$ 存在;

(2)$\lim\limits_{x \to x_0} f(x)$ 存在,即 $f(x)$ 在点 x_0 处的左、右极限都存在且相等;

(3)$\lim\limits_{x \to x_0} f(x) = f(x_0)$。

上述条件只要有一个得不到满足,函数 $f(x)$ 在点 x_0 处就不连续。

使函数 $f(x)$ 不连续的点称为函数 $f(x)$ 的**间断点**。

函数 $f(x)$ 的间断点分为两类:左、右极限都存在的间断点称为函数 $f(x)$ 的第一类间断点。其他情形的间断点都称为 $f(x)$ 的第二类间断点。

例 20　函数

$$f(x) = \begin{cases} \dfrac{|x|}{x}, & x \neq 0 \\[2mm] 0, & x = 0 \end{cases}$$

在点 $x=0$ 处有定义,但 $\lim\limits_{x \to 0^-} f(x) = -1$,$\lim\limits_{x \to 0^+} f(x) = 1$,二者不相等,也就是说,极限 $\lim\limits_{x \to 0} f(x)$ 不存在,所以函数 $f(x)$ 在点 $x=0$ 处不连续,属于第一类间断点,$x=0$ 是**跳跃间断点**(图 1-10)。

例 21　设函数 $f(x) = \dfrac{x^2-9}{x-3}$,显然

$$\lim_{x \to 3} f(x) = \lim_{x \to 3} \frac{x^2-9}{x-3} = \lim_{x \to 1} \frac{(x-3)(x+3)}{x-3} = \lim_{x \to 3} (x+3) = 6$$

但是,函数 $f(x)$ 在点 $x=3$ 无定义,因此 $f(x)$ 在 $x=3$ 处不连续,$x=3$ 是函数 $f(x)$ 的第一类间断点。若补充定义 $f(3)=6$,则 $f(x)$ 在点 $x=3$ 就连续了,因此 $x=3$ 是 $f(x)$ 的**可去间断点**。

例 22　函数 $f(x) = \sin\dfrac{1}{x}$ 在点 $x=0$ 无定义,$x \to 0$ 时,函数在 -1 和 1 之间无限次地摆动,属于第二类间断点,$x=0$ 是**振荡间断点**(图 1-11)。

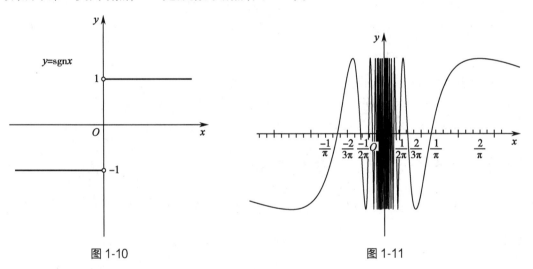

图 1-10　　　　　　　　　　　　　　　　图 1-11

例 23　函数 $f(x) = \dfrac{1}{x}$ 在点 $x=0$ 处不连续,因为它在点 $x=0$ 无定义,且

$$\lim_{x \to 0} f(x) = \lim_{x \to 0} \frac{1}{x} = \infty$$

因此属于**第二类间断点**,$x=0$ 是**无穷间断点**。

三、连续函数的性质

由函数在某点连续的定义和极限的运算法则,可推出下列定理:

定理 1.13　若函数 $f(x)$,$g(x)$ 在点 x_0 处都连续,则 $f(x)$ 与 $g(x)$ 的和、差、积、商(分母不等于零)在点 x_0 处也连续。

定理 1.14　若 $y=f(x)$ 在区间 I_x 上单调增加(减少)且连续,则其反函数 $x=f^{-1}(y)$ 在相应的区间 $I_y = \{y \mid y=f(x), x \in I_x\}$ 上也单调增加(减少)且连续。

例 24 由于 $y=\sin x$ 在 $\left[-\dfrac{\pi}{2},\dfrac{\pi}{2}\right]$ 上单调增加且连续,所以其反函数 $x=\arcsin y$ 在相应的区间 $I_y=[-1,1]$ 上也单调增加且连续。

同理,反三角函数 $\arccos x,\arctan x,\operatorname{arccot}x$ 在其定义域内都连续。

定理 1.15 若函数 $y=f[\varphi(x)]$ 由 $y=f(u)$ 与 $u=\varphi(x)$ 复合而成,$\lim\limits_{x\to x_0}\varphi(x)=a$,而函数 $y=f(u)$ 在点 $u=a$ 连续,则有

$$\lim_{x\to x_0}f[\varphi(x)]=\lim_{u\to a}f(u)=f(a)=f[\lim_{x\to x_0}\varphi(x)]$$

例 25 求极限 $\lim\limits_{x\to 0}\dfrac{\ln(1+x)}{x}$。

解 因为函数 $y=\dfrac{\ln(1+x)}{x}=\ln(1+x)^{\frac{1}{x}}$ 可以看作由 $y=\ln u$ 与 $u=(1+x)^{\frac{1}{x}}$ 复合而成的复合函数,而 $\lim\limits_{x\to 0}(1+x)^{\frac{1}{x}}=\mathrm{e}$,$y=\ln u$ 在 $u=\mathrm{e}$ 点连续,于是有

$$\lim_{x\to 0}\frac{\ln(1+x)}{x}=\lim_{x\to 0}\ln(1+x)^{\frac{1}{x}}$$

$$=\ln\left[\lim_{x\to 0}(1+x)^{\frac{1}{x}}\right]=\ln\mathrm{e}=1$$

定理 1.16 若函数 $u=\varphi(x)$ 在点 $x=x_0$ 处连续,而函数 $y=f(u)$ 在点 $u=u_0$ 连续,这里 $u_0=\varphi(x_0)$,则复合函数 $F(x)=f[\varphi(x)]$ 在点 $x=x_0$ 处也连续。

证 因为函数 $u=\varphi(x)$ 在点 $x=x_0$ 连续,故 $\lim\limits_{x\to x_0}u=\lim\limits_{x\to x_0}\varphi(x)=\varphi(x_0)=u_0$;又因为函数 $y=f(u)$ 在点 $u=u_0$ 连续,所以 $\lim\limits_{u\to u_0}f(u)=f(u_0)$。

对复合函数 $F(x)=f[\varphi(x)]$,有

$$\lim_{x\to x_0}F(x)=\lim_{x\to x_0}f[\varphi(x)]=\lim_{u\to u_0}f(u)=f(u_0)=f[\phi(x_0)]=F(x_0)$$

这样就证明了复合函数 $F(x)=f[\varphi(x)]$ 在点 $x=x_0$ 处连续。

例 26 讨论函数 $y=\sin\dfrac{1}{x}$ 的连续性。

解 函数 $y=\sin\dfrac{1}{x}$ 可看成是由函数 $y=\sin u$ 和 $u=\dfrac{1}{x}$ 复合而成的,$y=\sin u$ 对于 $\forall u\in R$ 都连续,而 $u=\dfrac{1}{x}$ 当 $x\in(-\infty,0)\cup(0,+\infty)$ 时连续。根据定理 1.16,函数 $y=\sin\dfrac{1}{x}$ 当 $x\in(-\infty,0)\cup(0,+\infty)$ 时连续。

综上所述,我们得到下述结论:

基本初等函数在其定义域内都连续;一切初等函数在其定义区间内连续。这里的定义区间可以是定义域,也可以是包含在定义域内的区间。

这个结论不仅使我们在作初等函数的图形时有了理论根据,而且还提供了求初等函数极限的简便方法,即

若函数 $y=f(x)$ 是初等函数,且 x_0 是其定义域内的点,则

$$\lim_{x\to x_0}f(x)=f(x_0)$$

例 27 求极限 $\lim\limits_{x\to 0}\mathrm{e}^{\cos x}$。

解 因为 $y=\mathrm{e}^{\cos x}$ 是初等函数,定义域为 R,点 $x=0$ 在定义域内,所以

$$\lim_{x\to 0}\mathrm{e}^{\cos x}=\mathrm{e}^{\cos 0}=\mathrm{e}$$

下面,我们不加证明地给出闭区间上连续函数的两个重要性质。

首先,给出函数最大(小)值的概念。

定义 1.17 设函数 $f(x)$ 在闭区间 I 上有定义,若存在 $x_0 \in I$,使得对于 $\forall x \in I$ 恒有 $f(x) \leqslant f(x_0)$ $[f(x) \geqslant f(x_0)]$,则称 $f(x_0)$ 是 $f(x)$ 在闭区间 I 上的**最大(小)值**,点 x_0 是 $f(x)$ 在闭区间 I 上的**最大(小)值点**。

例如,函数 $f(x) = \sin x$ 在 $[0, 2\pi]$ 上的最大值为 1,最小值为 -1;最大值点为 $\dfrac{\pi}{2}$,最小值点 $\dfrac{3\pi}{2}$。

定理 1.17(最值定理) 若函数 $f(x)$ 在闭区间 $[a,b]$ 上连续,则函数 $f(x)$ 在 $[a,b]$ 上必有最大值和最小值。

推论 1 若函数 $f(x)$ 在闭区间 $[a,b]$ 上连续,则 $f(x)$ 在 $[a,b]$ 上必有界。

定理 1.18(介值定理) 设函数 $f(x)$ 在闭区间 $[a,b]$ 上连续,且 $f(a) \neq f(b)$,对于 $f(a)$ 和 $f(b)$ 之间的任意实数值 c,则至少存在一点 $\xi \in (a,b)$,使得 $f(\xi) = c$。

推论 2 若函数 $f(x)$ 在闭区间 $[a,b]$ 上连续,且 $f(a)$ 与 $f(b)$ 异号,则在 $[a,b]$ 内至少存在一点 ξ,使得 $f(\xi) = 0$。

例 28 证明:方程 $x^3 - 4x^2 + 1 = 0$ 在区间 $(0,1)$ 内至少存在一个根。

证 由于函数 $f(x) = x^3 - 4x^2 + 1$ 在 $[0,1]$ 上连续,且 $f(0) = 1 > 0$,$f(1) = -2 < 0$ 根据推论 2:在区间 $(0,1)$ 内至少存在一点 ξ,使得 $f(\xi) = 0$;即

$$\xi^3 - 4\xi^2 + 1 = 0$$

这就说明,ξ 是已知方程 $x^3 - 4x^2 + 1 = 0$ 的一个根。

知识链接

勒奈·笛卡儿

勒奈·笛卡儿(Rene Descartes,1596—1650),法国哲学家、物理学家和数学家。笛卡儿的主要数学成果集中在他的《几何学》中。笛卡儿的思想核心是:把几何学问题归结成代数形式的问题,用代数学方法进行计算、证明,从而达到最终解决几何问题的目的。笛卡儿的这一天才创见,为微积分的创立奠定了基础,从而开拓了变量数学的广阔领域。最为可贵的是,笛卡儿用运动观点,把曲线看成点的运动轨迹,不仅建立了点与实数的对应关系,而且把"形"(包括点、线、面)和"数"两个对立的对象统一了起来,建立了曲线和方程的对应关系。这种对应关系的建立,不仅标志着函数概念的萌芽,而且标志着变数进入了数学,使数学在思想方法上发生了伟大的转折——由常量数学进入变量数学的时期。正如恩格斯所说:"数学中的转折点是笛卡儿变数。有了变数,运动进入了数学,有了变数,辩证法进入了数学,有了变数,微分和积分也就立刻成为必要了。"笛卡儿的这些成就,为后来牛顿、莱布尼茨发现微积分,以及他们之后的一大批数学家的新发现开辟了崭新的道路。

学习小结

1. 学习内容

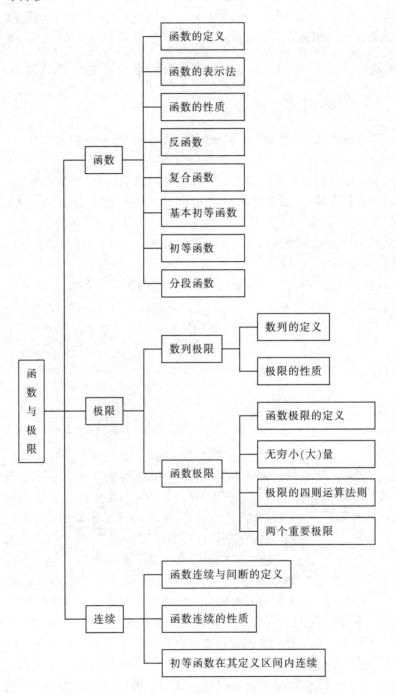

2. 学习方法 要熟练掌握数学知识没有捷径可寻。较简单的方法是,透彻理解并掌握基本知识后多做习题。函数的极限和连续也不例外。

函数的极限是整个微积分学的基础性知识。后续知识,如函数的连续、导数、微分、积分等都是以极限方法定义或计算的。本章的重点是极限和无穷小量的概念及其性质,极限运算法则,两个重要极限,函数的连续性;难点是极限的概念。在学习过程中要着重把握上述几个知识点,这对学习后面的知识帮助极大。

本章知识是基础,重在理解,可以不为过地说,学好了极限和连续,基本上就学好了微积分。

（关红阳）

习题一

1. 指出下列各题中函数 $f(x)$ 和 $g(x)$ 是否相同,并说明理由。

(1) $f(x)=\dfrac{x}{x}$, $g(x)=1$ 　　　　　　(2) $f(x)=\ln x^2$, $g(x)=2\ln x$

(3) $f(x)=x$, $g(x)=\sqrt{x^2}$ 　　　　　　(4) $f(x)=|x|$, $g(x)=\sqrt{x^2}$

(5) $f(x)=\sqrt{\dfrac{1+x^2}{x^2}}$, $g(x)=\dfrac{\sqrt{1+x^2}}{x}$

2. 设函数 $y=\dfrac{1}{2x}f(t-x)$,且当 $x=1$ 时,$y=\dfrac{1}{2}t^2-t+5$,求 $f(x)$。

3. 求下列函数的定义域。

(1) $y=\dfrac{1}{x}-\sqrt{1-x^2}$ 　　　　　　(2) $y=\dfrac{1}{\ln x}$

(3) $y=\ln\left(x+\sqrt{1+x^2}\right)$ 　　　　　　(4) $y=\sqrt{\sin x}+\sqrt{16-x^2}$

4. 假设 $f(x)=\begin{cases}1+x^2, & -\infty<x\leqslant 0\\ 2^x, & 0<x<+\infty\end{cases}$;试求 $f(-2)$,$f(0)$,$f(3)$。

5. 求下列函数的反函数及其定义域。

(1) $y=\sqrt{1-x^2}$, $0\leqslant x\leqslant 1$ 　　　　　　(2) $y=2\sin 3x$, $x\in\left[-\dfrac{\pi}{6},\dfrac{\pi}{6}\right]$

6. 试通过 $y=f(u)$,$u=\varphi(x)$,求出 y 关于 x 的复合函数。

(1) $y=\mathrm{e}^u$, $u=\sin x$ 　　　　　　(2) $y=\sqrt[3]{u}$, $u=\lg x$

(3) $y=u^2$, $u=2^x$ 　　　　　　(4) $y=\tan u$, $u=x^2-1$

7. 将下列复合函数分解为基本初等函数或基本初等函数作四则运算。

(1) $y=\ln\cos\sqrt{3x^2+\dfrac{\pi}{4}}$ 　　　　　　(2) $y=\sin^3(x^2+1)$

(3) $y=\arctan(5+2x^3)$ 　　　　　　(4) $y=\lg\sqrt{\dfrac{x-1}{x+1}}$

8. 设 $f(x)=\begin{cases}1, & |x|<1\\ 0, & |x|=1\\ -1, & |x|>1\end{cases}$,$g(x)=\mathrm{e}^x$ 求 $f[g(x)]$,$g[f(x)]$。

9. 试求函数 $\mathrm{sgn}(x)=\begin{cases}-1, & x<0\\ 0, & x=0\\ 1, & x>0\end{cases}$当 $x\to 0$ 时的左、右极限,并说明 $x\to 0$ 时, $\mathrm{sgn}(x)$ 的极限是否存在?

10. 指出下列函数哪些是无穷小,哪些是无穷大?

(1) $\dfrac{1+2x^2}{x}$ $(x\to 0)$ 　　　　(2) $\dfrac{\sin x}{x}$ $(x\to\infty)$ 　　　　(3) $\lg x$ $(x\to 0^+)$

$(4)\ 2x+5\ (x\to-\infty)$　　　　　$(5)\ \dfrac{x+1}{x^2-4}\ (x\to 2)$　　　　$(6)\ 1-\cos 2t\ (t\to 0)$

11. $x\to 1$ 时，下列函数与 $1-x$ 比较是高阶、同阶还是等价无穷小？

$(1)\ (1-x)^{\frac{3}{2}}$　　　　　　　$(2)\ \dfrac{1-x}{1+x}$　　　　　　　$(3)\ 2(1-\sqrt{x})$

12. 表达式 $x^2,\dfrac{x^2-1}{x^3},\mathrm{e}^{-x}$ 何时是无穷大？何时是无穷小？

13. 设 $\lim\limits_{x\to 1}\dfrac{x^2+ax+b}{x-1}=3$，求常数 a,b。

14. 试求下列函数的极限。

$(1)\ \lim\limits_{x\to 2}\dfrac{x-1}{x+3}$　　　　　　　　　$(2)\ \lim\limits_{x\to 1}\dfrac{x^2+\ln(2-x)}{4\arctan x}$

$(3)\ \lim\limits_{x\to 1}\dfrac{\arcsin\dfrac{x}{2}}{x+1}$　　　　　　　　$(4)\ \lim\limits_{x\to 3}\dfrac{x^2-2x-3}{x-3}$

$(5)\ \lim\limits_{x\to 9}\dfrac{\sqrt[4]{x}-\sqrt{3}}{\sqrt{x}-3}$　　　　　　　　$(6)\ \lim\limits_{x\to 2}\dfrac{\sqrt{2+x}-2}{x-2}$

$(7)\ \lim\limits_{x\to 0}\dfrac{x^2\sin\dfrac{1}{x}}{\sin x}$　　　　　　　　$(8)\ \lim\limits_{x\to\infty}\dfrac{2x+2\cos x}{x+\cos 2x}$

$(9)\ \lim\limits_{x\to 1}\dfrac{x^m-1}{x^n-1}$　　　　　　　$(10)\ \lim\limits_{x\to\infty}\dfrac{2x-5}{x^2+1}$

$(11)\ \lim\limits_{x\to+\infty}\dfrac{\sqrt{x^2+1}}{3x+1}$　　　　　　$(12)\ \lim\limits_{n\to+\infty}(\sqrt{n+1}-\sqrt{n})$

$(13)\ \lim\limits_{x\to+\infty}x(\sqrt{x^2+1}-x)$　　　　$(14)\ \lim\limits_{x\to-1}\left(\dfrac{1}{x+1}-\dfrac{3}{x^3+1}\right)$

$(15)\ \lim\limits_{x\to\infty}x^2\left(\dfrac{1}{x+1}-\dfrac{1}{x-1}\right)$　　　$(16)\ \lim\limits_{x\to 0}\dfrac{\sqrt{x+1}-(x+1)}{\sqrt{x+1}-1}$

$(17)\ \lim\limits_{x\to\infty}\dfrac{x^2+1}{x^3+x}(100+\cos x)$　　$(18)\ \lim\limits_{x\to 0}x^2\left(3-\sin\dfrac{1}{x}\right)$

$(19)\ \lim\limits_{x\to+\infty}\dfrac{\mathrm{e}^{ax}-1}{\mathrm{e}^{ax}+1}\ (a>0)$　　　$(20)\ f(x)=\begin{cases}x^2, & x\leqslant 1\\ 2x-1, & x>1\end{cases}$，求 $\lim\limits_{x\to 1}f(x)$。

15. 试求下列函数的极限。

$(1)\ \lim\limits_{x\to 0}\dfrac{\tan 3x}{\sin 5x}$　　　　　　　　$(2)\ \lim\limits_{x\to\infty}x\sin\dfrac{1}{x}$

$(3)\ \lim\limits_{x\to 0}\dfrac{1-\cos 2x}{x\sin x}$　　　　　　　$(4)\ \lim\limits_{x\to-\infty}x\sqrt{\sin\dfrac{1}{x^2}}$

$(5)\ \lim\limits_{x\to\frac{\pi}{2}}\dfrac{\cos x}{x-\dfrac{\pi}{2}}$　　　　　　　　$(6)\ \lim\limits_{x\to 0}\dfrac{\cos^2 x-\cos x}{2x^2}$

$(7)\ \lim\limits_{x\to 0}\dfrac{\sqrt{x+4}-2}{\sin 3x}$　　　　　　　$(8)\ \lim\limits_{x\to 1}\dfrac{\tan(1-x)}{\sqrt{x}-1}$

笔记栏

$(9) \lim\limits_{x\to\infty}\left(1+\dfrac{k}{x}\right)^{x}$

$(10) \lim\limits_{x\to 0}(1-x)^{\frac{k}{x}}$

$(11) \lim\limits_{x\to 0}\left(1+\dfrac{x}{2}\right)^{\frac{x-1}{x}}$

$(12) \lim\limits_{x\to 0}(1+3\tan x)^{\cot x}$

16. 设 $\lim\limits_{x\to\infty}\left(\dfrac{x-k}{x}\right)^{-2x}=\lim\limits_{x\to\infty}x\cdot\sin\dfrac{2}{x}$，求常数 k。

17. 试计算函数 $y=\sin x$ 在 $x_0=\dfrac{\pi}{2}$，$\Delta x=\dfrac{\pi}{24}$ 时的改变量 Δy。

18. 试计算函数 $y=\sqrt{1+x}$ 在 $x_0=3$，$\Delta x=-0.2$ 时的改变量 Δy。

19. 根据初等函数的连续性，试求下列函数的极限值。

$(1) \lim\limits_{x\to 1}(x^2+1)\tan\dfrac{\pi x}{4}$

$(2) \lim\limits_{x\to\frac{\pi}{2}}\ln\sin x$

20. 试确定下列函数的间断点。

$(1) y=\tan\left(2x+\dfrac{\pi}{4}\right)$

$(2) y=\dfrac{\sin x}{x}$

$(3) y=\dfrac{1}{x^2-3x+2}$

$(4) y=\begin{cases}1-x^2, & x\geqslant 0 \\ \dfrac{\sin x}{x}, & x<0\end{cases}$

21. 设函数 $f(x)=\begin{cases}\dfrac{\sin x}{x}, & x<0 \\ 2a-x^2, & x\geqslant 0\end{cases}$，试确定常数 a，使函数在点 $x=0$ 连续。

22. 求函数 $y=\dfrac{x^2-9}{x^2-7x+12}$ 的定义域；连续区间与间断点，并说明这些间断点是属于哪一类，如果是可去间断点，试补充间断点处函数的定义使之连续。

23. 已知 $\lim\limits_{x\to\infty}\left(\dfrac{x^2+1}{x+1}-ax-b\right)=0$，试求 a,b 的值。

24. 设函数 $f(x)=a^x(a>0,a\neq 1)$，试求 $\lim\limits_{n\to\infty}\dfrac{1}{n^2}\ln[f(1)\cdot f(2)\cdots f(n)]$。

25. 设函数 $f(x)$ 在闭区间 $[0,2a]$ 上连续，且 $f(0)=f(2a)$，证明在 $[0,a]$ 上至少存在一点 x，使得 $f(x)=f(x+a)$。

26. 证明方程 $x^5-3x=1$ 在区间 $(1,2)$ 内至少存在一个根。

02章课件

PPT 课件

◇◇◇ **第二章** ◇◇◇

导数与微分

学习目标

1. 掌握基本初等函数的导数、微分公式,四则运算法则,复合函数的求导法则,隐函数求导法则,高阶导数、微分的计算。

2. 熟悉导数与微分的概念,导数与微分的几何意义,可导与连续、可导与可微的关系。

3. 了解微分的应用(近似计算、估计函数的误差)。

第一节 导数的概念

在自然科学和社会科学中,导数有着广泛的应用。例如,物理中的速度、加速度、角速度、线密度、电流、功率、温度梯度及放射性元素的衰变等;化学中的扩散速度及反应速度等;生物学中的种群出生率、死亡率及自然增长率等;医药学中药物在体内的分解及吸收速率等;经济学中的边际成本、边际利润及边际需求等;社会学中的信息传播速度等。

一、导数的引入

历史上,导数的概念主要起源于力学中的瞬时速度问题以及几何中的切线问题。我们也从这两个问题开始讨论。

1. 瞬时速度 我们知道,速度是反映物体运动快慢的物理量,由中学所学知识,平均速度可定义如下:设质点沿直线运动,其位置函数为 $s=s(t)$,则质点所发生的位移 $\Delta s=s(t_0+\Delta t)-s(t_0)$ 与所需时间间隔 $\Delta t=t-t_0$ 的比值,称为该时间间隔内的平均速度,记作

$$\bar{v}=\frac{\Delta s}{\Delta t}=\frac{s(t_0+\Delta t)-s(t_0)}{\Delta t}$$

应当指出,平均速度对质点运动快慢的刻画是非常粗糙的。例如,一辆汽车在 1 小时内行驶了 60km,按照上面定义,该汽车的平均速度为 60km/h。然而,一般来说汽车并非以匀速行驶,在繁华的市区路段可能慢些,在宽阔的郊区公路可能快些,这些情况平均速度不能反映出来。怎样使平均速度公式变得更加细致精确呢?显而易见,只要将时间间隔 Δt 变小,平均速度公式就能变得更加细致精确。于是,令 $\Delta t \to 0$,便得到质点在时刻 t_0 的瞬时速度的定义式:

$$v(t)=\lim_{\Delta t \to 0}\frac{\Delta s}{\Delta t}=\lim_{\Delta t \to 0}\frac{f(t_0+\Delta t)-f(t_0)}{\Delta t}$$

这里应注意的是,瞬时速度并非指孤立的一瞬,即 $\Delta t \to 0$,但是 $\Delta t \neq 0$。

以上我们得到了瞬时速度的定义式,抛开其物理含义,仅看抽象形式特点即为:改变量比的极限。如果把该极限叫做导数,那么求瞬时速度的问题就是求导数的问题。

2. 切线斜率 如图 2-1 所示,设平面曲线的方程为 $y=f(x)$,$M(x_0,y_0)$ 为曲线上一点,割线 MN 的斜率为

$$k_1 = \tan\beta = \frac{\Delta y}{\Delta x} = \frac{f(x_0+\Delta x) - f(x_0)}{\Delta x}$$

当 $\Delta x \to 0$ 时,点 N 沿曲线无限趋于点 M,割线 MN 无限趋于其极限位置 MT,我们把 MT 称为该曲线在 M 点的切线。显而易见,当 $\Delta x \to 0$ 时,割线倾角无限趋于切线倾角,即 $\beta \to \alpha$,因此,割线斜率无限趋于切线斜率,即 $k_1 \to k$,因此

$$k = \tan\alpha = \lim_{\Delta x \to 0} \frac{\Delta y}{\Delta x} = \lim_{\Delta x \to 0} \frac{f(x_0+\Delta x) - f(x_0)}{\Delta x}$$

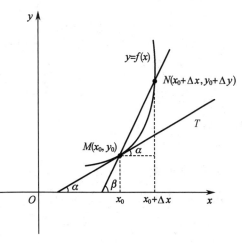

图 2-1

以上我们得到了计算切线斜率的公式,抛开其几何含义,仅看抽象形式的特点仍然是:改变量比的极限。如果把该极限叫做导数,那么求切线斜率的问题就是求导数的问题。

由于自然科学、工程技术及社会科学的许多实际问题都归结为计算"改变量比的极限",所以有必要在抽象形式下研究它的性质和计算方法,从而使那些与"改变量比的极限"有关的实际问题都能得到解答。这表明,数学的抽象性使得它能广泛地应用于不同领域,同时,数学的抽象性来自实际,使得它具有强大的生命力。

二、导数的定义

1. 函数在某点可导的定义

定义 2.1 设函数 $y=f(x)$ 在点 x_0 的某邻域内有定义,当自变量 x 在点 x_0 的改变量为 Δx,且 $x_0+\Delta x$ 仍在上述邻域内,函数 y 有相应的改变量为:

$$\Delta y = f(x_0+\Delta x) - f(x_0)$$

若极限

$$\lim_{\Delta x \to 0} \frac{\Delta y}{\Delta x} = \lim_{\Delta x \to 0} \frac{f(x_0+\Delta x) - f(x_0)}{\Delta x}$$

存在,则称函数 $y=f(x)$ 在点 x_0 可导,并且把该极限称为函数 $y=f(x)$ 在点 x_0 的**导数**(或**微商**),记作

$$y'\big|_{x=x_0}, f'(x_0), \frac{\mathrm{d}y}{\mathrm{d}x}\bigg|_{x=x_0}, \frac{\mathrm{d}f(x)}{\mathrm{d}x}\bigg|_{x=x_0}$$

若上述极限不存在,则称函数 $y=f(x)$ 在点 x_0 不可导。若上述极限不存在的情形属于无穷大,为方便起见,有时也称函数 $y=f(x)$ 在点 x_0 的导数为无穷大,记作 $f'(x_0) = \infty$。

2. 函数在开区间内可导的定义

定义 2.2 若函数 $y=f(x)$ 在 (a,b) 内每一点 x 都可导,则称函数 $y=f(x)$ 在 (a,b) 内可导。记作

$$y', f'(x), \frac{dy}{dx}, \frac{df(x)}{dx}$$

由此定义可见,若函数 $y=f(x)$ 在开区间 (a,b) 内可导,则对 (a,b) 内每一个 x 值,都唯一对应一个导数值 $f'(x)$。按照函数定义,在区间 (a,b) 内,$f'(x)$ 是 x 的函数,我们称其为 $y=f(x)$ 的**导函数**,简称为**导数**。

因此,导函数 $f'(x)$ 的定义式为:

$$f'(x) = \lim_{\Delta x \to 0} \frac{f(x+\Delta x) - f(x)}{\Delta x}, \quad x \in (a,b)$$

此外,导数值 $f'(x_0)$ 就是导函数 $f'(x)$ 在 $x=x_0$ 时的函数值,即 $f'(x_0) = f'(x)\big|_{x=x_0}$。

由导数定义可知,利用定义求导可分为三步:

(1)计算改变量:$\Delta y = f(x+\Delta x) - f(x)$

(2)计算比值:$\dfrac{\Delta y}{\Delta x} = \dfrac{f(x+\Delta x) - f(x)}{\Delta x}$

(3)计算极限:$\lim\limits_{\Delta x \to 0} \dfrac{\Delta y}{\Delta x}$

例 1 设 $y=\sqrt{x}$,求 y' 及 $y'\big|_{x=1}$。

解 $\Delta y = f(x+\Delta x) - f(x) = \sqrt{x+\Delta x} - \sqrt{x}$

$$\frac{\Delta y}{\Delta x} = \frac{\sqrt{x+\Delta x} - \sqrt{x}}{\Delta x}$$

$$\lim_{\Delta x \to 0} \frac{\Delta y}{\Delta x} = \lim_{\Delta x \to 0} \frac{\sqrt{x+\Delta x} - \sqrt{x}}{\Delta x} = \lim_{\Delta x \to 0} \frac{1}{\sqrt{x+\Delta x} + \sqrt{x}} = \frac{1}{2\sqrt{x}}$$

因此 $y' = \dfrac{1}{2\sqrt{x}}, y'\big|_{x=1} = \dfrac{1}{2}$

3. 单侧导数

定义 2.3 若极限 $\lim\limits_{\Delta x \to 0^-} \dfrac{\Delta y}{\Delta x} = \lim\limits_{\Delta x \to 0^-} \dfrac{f(x_0+\Delta x) - f(x_0)}{\Delta x}$ 存在,则称该极限为函数 $y=f(x)$ 在点 x_0 的**左导数**,记作 $f'_-(x_0)$。

若极限 $\lim\limits_{\Delta x \to 0^+} \dfrac{\Delta y}{\Delta x} = \lim\limits_{\Delta x \to 0^+} \dfrac{f(x_0+\Delta x) - f(x_0)}{\Delta x}$ 存在,则称该极限为函数 $y=f(x)$ 在点 x_0 的**右导数**,记作 $f'_+(x_0)$。

函数的左导数和右导数统称为**单侧导数**。

由上一章有关左、右极限的定理可以得到如下结论:

定理 2.1 函数 $y=f(x)$ 在点 x_0 可导的充分必要条件是左、右导数都存在并且相等,即 $f'_-(x_0) = f'_+(x_0)$。

有了单侧导数的定义,可以给出函数在闭区间上可导的定义。

定义 2.4 若函数 $y=f(x)$ 在开区间 (a,b) 内可导,并且在区间左端点存在右导数、在区间右端点存在左导数,则称函数 $y=f(x)$ 在闭区间 $[a,b]$ 上可导。

单侧导数还经常用来讨论分段函数在分段点的导数。

例 2 设 $f(x) = \begin{cases} x^2\sin\dfrac{1}{x} & x < 0 \\ 0 & x \geq 0 \end{cases}$,讨论该函数在点 $x=0$ 处的可导性。

解　$\Delta y = f(0 + \Delta x) - f(0) = f(\Delta x) - f(0) = f(\Delta x)$

$$\lim_{\Delta x \to 0^-} \frac{\Delta y}{\Delta x} = \lim_{\Delta x \to 0^-} \frac{(\Delta x)^2 \sin \dfrac{1}{\Delta x}}{\Delta x} = \lim_{\Delta x \to 0^-} \Delta x \sin \frac{1}{\Delta x} = 0$$

$$\lim_{\Delta x \to 0^+} \frac{\Delta y}{\Delta x} = \lim_{\Delta x \to 0^+} \frac{0}{\Delta x} = \lim_{\Delta x \to 0^+} 0 = 0$$

因此，$f'_-(0) = f'_+(0) = 0$，故该函数在点 $x = 0$ 处可导，且 $f'(0) = 0$。

4. 可导与连续的关系

定理 2.2　若函数 $y = f(x)$ 在点 x_0 可导，则该函数在点 x_0 连续。

证　因为函数 $y = f(x)$ 在点 x_0 可导，所以

$$\lim_{\Delta x \to 0} \frac{\Delta y}{\Delta x} = f'(x_0)$$

又因为　　　$\lim_{\Delta x \to 0} \Delta y = \lim_{\Delta x \to 0} \left(\dfrac{\Delta y}{\Delta x} \cdot \Delta x \right) = \lim_{\Delta x \to 0} \dfrac{\Delta y}{\Delta x} \cdot \lim_{\Delta x \to 0} \Delta x = f'(x_0) \cdot 0 = 0$

所以，函数 $y = f(x)$ 在点 x_0 连续。

注　此定理的逆定理不一定成立，即若函数 $y = f(x)$ 在点 x_0 连续，但在点 x_0 不一定可导。换句话说，函数在某点连续是函数在该点可导的必要条件，但不是充分条件。

例 3　设 $f(x) = |x| = \begin{cases} x & x \geqslant 0 \\ -x & x < 0 \end{cases}$，讨论该函数在点 $x = 0$ 处的连续性与可导性（图 2-2）。

解　先讨论连续性：$\lim\limits_{\Delta x \to 0} \Delta y = \lim\limits_{\Delta x \to 0} [f(0 + \Delta x) - f(0)] = \lim\limits_{\Delta x \to 0} |\Delta x|$

因为　　$\lim\limits_{\Delta x \to 0^-} \Delta y = \lim\limits_{\Delta x \to 0^-} (-\Delta x) = 0$，$\lim\limits_{\Delta x \to 0^+} \Delta y = \lim\limits_{\Delta x \to 0^+} \Delta x = 0$

所以 $\lim\limits_{\Delta x \to 0} \Delta y = 0$，因此 $f(x) = |x|$ 在点 $x = 0$ 处连续。

再讨论可导性：由导数的定义，考虑改变量比的极限，即

$$\lim_{\Delta x \to 0} \frac{\Delta y}{\Delta x} = \lim_{\Delta x \to 0} \frac{f(0 + \Delta x) - f(0)}{\Delta x} = \lim_{\Delta x \to 0} \frac{|\Delta x|}{\Delta x}$$

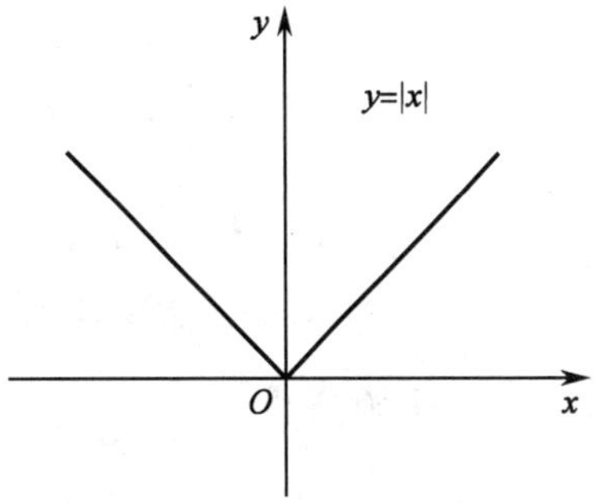

因为　　$\lim\limits_{\Delta x \to 0^-} \dfrac{\Delta y}{\Delta x} = \lim\limits_{\Delta x \to 0^-} \dfrac{-\Delta x}{\Delta x} = -1 = f'_-(0)$

$$\lim_{\Delta x \to 0^+} \frac{\Delta y}{\Delta x} = \lim_{\Delta x \to 0^+} \frac{\Delta x}{\Delta x} = 1 = f'_+(0)$$

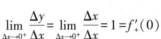

图 2-2

所以 $f'_-(0) \neq f'_+(0)$，因此 $f(x) = |x|$ 在点 $x = 0$ 处不可导。

如图 2-2 所示，在曲线"尖点"处，函数连续但不可导。

5. 导数的几何意义　由导数概念的引入可知，函数 $y = f(x)$ 在点 x_0 的导数 $f'(x_0)$ 的几何意义是：曲线 $y = f(x)$ 上点 $[x_0, f(x_0)]$ 处的切线斜率。

若 $f'(x_0)$ 存在，则曲线 $y = f(x)$ 上点 $[x_0, f(x_0)]$ 处的切线方程为：

$$y - f(x_0) = f'(x_0)(x - x_0)$$

若 $f'(x_0)$ 存在，且 $f'(x_0) \neq 0$，则曲线 $y = f(x)$ 上点 $[x_0, f(x_0)]$ 处的法线方程为：

$$y - f(x_0) = -\frac{1}{f'(x_0)}(x - x_0)$$

笔记栏

思政元素

导数概念的发展

导数的概念起源于对 17 世纪科学问题的研究。这些问题包括：①已知物体移动的距离可表示为时间的已知函数，求物体在任意时刻的速度和加速度；②求曲线的切线；③求函数的最大值和最小值。

在牛顿和莱布尼茨的时代，导数有两种理解途径。一种是把导数视为变化中的趋势量；一种是把导数视为无穷小量间的关系。无论哪一种，在今天看来都是不严谨的，这是因为当时的无穷小量、极限概念都与今天的认识不同。

19 世纪，波尔查诺和柯西给出了导数与微分现代形式下的定义。维尔斯特拉斯给出了著名的极限 $\varepsilon-\delta$ 定义，导数的概念在逻辑上终于站在了坚实的基础之上。

人们对于导数概念的认知，经历了一个漫长的过程，前后大约历时 200 年。从早期的直观的模糊的感受，偏重于几何的思考模式，逐步转变为算术化的、精准的定义。这样一种认识过程反映了概念的辩证运动和人类认知过程的螺旋上升模式。准确把握导数的概念，是理解导数的关键所在。理解辩证唯物主义和历史唯物主义的基本原理，也有助于我们理解科学发展的历程，以正确的态度走在科学研究的道路上。

第二节　导数公式与求导法则

一般来说，根据定义求导数比较麻烦，为此，本节讨论导数的计算方法。只要记住了导数公式，并且会用求导法则和求导方法，就可以方便地求出复杂函数的导数。

一、导数公式

我们把基本初等函数的导数作为导数公式。下面用定义推导几个导数公式，其余导数公式用定义推导比较麻烦，在此只给出结论，待后面介绍求导法则时再给出证明。

公式推导之一　求常量函数 $y=C$（C 为常数）的导数。

解　$\Delta y=f(x+\Delta x)-f(x)=C-C=0,\dfrac{\Delta y}{\Delta x}=0$

$$y'=\lim_{\Delta x\to 0}\frac{\Delta y}{\Delta x}=\lim_{\Delta x\to 0}0=0$$

即　$(C)'=0$

公式推导之二　求幂函数 $y=x^n$（n 为正整数）的导数。

解　$\Delta y=f(x+\Delta x)-f(x)=(x+\Delta x)^n-x^n$

$$=nx^{n-1}\Delta x+\frac{n(n-1)}{2}x^{n-2}(\Delta x)^2+\cdots+(\Delta x)^n$$

$$\frac{\Delta y}{\Delta x}=nx^{n-1}+\frac{n(n-1)}{2}x^{n-2}\Delta x+\cdots+(\Delta x)^{n-1}$$

$$\lim_{\Delta x\to 0}\frac{\Delta y}{\Delta x}=nx^{n-1}$$

即　$(x^n)'=nx^{n-1}$

后面还将证明,当 n 为任意实数时,该公式仍然成立,即 $(x^{\alpha})' = \alpha x^{\alpha-1}$,其中,$\alpha$ 为任意实数。

公式推导之三　求正弦函数 $y=\sin x$ 和余弦函数 $y=\cos x$ 的导数。

解　$\Delta y = f(x+\Delta x) - f(x) = \sin(x+\Delta x) - \sin x = 2\sin\dfrac{\Delta x}{2}\cos\left(x+\dfrac{\Delta x}{2}\right)$

$$\frac{\Delta y}{\Delta x} = \frac{\sin\dfrac{\Delta x}{2}}{\dfrac{\Delta x}{2}}\cos\left(x+\frac{\Delta x}{2}\right)$$

$$\lim_{\Delta x\to 0}\frac{\Delta y}{\Delta x} = \cos x$$

即　$(\sin x)' = \cos x$

同理可得　$(\cos x)' = -\sin x$

公式推导之四　求对数函数 $y=\log_a x$　$(a>0, a\neq 1)$ 的导数。

解　$\Delta y = f(x+\Delta x) - f(x) = \log_a(x+\Delta x) - \log_a x = \log_a\left(\dfrac{x+\Delta x}{x}\right) = \log_a\left(1+\dfrac{\Delta x}{x}\right)$

$$\frac{\Delta y}{\Delta x} = \frac{1}{\Delta x}\log_a\left(1+\frac{\Delta x}{x}\right) = \log_a\left(1+\frac{\Delta x}{x}\right)^{\frac{1}{\Delta x}}$$

$$\lim_{\Delta x\to 0}\frac{\Delta y}{\Delta x} = \lim_{\Delta x\to 0}\log_a\left(1+\frac{\Delta x}{x}\right)^{\frac{x}{\Delta x}\cdot\frac{1}{x}} = \log_a e^{\frac{1}{x}} = \frac{1}{x}\log_a e = \frac{1}{x\ln a}$$

即　$(\log_a x)' = \dfrac{1}{x\ln a}$

特别地,当 $a=e$ 时,$(\ln x)' = \dfrac{1}{x}$

以上我们用导数定义推导了几个导数公式,现将所有导数公式罗列如下,这些导数公式应当熟记,做题时直接使用结果。

(1) $(C)' = 0$(C 为常数)　　　　(2) $(x^{\alpha})' = \alpha x^{\alpha-1}$($\alpha$ 为任意实数)

(3) $(a^x)' = a^x\ln a(a>0, a\neq 1)$,特别地,$(e^x)' = e^x$

(4) $(\log_a x)' = \dfrac{1}{x\ln a}(a>0, a\neq 1)$,特别地,$(\ln x)' = \dfrac{1}{x}$

(5) $(\sin x)' = \cos x$　　　　　　(6) $(\cos x)' = -\sin x$

(7) $(\tan x)' = \sec^2 x = \dfrac{1}{\cos^2 x}$　　(8) $(\cot x)' = -\csc^2 x = -\dfrac{1}{\sin^2 x}$

(9) $(\sec x)' = \sec x\tan x$　　　　(10) $(\csc x)' = -\csc x\cot x$

(11) $(\arcsin x)' = \dfrac{1}{\sqrt{1-x^2}}$　　(12) $(\arccos x)' = -\dfrac{1}{\sqrt{1-x^2}}$

(13) $(\arctan x)' = \dfrac{1}{1+x^2}$　　　(14) $(\operatorname{arccot} x)' = -\dfrac{1}{1+x^2}$

例4　设 $f(x) = \arctan x$,求 $f'(1)$。

解　因为 $f'(x) = \dfrac{1}{1+x^2}$,所以 $f'(1) = \dfrac{1}{2}$。

例5　求曲线 $y = \dfrac{1}{x}$ 在点 $(1,1)$ 处的切线方程。

解　因为 $y'=-\dfrac{1}{x^2}$，所以 $y'|_{x=1}=-1$。

因此，所求切线方程为：
$$y-1=(-1)\cdot(x-1)，即 \ y=-x+2。$$

二、导数的四则运算法则

定理 2.3（代数和的求导法则）　若函数 $u(x)$、$v(x)$ 在 x 点可导，则 $u(x)\pm v(x)$ 在 x 点也可导，且
$$[u(x)\pm v(x)]'=u'(x)\pm v'(x)$$

证　设 $y=u(x)\pm v(x)$，则
$$\begin{aligned}\Delta y&=[u(x+\Delta x)\pm v(x+\Delta x)]-[u(x)\pm v(x)]\\&=[u(x+\Delta x)-u(x)]\pm[v(x+\Delta x)-v(x)]=\Delta u\pm\Delta v\end{aligned}$$
$$\frac{\Delta y}{\Delta x}=\frac{\Delta u}{\Delta x}\pm\frac{\Delta v}{\Delta x}$$
$$\lim_{\Delta x\to 0}\frac{\Delta y}{\Delta x}=\lim_{\Delta x\to 0}\left(\frac{\Delta u}{\Delta x}\pm\frac{\Delta v}{\Delta x}\right)=\lim_{\Delta x\to 0}\frac{\Delta u}{\Delta x}\pm\lim_{\Delta x\to 0}\frac{\Delta v}{\Delta x}$$

因此　$y'=[u(x)\pm v(x)]'=u'(x)\pm v'(x)$

定理 2.3 可以推广到任意有限个可导函数的情形，即
$$[u_1(x)\pm u_2(x)\pm\cdots\pm u_n(x)]'=u_1'(x)\pm u_2'(x)\pm\cdots\pm u_n'(x)$$

例 6　求 $y=x^4+\sin x-\ln x+e^2$ 的导数。

解　$y'=(x^4)'+(\sin x)'-(\ln x)'+(e^2)'=4x^3+\cos x-\dfrac{1}{x}$

定理 2.4（乘积的求导法则）　若函数 $u(x)$、$v(x)$ 在 x 点可导，则 $u(x)v(x)$ 在 x 点也可导，且
$$[u(x)v(x)]'=u'(x)v(x)+u(x)v'(x)$$

证　设 $y=u(x)v(x)$，则
$$\begin{aligned}\Delta y&=[u(x+\Delta x)v(x+\Delta x)]-u(x)v(x)\\&=[u(x+\Delta x)-u(x)]v(x+\Delta x)+u(x)[v(x+\Delta x)-v(x)]\\&=\Delta u\cdot v(x+\Delta x)+u(x)\cdot\Delta v\end{aligned}$$
$$\frac{\Delta y}{\Delta x}=\frac{\Delta u}{\Delta x}v(x+\Delta x)+u(x)\frac{\Delta v}{\Delta x}$$
$$\lim_{\Delta x\to 0}\frac{\Delta y}{\Delta x}=\lim_{\Delta x\to 0}\left[\frac{\Delta u}{\Delta x}v(x+\Delta x)+u(x)\frac{\Delta v}{\Delta x}\right]=\lim_{\Delta x\to 0}\frac{\Delta u}{\Delta x}\cdot v(x)+u(x)\cdot\lim_{\Delta x\to 0}\frac{\Delta v}{\Delta x}$$

因此　$y'=[u(x)v(x)]'=u'(x)v(x)+u(x)v'(x)$

特别地，常数因子可以提到导数符号之外，即
$$[Cv(x)]'=Cv'(x)$$

定理 2.4 可以推广到任意有限个可导函数的情形，即
$$[u_1(x)u_2(x)\cdots u_n(x)]'=u_1'u_2\cdots u_n+u_1u_2'\cdots u_n+\cdots+u_1u_2\cdots u_n'$$

例 7　求 $y=2\sqrt{x}\cos x$ 的导数。

解　$y'=2[(\sqrt{x})'\cos x+\sqrt{x}(\cos x)']$
$$=2\left[\frac{1}{2\sqrt{x}}\cos x-\sqrt{x}\sin x\right]=\sqrt{x}\left(\frac{\cos x}{x}-2\sin x\right)$$

例 8　一物体作直线运动，路程函数为 $s(t)=t+t^2\cos t$，求在任意时刻 t 的瞬时速度。

解　$v(t)=s'(t)=1+2t\cos t-t^2\sin t$

定理 2.5（商的求导法则）　若函数 $u(x)$、$v(x)$ 在 x 点可导，且 $v(x)\neq0$，则 $\dfrac{u(x)}{v(x)}$ 在 x 点也可导，且

$$\left[\frac{u(x)}{v(x)}\right]'=\frac{u'(x)v(x)-u(x)v'(x)}{v^2(x)}$$

证　设 $y=\dfrac{u(x)}{v(x)}$，则

$$\Delta y=\frac{u(x+\Delta x)}{v(x+\Delta x)}-\frac{u(x)}{v(x)}=\frac{\left[u(x+\Delta x)-u(x)\right]v(x)-u(x)\left[v(x+\Delta x)-v(x)\right]}{v(x+\Delta x)v(x)}$$

$$=\frac{\Delta u\cdot v(x)-u(x)\cdot\Delta v}{v(x+\Delta x)v(x)}$$

$$\frac{\Delta y}{\Delta x}=\frac{\dfrac{\Delta u}{\Delta x}v(x)-u(x)\dfrac{\Delta v}{\Delta x}}{v(x+\Delta x)v(x)}$$

$$\lim_{\Delta x\to0}\frac{\Delta y}{\Delta x}=\lim_{\Delta x\to0}\frac{\dfrac{\Delta u}{\Delta x}v(x)-u(x)\dfrac{\Delta v}{\Delta x}}{v(x+\Delta x)v(x)}=\frac{\lim\limits_{\Delta x\to0}\dfrac{\Delta u}{\Delta x}\cdot v(x)-u(x)\cdot\lim\limits_{\Delta x\to0}\dfrac{\Delta v}{\Delta x}}{v(x)v(x)}$$

因此　$y'=\left[\dfrac{u(x)}{v(x)}\right]'=\dfrac{u'(x)v(x)-u(x)v'(x)}{v^2(x)}$

特别地，当 $u(x)=1$ 时，

$$\left[\frac{1}{v(x)}\right]'=-\frac{v'(x)}{v^2(x)},v(x)\neq0$$

例 9　证明导数公式 $(\tan x)'=\sec^2x$。

证　$(\tan x)'=\left(\dfrac{\sin x}{\cos x}\right)'=\dfrac{(\sin x)'\cos x-\sin x(\cos x)'}{\cos^2x}$

$$=\frac{\cos^2x+\sin^2x}{\cos^2x}=\frac{1}{\cos^2x}=\sec^2x$$

即　$(\tan x)'=\sec^2x$

同理可证：

$$(\cot x)'=-\csc^2x,\quad(\sec x)'=\sec x\tan x,\quad(\csc x)'=-\csc x\cot x$$

例 10　求 $y=x^3\ln x\cdot\arctan x+\dfrac{\tan x}{x}$ 的导数。

解　$y'=(x^3\ln x\cdot\arctan x)'+\left(\dfrac{\tan x}{x}\right)'$

$$=(x^3)'\ln x\cdot\arctan x+x^3(\ln x)'\arctan x+x^3\ln x(\arctan x)'+\frac{(\tan x)'x-\tan x(x)'}{x^2}$$

$$=3x^2\ln x\cdot\arctan x+x^3\frac{1}{x}\arctan x+x^3\ln x\cdot\frac{1}{1+x^2}+\frac{x\sec^2x-\tan x}{x^2}$$

$$=3x^2\ln x\cdot\arctan x+x^2\arctan x+\frac{x^3}{1+x^2}\ln x+\frac{x\sec^2x-\tan x}{x^2}$$

笔记栏

三、反函数的求导法则

定理 2.6(反函数的求导法则) 若函数 $x = \varphi(y)$ 在区间 I_y 内单调可导,且 $\varphi'(y) \neq 0$,则其反函数 $y = f(x)$ 在对应的区间 I_x 内单调可导,且有

$$\frac{\mathrm{d}y}{\mathrm{d}x} = \frac{1}{\dfrac{\mathrm{d}x}{\mathrm{d}y}} \quad \text{或} \quad f'(x) = \frac{1}{\varphi'(y)}$$

其中,$I_x = \{x \mid x = \varphi(y), y \in I_y\}$。

证 因为 $x = \varphi(y)$ 在区间 I_y 内单调、可导,因此也连续,所以其反函数 $y = f(x)$ 在对应的区间 I_x 内单调、连续,因此,当 $\Delta x \neq 0$ 时,$\Delta y \neq 0$,当 $\Delta x \to 0$ 时,$\Delta y \to 0$,于是

$$f'(x) = \lim_{\Delta x \to 0} \frac{\Delta y}{\Delta x} = \lim_{\Delta y \to 0} \frac{1}{\dfrac{\Delta x}{\Delta y}} = \frac{1}{\varphi'(y)}, \text{ 即 } f'(x) = \frac{1}{\varphi'(y)}$$

定理 2.6 可用文字语言简单表述为:直接函数的导数与反函数的导数互为倒数。

例 11 证明导数公式 $(\arcsin x)' = \dfrac{1}{\sqrt{1-x^2}}, (-1 < x < 1)$。

证 因为函数 $y = \arcsin x (-1 < x < 1)$ 是函数 $x = \sin y \left(-\dfrac{\pi}{2} < y < \dfrac{\pi}{2}\right)$ 的反函数,当 $-\dfrac{\pi}{2} < y < \dfrac{\pi}{2}$ 时,$x = \sin y$ 单调可导,且 $x' = \cos y > 0$,所以

$$\frac{\mathrm{d}y}{\mathrm{d}x} = \frac{1}{\dfrac{\mathrm{d}x}{\mathrm{d}y}}, \text{ 即 } y' = (\arcsin x)' = \frac{1}{(\sin y)'} = \frac{1}{\cos y} = \frac{1}{\sqrt{1-\sin^2 y}} = \frac{1}{\sqrt{1-x^2}}$$

同理可证:

$$(\arccos x)' = -\frac{1}{\sqrt{1-x^2}}, (\arctan x)' = \frac{1}{1+x^2}, (\operatorname{arccot} x)' = -\frac{1}{1+x^2}$$

例 12 证明导数公式 $(a^x)' = a^x \ln a (a > 0, a \neq 1)$。

证 因为函数 $y = a^x (a > 0, a \neq 1)$ 与函数 $x = \log_a y (a > 1, a \neq 1)$ 互为反函数,所以 $\dfrac{\mathrm{d}y}{\mathrm{d}x} = \dfrac{1}{\dfrac{\mathrm{d}x}{\mathrm{d}y}}$,即 $(a^x)' = \dfrac{1}{(\log_a y)'} = \dfrac{1}{\dfrac{1}{y \ln a}} = a^x \ln a$

例 13 咳嗽期间气管的直径与气管中空气的流速不断地变化,研究发现空气在气管中的流速 v 与气管半径 r 有如下关系:

$$v(r) = \frac{r^2(r_0 - r)}{\pi a k}, \quad r \in \left(0, \frac{2}{3} r_0\right)$$

其中,r 是当压强大于 1 个大气压时气管的半径,r_0 是当压强等于 1 个大气压时气管的半径,a、k 是常数。试求气管半径对气管中空气流速的变化率 $\dfrac{\mathrm{d}r}{\mathrm{d}v}$。

解 若先从已知等式中反解出 r,然后再求 $\dfrac{\mathrm{d}r}{\mathrm{d}v}$,则比较麻烦。直接利用反函数求导法则,可得

$$\frac{\mathrm{d}r}{\mathrm{d}v} = \frac{1}{\dfrac{\mathrm{d}v}{\mathrm{d}r}} = \frac{\pi a k}{r(2r_0 - 3r)}$$

四、复合函数的求导法则

定理 2.7(复合函数的求导法则)   若函数 $u=g(x)$ 在 x 点可导,函数 $y=f(u)$ 在相应点 $u[u=g(x)]$ 处可导,则复合函数 $y=f[g(x)]$ 在 x 点可导,且

$$\{f[g(x)]\}'=f'(u)g'(x) \quad 或 \quad \frac{\mathrm{d}y}{\mathrm{d}x}=\frac{\mathrm{d}y}{\mathrm{d}u}\cdot\frac{\mathrm{d}u}{\mathrm{d}x}$$

证   根据导数定义,需要讨论改变量比的极限 $\lim\limits_{\Delta x\to 0}\dfrac{\Delta y}{\Delta x}$。

设自变量 x 有改变量 Δx,相应地,$u=g(x)$ 有改变量 Δu,$y=f(u)$ 有改变量 Δy。

因为 $\dfrac{\Delta y}{\Delta x}=\dfrac{\Delta y}{\Delta u}\cdot\dfrac{\Delta u}{\Delta x}$,(当 $\Delta x\neq 0$,且 $\Delta u\neq 0$ 时)

所以 $\lim\limits_{\Delta x\to 0}\dfrac{\Delta y}{\Delta x}=\lim\limits_{\Delta x\to 0}\left(\dfrac{\Delta y}{\Delta u}\cdot\dfrac{\Delta u}{\Delta x}\right)$

又因为 $u=g(x)$ 在 x 点可导,所以在 x 点也连续,从而当 $\Delta x\to 0$ 时,$\Delta u\to 0$,

因此 $\lim\limits_{\Delta x\to 0}\dfrac{\Delta y}{\Delta x}=\lim\limits_{\Delta x\to 0}\left(\dfrac{\Delta y}{\Delta u}\cdot\dfrac{\Delta u}{\Delta x}\right)=\lim\limits_{\Delta u\to 0}\dfrac{\Delta y}{\Delta u}\cdot\lim\limits_{\Delta x\to 0}\dfrac{\Delta u}{\Delta x}$

由已知,$u=g(x)$ 在 x 点可导,$y=f(u)$ 在相应点 u 处可导,即

$$\lim\limits_{\Delta x\to 0}\frac{\Delta u}{\Delta x}=g'(x), \quad \lim\limits_{\Delta u\to 0}\frac{\Delta y}{\Delta u}=f'(u)$$

因此 $\dfrac{\mathrm{d}y}{\mathrm{d}x}=f'(u)g'(x)$

当 $\Delta x\neq 0$,且 $\Delta u=0$ 时,$u=g(x)=C$,$y=f[g(x)]=C_1(C\setminus C_1$ 均为常数)。

因为 $\dfrac{\mathrm{d}y}{\mathrm{d}x}=0$,$f'(u)g'(x)=f'(u)\cdot 0=0$,所以

$$\frac{\mathrm{d}y}{\mathrm{d}x}=f'(u)g'(x)$$

定理 2.7 可用文字语言简单表述为:复合函数的导数等于外层函数的导数乘以内层函数的导数,或复合函数的导数等于外函数对中间变量求导再乘以中间变量对自变量求导。

定理 2.7 可以推广到多层复合即含有有限个中间变量的情形,此时复合函数的求导方法是,由外向内逐层求导。例如,设 $y=f(u)$,$u=g(v)$,$v=h(x)$ 构成复合函数 $y=f\{g[h(x)]\}$,则该复合函数的导数为:

$$(f\{g[h(x)]\})'=f'(u)\cdot g'(v)\cdot h'(x) \quad 或 \quad \frac{\mathrm{d}y}{\mathrm{d}x}=\frac{\mathrm{d}y}{\mathrm{d}u}\cdot\frac{\mathrm{d}u}{\mathrm{d}v}\cdot\frac{\mathrm{d}v}{\mathrm{d}x}$$

从形式上看,复合函数的求导法则是沿着"因变量-中间变量-自变量"这个链条求导,因此该法则也叫做链式法则。

例 14   设 $y=\ln\sin(x^2+1)$,求 $\dfrac{\mathrm{d}y}{\mathrm{d}x}$。

解   设 $y=\ln u$,$u=\sin v$,$v=(x^2+1)$,则

$$\frac{\mathrm{d}y}{\mathrm{d}x}=\frac{\mathrm{d}y}{\mathrm{d}u}\cdot\frac{\mathrm{d}u}{\mathrm{d}v}\cdot\frac{\mathrm{d}v}{\mathrm{d}x}=\frac{1}{u}\cdot\cos v\cdot(2x+0)=\frac{1}{\sin(x^2+1)}\cdot\cos(x^2+1)\cdot 2x=2x\cot(x^2+1)$$

注   通常,待求导方法熟练后,不必写出中间变量,直接"由外向内逐层求导"即可。例如:

$$y'=\left[\ln\sin(x^2+1)\right]'=\frac{1}{\sin(x^2+1)}\cdot\cos(x^2+1)\cdot 2x=2x\cot(x^2+1)$$

例 15 设 $y=e^{\tan x-\cot x}$，求 y'。

解 $y'=e^{\tan x-\cot x}(\tan x-\cot x)'=e^{\tan x-\cot x}(\sec^2x+\csc^2x)$

$$=e^{\tan x-\cot x}\left(\frac{1}{\cos^2x}+\frac{1}{\sin^2x}\right)=e^{\tan x-\cot x}\cdot\frac{1}{\cos^2x\sin^2x}=\frac{4e^{\tan x-\cot x}}{\sin^2 2x}$$

例 16 设 $y=\sqrt{e^x+e^{-x}}$，求 y'。

解 $y'=\dfrac{1}{2\sqrt{e^x+e^{-x}}}(e^x+e^{-x})'=\dfrac{1}{2\sqrt{e^x+e^{-x}}}(e^x-e^{-x})$

例 17 设 $y=\sin nx\sin^n x$（n 为常数），求 y'。

解 $y'=(\sin nx)'\sin^n x+\sin nx(\sin^n x)'$

$$=\cos nx\cdot n\cdot\sin^n x+\sin nx\cdot n\sin^{n-1}x\cdot\cos x$$

$$=n\sin^{n-1}x(\cos nx\sin x+\sin nx\cos x)=n\sin^{n-1}x\sin(n+1)x$$

例 18 证明 $(\ln|x|)'=\dfrac{1}{x}$。

证 因为 $\ln|x|=\begin{cases}\ln x,&x>0\\\ln(-x),&x<0\end{cases}$

当 $x>0$ 时，$(\ln x)'=\dfrac{1}{x}$；当 $x<0$ 时，$[\ln(-x)]'=\dfrac{1}{-x}\cdot(-1)=\dfrac{1}{x}$

所以 $(\ln|x|)'=\dfrac{1}{x}$

例 19 已知 $y=f(\sin 2x)$，求 $\dfrac{dy}{dx}$。

解 设 $y=f(u),u=\sin v,v=2x$，于是

$$\frac{dy}{dx}=f'(u)(\sin v)'(2x)'=2f'(u)\cos v=2f'(\sin 2x)\cos 2x$$

另解 直接由外向内逐层求导：

$$\frac{dy}{dx}=[f(\sin 2x)]'=f'(\sin 2x)\cdot\cos 2x\cdot 2=2f'(\sin 2x)\cos 2x$$

注 $f'(\sin 2x)$ 代表外函数 $y=f(u)$ 对 $u=\sin 2x$ 求导；$[f(\sin 2x)]'$ 代表复合函数 $f(\sin 2x)$ 对 x 求导。

五、几种特殊的求导法

1. 对数求导法 先两边取对数，再两边对自变量求导，这种求导方法叫做对数求导法。对于幂指函数或多个因子相乘（除）的情况，用对数求导法比较简便。

例 20 求幂指函数 $y=x^{\sin x}(x>0)$ 的导数。

解 两边取对数，得 $\ln y=\sin x\ln x$，两边对 x 求导，得

$$\frac{1}{y}y'=\cos x\ln x+\sin x\cdot\frac{1}{x}$$

因此 $y'=y\left(\cos x\ln x+\dfrac{1}{x}\sin x\right)=x^{\sin x}\left(\cos x\ln x+\dfrac{\sin x}{x}\right)$

另解 利用对数恒等式，得 $y=x^{\sin x}=e^{\sin x\ln x}$，于是

$$y' = (e^{\sin x \ln x})' = e^{\sin x \ln x}\left(\cos x \ln x + \frac{1}{x}\sin x\right) = x^{\sin x}\left(\cos x \cdot \ln x + \frac{\sin x}{x}\right)$$

例21 求函数 $y = \sqrt[3]{\dfrac{(x+1)(x+2)}{(x-3)(x-4)}}$ 的导数。

解 两边取对数,得 $\ln y = \dfrac{1}{3}\left[\ln(x+1)+\ln(x+2)-\ln(x-3)-\ln(x-4)\right]$,两边对 x 求导,得

$$\frac{1}{y}y' = \frac{1}{3}\left(\frac{1}{x+1}+\frac{1}{x+2}-\frac{1}{x-3}-\frac{1}{x-4}\right)$$

因此

$$y' = \frac{y}{3}\left(\frac{1}{x+1}+\frac{1}{x+2}-\frac{1}{x-3}-\frac{1}{x-4}\right)$$

$$= \frac{1}{3}\sqrt[3]{\frac{(x+1)(x+2)}{(x-3)(x-4)}}\left(\frac{1}{x+1}+\frac{1}{x+2}-\frac{1}{x-3}-\frac{1}{x-4}\right)$$

例22 证明导数公式 $(x^\alpha)' = \alpha x^{\alpha-1}$($\alpha$ 为任意实数)。

证 设 $y = x^\alpha$(α 为任意实数),两边取对数,得 $\ln y = \alpha \ln x$,两边对 x 求导,得

$$\frac{1}{y}y' = \alpha \frac{1}{x},\text{因此 } y' = \alpha \frac{y}{x} = \alpha \frac{x^\alpha}{x} = \alpha x^{\alpha-1},$$

即
$$(x^\alpha)' = \alpha x^{\alpha-1}(\alpha \text{ 为任意实数})$$

至此,本节开始所列出的基本初等函数的导数公式全部得到了证明。

2. 隐函数求导法 用解析法表示函数通常有两种形式,一种是将因变量完全解出来,这时称该函数为显函数,例如,$y = x^4 + \sin x$,一般式为:$y = f(x)$。另一种是因变量没有被完全解出来,而是隐含在方程之中,这时称方程所确定的函数为隐函数,例如,$e^y = x^2 y + e^x$,一般式为:$F(x,y) = 0$。

隐函数求导法是,先在确定隐函数的方程两端对自变量求导,然后解出函数的导数。

例23 求由方程 $e^y = x^2 y + e^x$ 确定的隐函数 $y = f(x)$ 的导数 y' 及 $y'\big|_{x=0}$

解 在已知等式两端同时对 x 求导,得

$$e^y y' = 2xy + x^2 y' + e^x$$

因此
$$y' = \frac{2xy + e^x}{e^y - x^2}。$$

因为当 $x=0$ 时,$e^y = e^0 = 1$,$y = 0$,所以

$$y'\big|_{x=0} = \frac{0+e^0}{e^0 - 0} = 1$$

3. 参数方程的求导法 参数方程的一般式为 $\begin{cases} x = \varphi(t) \\ y = \psi(t) \end{cases}$,$a \leq t \leq b$,参数方程求导法即参数方程所确定函数的导数为:

$$\frac{\mathrm{d}y}{\mathrm{d}x} = \frac{\mathrm{d}y}{\mathrm{d}t} \cdot \frac{\mathrm{d}t}{\mathrm{d}x} = \frac{\frac{\mathrm{d}y}{\mathrm{d}t}}{\frac{\mathrm{d}x}{\mathrm{d}t}} = \frac{\psi'(t)}{\varphi'(t)},\text{其中 } \varphi'(t) \neq 0$$

参数方程求导法的要点是,分子为函数对 t 求导,分母为自变量对 t 求导。

例24 求由方程 $\begin{cases} x = a\cos^3 t \\ y = b\sin^3 t \end{cases}$($a$、$b$ 均不为零)确定的函数 $y = f(x)$ 的导数。

解　$\dfrac{\mathrm{d}y}{\mathrm{d}x}=\dfrac{\dfrac{\mathrm{d}y}{\mathrm{d}t}}{\dfrac{\mathrm{d}x}{\mathrm{d}t}}=\dfrac{(b\sin^3 t)'}{(a\cos^3 t)'}=\dfrac{b\cdot 3\sin^2 t\cdot\cos t}{a\cdot 3\cos^2 t\cdot(-\sin t)}=-\dfrac{b}{a}\tan t$

六、高阶导数

定义 2.5　若 $y=f(x)$ 的导数存在,则称其为函数 $y=f(x)$ 的**一阶导数**,记作

$$f'(x),\quad y',\quad \frac{\mathrm{d}y}{\mathrm{d}x},\quad \frac{\mathrm{d}f(x)}{\mathrm{d}x}$$

若 $y=f(x)$ 的一阶导数的导数存在,则称其为函数 $y=f(x)$ 的**二阶导数**,记作

$$f''(x),\quad y'',\quad \frac{\mathrm{d}^2 y}{\mathrm{d}x^2},\quad \frac{\mathrm{d}^2 f(x)}{\mathrm{d}x^2}$$

以此类推,若 $y=f(x)$ 的 $(n-1)$ 阶导数的导数存在,则称其为函数 $y=f(x)$ 的 ***n* 阶导数**,记作

$$f^{(n)}(x),\quad y^{(n)},\quad \frac{\mathrm{d}^n y}{\mathrm{d}x^n},\quad \frac{\mathrm{d}^n f(x)}{\mathrm{d}x^n}$$

二阶及二阶以上的导数统称为**高阶导数**。

由导数的物理意义可知,路程函数 $s=s(t)$ 的一阶导数是在 t 时刻的瞬时速度,即 $v=s'(t)$,其二阶导数是在 t 时刻的加速度,即 $a=s''(t)$。

例 25　求 $y=\sin x$ 的 n 阶导数。

解　$y'=\cos x=\sin\left(x+\dfrac{\pi}{2}\right)$

$$y''=\cos\left(x+\frac{\pi}{2}\right)=\sin\left(x+2\cdot\frac{\pi}{2}\right)$$

$$y'''=\cos\left(x+2\cdot\frac{\pi}{2}\right)=\sin\left(x+3\cdot\frac{\pi}{2}\right)$$

$$\cdots\cdots$$

$$y^{(n)}=\sin\left(x+n\cdot\frac{\pi}{2}\right)$$

例 26　设 $x-y+\dfrac{1}{2}\sin y=1$ 确定隐函数 $y=f(x)$,求 y''。

解　先求一阶导数。在已知等式两边对 x 求导,得

$$1-y'+\frac{1}{2}\cos y\cdot y'=0$$

因此

$$y'=\frac{2}{2-\cos y}$$

再求二阶导数。在上式两边对 x 求导,得

$$y''=\frac{-2\sin y\cdot y'}{(2-\cos y)^2}=-\frac{4\sin y}{(2-\cos y)^3}=\frac{4\sin y}{(\cos y-2)^3}$$

也可以在等式 $1-y'+\dfrac{1}{2}\cos y\cdot y'=0$ 两边对 x 求导,得

$$-y''+\frac{1}{2}(-\sin y\cdot y'\cdot y'+\cos y\cdot y'')=0$$

因此 $y'' = \dfrac{\sin y}{\cos y - 2} \cdot (y')^2 = \dfrac{4\sin y}{(\cos y - 2)^3}$

例 27 求由参数方程 $\begin{cases} x = a(t - \sin t) \\ y = a(1 - \cos t) \end{cases}$ 确定的函数 $y = f(x)$ 的二阶导数 $\dfrac{d^2 y}{dx^2}$。

解 $\dfrac{dy}{dx} = \dfrac{\dfrac{dy}{dt}}{\dfrac{dx}{dt}} = \dfrac{[a(1 - \cos t)]'}{[a(t - \sin t)]'} = \dfrac{a\sin t}{a(1 - \cos t)} = \dfrac{\sin t}{1 - \cos t}$

$\dfrac{d^2 y}{dx^2} = \dfrac{dy'}{dx} = \dfrac{\dfrac{dy'}{dt}}{\dfrac{dx}{dt}} = \dfrac{\left(\dfrac{\sin t}{1 - \cos t}\right)'}{[a(t - \sin t)]'} = \dfrac{\dfrac{\cos t(1 - \cos t) - \sin^2 t}{(1 - \cos t)^2}}{a(1 - \cos t)} = \dfrac{-1}{a(1 - \cos t)^2}$

第三节 函数的微分

在实际问题中,经常需要近似计算函数的改变量,由此引入了函数微分的概念。函数的导数与函数的微分是一元函数微分学中两个最重要的基本概念,两者密切相关,并且在一元函数积分学中有重要作用。

一、微分的概念

1. 引例 正方形金属板均匀受热,求面积改变量的近似值(图 2-3)。

解 设正方形边长为 x,边长改变量为 Δx(通常 Δx 很小),其面积函数为 $S = x^2$,面积改变量为:

$$\Delta S = (x + \Delta x)^2 - x^2 = 2x\Delta x + (\Delta x)^2$$

由上式可见,右端第一项 $2x\Delta x$ 是关于 Δx 的线性函数,第二项 $(\Delta x)^2$ 是 $\Delta x \to 0$ 时比 Δx 高阶的无穷小。易见,对于面积改变量来说,第一项的线性函数是主要部分,可称其为线性主部,第二项是次要部分,可在近似计算时忽略掉。因此,ΔS 的近似计算公式为:$\Delta S \approx 2x\Delta x$。此外,因为 $(x^2)' = 2x$,所以 $\Delta S \approx 2x\Delta x = (x^2)'\Delta x$,即 Δx 的系数恰好为函数的导数,这一点非常重要,它为计算线性主部提供了方便。

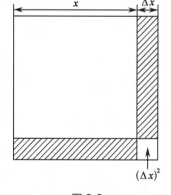

图 2-3

一般来说,若函数 $y = f(x)$ 在点 x 的改变量 Δy 可以写成两项,一项是关于 Δx 的线性函数 $A\Delta x$,(其中 A 与 Δx 无关),另一项是当 $\Delta x \to 0$ 时关于 Δx 的高阶无穷小量 $o(\Delta x)$,则称该函数在点 x 可微,称线性主部 $A\Delta x$ 为函数在点 x 的微分,记作 $dy = A\Delta x$。可以证明,函数微分具有非常容易计算的形式:

$$dy = f'(x)\Delta x$$

2. 微分的定义

定义 2.6 设函数 $y = f(x)$ 在点 x 的某邻域内有定义,若函数在点 x 的改变量 $\Delta y = f(x + \Delta x) - f(x)$ 可以写成

$$\Delta y = A\Delta x + o(\Delta x)$$

其中,A 与 Δx 无关。则称函数 $y = f(x)$ 在点 x **可微**,称 $A\Delta x$ 为 $y = f(x)$ 在点 x 的**微分**,记

为 $\mathrm{d}y$,称 Δx 为**自变量的微分**,记为 $\mathrm{d}x$,即

$$\mathrm{d}y = A\Delta x = A\mathrm{d}x$$

3. 函数可导与可微的关系 下面我们要讨论的问题是:①函数在什么条件下可微,由此可知函数可微是否较为普遍地存在;②若函数可微,则微分的具体形式如何,即定义中的 A 具有怎样的形式,在引入中 $A=f'(x)$,而现在要看其是否普遍成立。由这两个问题的讨论,可以得到函数可导与可微的关系。

定理 2.8 函数 $y=f(x)$ 在点 x 可微的充要条件是,函数在点 x 可导,且 $A=f'(x)$。

证 先证充分性:因为函数 $y=f(x)$ 在点 x 可导,即

$$\lim_{\Delta x \to 0}\frac{\Delta y}{\Delta x} = f'(x)$$

由极限与无穷小的关系知,$\dfrac{\Delta y}{\Delta x}=f'(x)+\alpha$,其中 $\lim\limits_{\Delta x \to 0}\alpha=0$,于是

$$\Delta y = f'(x)\Delta x + \alpha\Delta x$$

即 $\quad \Delta y = A\Delta x + o(\Delta x)$,其中 $A=f'(x)$ 与 Δx 无关。

所以,函数在点 x 可微。

再证必要性:因为函数 $y=f(x)$ 在点 x 可微,即

$$\Delta y = A\Delta x + o(\Delta x)$$

两边除以 $\Delta x(\Delta x \neq 0)$,得

$$\frac{\Delta y}{\Delta x} = A + \frac{o(\Delta x)}{\Delta x}$$

两边取极限,得

$$\lim_{\Delta x \to 0}\frac{\Delta y}{\Delta x} = A$$

因此,函数在点 x 可导,且 $A=f'(x)$。

由以上讨论可知,可导一定可微,可微一定可导,即可导与可微是等价的关系。又因为可导一定连续,所以可微一定连续。

此外,因为 $A=f'(x)$,所以函数微分可以写成下面重要形式:

$$\mathrm{d}y = f'(x)\mathrm{d}x$$

该式为函数微分的计算公式,用文字语言表述即为:函数微分等于函数导数乘以自变量微分。由此,微分的计算问题就可以归结为导数的计算问题。

例 28 设 $y=\mathrm{e}^{x \cdot \sin x}$,求 $\mathrm{d}y$。

解 因为 $\quad y'=(\mathrm{e}^{x \cdot \sin x})'=\mathrm{e}^{x \cdot \sin x}(\sin x + x\cos x)$

所以 $\quad \mathrm{d}y = \mathrm{e}^{x \cdot \sin x}(\sin x + x\cos x) \cdot \mathrm{d}x$

最后讨论记号,若把 $\mathrm{d}y=f'(x)\mathrm{d}x$ 写成 $f'(x)=\dfrac{\mathrm{d}y}{\mathrm{d}x}$,则函数导数等于函数微分除以自变量微分,导数也叫"微商"即来源于此。在导数定义中,$\dfrac{\mathrm{d}y}{\mathrm{d}x}$ 是一个整体记号,不具有商的意义,引入微分概念后,可以把 $\dfrac{\mathrm{d}y}{\mathrm{d}x}$ 看成分式,这种改变可以给导数的运算及以后的积分运算带来很大的方便。我们今天使用的记号是莱布尼茨创立的,这些记号将导数、微分以及后面将介绍的不定积分和定积分有机地联系在一起,既容易记忆又便于理解,还有助于计算,它们如此成功,以至于我们今天仍在使用它们。

4. 微分的几何意义 为了对微分有比较直观的理解,下面讨论微分的几何意义。

在直角坐标系中作函数 $y=f(x)$ 的图形如图 2-4 所示。在直角三角形 $\triangle MQP$ 中，$PQ=\tan\alpha \cdot MQ$，由导数几何意义，$\tan\alpha=f'(x_0)$，于是 $dy=f'(x_0)\Delta x$。

由以上讨论可知，微分的几何意义是，函数 $y=f(x)$ 在点 x_0 的微分等于曲线 $y=f(x)$ 在点 M 的切线的纵坐标改变量，简言之，dy 为切线的纵坐标改变量。由此，微分的基本思想是，以直线（切线）改变量 dy 近似代替曲线改变量 Δy，即 $\Delta y \approx dy$（$|\Delta x|$ 很小时），简称"以直代曲。"

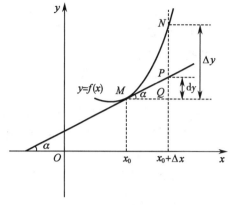

图 2-4

二、微分的运算法则

1. 基本微分公式　由于 $dy=f'(x)dx$，所以由导数公式容易得到微分公式。

$(1)\ dC=0$ 　　　　　　　　　$(2)\ d(x^\alpha)=\alpha x^{\alpha-1}dx$

$(3)\ d(\sin x)=\cos x\,dx$ 　　　　$(4)\ d(\cos x)=-\sin x\,dx$

$(5)\ d(\log_a x)=\dfrac{1}{x\ln a}dx$ 　　$(6)\ d(\tan x)=\sec^2 x\,dx$

$(7)\ d(\cot x)=-\csc^2 x\,dx$ 　　　$(8)\ d(\sec x)=\sec x\tan x\,dx$

$(9)\ d(\csc x)=-\csc x\cot x\,dx$ 　　$(10)\ d(\arcsin x)=\dfrac{1}{\sqrt{1-x^2}}dx$

$(11)\ d(\arccos x)=-\dfrac{1}{\sqrt{1-x^2}}dx$ 　$(12)\ d(\arctan x)=\dfrac{1}{1+x^2}dx$

$(13)\ d(\text{arccot}\,x)=-\dfrac{1}{1+x^2}dx$ 　$(14)\ d(a^x)=a^x\ln a\,dx$

2. 微分的四则运算法则　由于 $dy=f'(x)dx$，所以由导数的四则运算法则容易得到微分的四则运算法则。

定理 2.9　若函数 $u=u(x)$，　$v=v(x)$ 在点 x 处可微，则

$$u(x)\pm v(x),\quad u(x)\cdot v(x),\quad \frac{u(x)}{v(x)}\quad [v(x)\neq 0]$$

也在点 x 处可微，且

$$d[u(x)\pm v(x)]=du(x)\pm dv(x)$$

$$d[u(x)\cdot v(x)]=v(x)du(x)+u(x)dv(x)$$

$$d\left[\frac{u(x)}{v(x)}\right]=\frac{v(x)du(x)-u(x)dv(x)}{v^2(x)}\quad [v(x)\neq 0]$$

例 29　设 $y=x\sin 2x$，求 dy。

解　$y'=1\cdot\sin 2x+x\cos 2x\cdot 2=\sin 2x+2x\cos 2x$

$\quad\ dy=(\sin 2x+2x\cos 2x)dx$

另解　$dy=d(x\sin 2x)=\sin 2x\cdot dx+x\cdot d(\sin 2x)$

$\qquad\ =(\sin 2x+2x\cos 2x)dx$

3. 复合函数的微分与一阶微分形式的不变性　由微分的计算公式可知，设 $y=f(x)$，此时 x 为自变量，则 $dy=f'(x)dx$。下面来看复合函数的微分。

设 $y=f(x)$，$x=g(t)$ 构成复合函数 $y=f[g(t)]$，此时 x 为中间变量，则复合函数的微分

$$dy=\{f[g(t)]\}'dt=f'[g(t)]g'(t)dt=f'[g(t)]dg(t)=f'(x)dx$$

以上讨论表明,无论 x 是自变量还是中间变量,函数 $y=f(x)$ 的微分都是 $dy=f'(x)dx$,这个性质称为一阶微分形式的不变性。

例30 设 $y=\sin(3x+1)$,求 dy。

解 利用一阶微分形式的不变性,得
$$dy=d\sin(3x+1)=\cos(3x+1)d(3x+1)=3\cos(3x+1)dx$$

另解 $dy=[\sin(3x+1)]'dx=3\cos(3x+1)dx$

注 比较上面两种解法,第一种解法利用了一阶微分形式的不变性,每次求导较为简单,但是使用了两次微分公式;第二种解法使用了一次微分公式,但是求导较为复杂,然而,由于前面求导练习的题目较多,所以求导较为复杂不会成为解题的障碍。

三、微分的应用

1. 近似计算 由微分概念可知,当 $|\Delta x|$ 很小时,
$$\Delta y\approx dy=f'(x_0)\Delta x \quad 或 \quad f(x_0+\Delta x)\approx f(x_0)+f'(x_0)\Delta x$$
以上两式为利用微分进行近似计算的依据。

例31 直径为 10cm 的球,外面镀厚度为 0.005cm 的铜,求所用铜的体积的近似值。

解 半径为 R 的球的体积为:$V=\dfrac{4}{3}\pi R^3$

根据 $\Delta V\approx dV=4\pi R^2 dR$,由题意知:$R=5$cm,$dR=0.005$cm

因此 $\Delta V\approx 4\pi\times 5^2\times 0.005=0.5\pi\approx 1.57(\text{cm}^3)$

例32 计算 $\sqrt{0.97}$ 的近似值。

解 根据 $f(x_0+\Delta x)\approx f(x_0)+f'(x_0)\Delta x$

设函数 $f(x)=\sqrt{x}$,代入上式得:$\sqrt{x_0+\Delta x}\approx\sqrt{x_0}+\dfrac{1}{2\sqrt{x_0}}\Delta x$

取数值 $x_0=1,\Delta x=-0.03$,代入上式得:
$$\sqrt{1-0.03}\approx\sqrt{1}+\dfrac{1}{2\sqrt{1}}\times(-0.03)=0.985$$

因此 $\sqrt{0.97}\approx 0.985$

例33 计算 $\sin 30°30'$ 的近似值。

解 根据 $f(x_0+\Delta x)\approx f(x_0)+f'(x_0)\Delta x$

设函数 $f(x)=\sin x$,代入上式得:$\sin(x_0+\Delta x)\approx\sin x_0+\cos x_0\Delta x$

取数值 $x_0=30°=\dfrac{\pi}{6},\Delta x=30'=0.5°=\dfrac{\pi}{2\times 180}$,代入上式得:
$$\sin(30°+30')\approx\sin\dfrac{\pi}{6}+\cos\dfrac{\pi}{6}\times\dfrac{\pi}{360}=\dfrac{1}{2}+\dfrac{\sqrt{3}}{2}\times\dfrac{\pi}{360}=0.5076$$

因此 $\sin(30°30')\approx 0.5076$

例34 证明当 $|x|$ 很小时,$\sqrt[n]{1+x}\approx 1+\dfrac{1}{n}x$。

证 根据 $f(x_0+\Delta x)\approx f(x_0)+f'(x_0)\Delta x$

设函数 $f(t)=\sqrt[n]{t}$,代入上式得:$\sqrt[n]{t_0+\Delta t}\approx\sqrt[n]{t_0}+\dfrac{1}{n}t_0^{\frac{1}{n}-1}\Delta t$

取数值 $t_0=1,\Delta t=x$,代入上式得:

$$\sqrt[n]{1+x} \approx 1 + \frac{1}{n}x$$

另证 根据 $f(x_0+\Delta x) \approx f(x_0)+f'(x_0)\Delta x$，取数值 $x_0=0$，$\Delta x=x$，得

$$f(x) \approx f(0) + f'(0)x$$

设函数 $f(x)=\sqrt[n]{1+x}$，代入上式得：

$$\sqrt[n]{1+x} \approx 1 + \frac{1}{n}x$$

同理根据 $f(x_0+\Delta x) \approx f(x_0)+f'(x_0)\Delta x$ 或 $f(x) \approx f(0)+f'(0)x$ 可以证明，当 $|x|$ 很小时，有如下常用近似公式：

$(1)\sin x \approx x$ $\qquad$ $(2)\tan x \approx x$ $\qquad$ $(3)\dfrac{1}{1+x} \approx 1-x$

$(4)e^x \approx 1+x$ $\qquad$ $(5)\ln(1+x) \approx x$ $\qquad$ $(6)\sqrt[n]{1\pm x} \approx 1 \pm \dfrac{1}{n}x$

2. 误差估计 在科学实验和实际问题中，观测对象是客观存在的，理论上存在精确值或称真值，每次观测所得数值称为观测值。一般来说，观测值与真值不可能精确相等，换句话说，观测误差在所难免。通常，误差主要包括系统误差、随机误差和过失误差，系统误差是由于仪器结构的不良或周围环境的改变造成的；随机误差是由于某些难以控制的偶然因素造成的；过失误差是由于粗心造成的观测误差或计算误差。以下讨论的误差都是随机误差。下面先给出绝对误差和相对误差的定义，然后对具体问题进行误差估计。

定义 2.7 设 x 为观测对象的精确值即真值，x^* 为 x 的一个近似值，称 $|\Delta x|=|x-x^*|$ 为近似值 x^* 的**绝对误差**。易见，$x=x^* \pm |\Delta x|$。

仅有绝对误差是不够的，例如，两个量 x 和 y，已知 $x=x^* \pm |\Delta x|=10\pm1$，$y=y^* \pm |\Delta y|=1\,000\pm5$，从绝对误差来说，$|\Delta y|=5>|\Delta x|=1$，然而，由于 $y^*=1\,000>x^*=10$，所以不能说 x^* 近似于 x 的程度要比 y^* 近似于 y 的程度好。可以通过比较两个比值：$\left|\dfrac{\Delta y}{y^*}\right|=0.5\%$ 与 $\left|\dfrac{\Delta x}{x^*}\right|=10\%$，知道 y^* 近似于 y 的程度更好些。由此引出相对误差的概念。

定义 2.8 设 x 为观测对象的精确值即真值，x^* 为 x 的一个近似值，称 $\left|\dfrac{\Delta x}{x^*}\right|=\left|\dfrac{x-x^*}{x^*}\right|$ 为近似值 x^* 的**相对误差**。

在实际问题中，利用绝对误差和相对误差进行误差分析可分为以下两种情况，设 $y=f(x)$，则第一种情况是，已知测量 x 时所产生的绝对误差 $|\Delta x|=|x-x^*|$ 或相对误差 $\left|\dfrac{\Delta x}{x^*}\right|=\left|\dfrac{x-x^*}{x^*}\right|$ 的范围，估计由此所引起的计算 y 时的绝对误差 $|\Delta y|$ 或相对误差 $\left|\dfrac{\Delta y}{y^*}\right|$，简而言之，已知自变量的误差 $|\Delta x|$ 或 $\left|\dfrac{\Delta x}{x^*}\right|$，求因变量的误差 $|\Delta y|$ 或 $\dfrac{\Delta y}{y^*}$。具体公式如下：

$$|\Delta y| \approx |dy| = |f'(x^*)||\Delta x|$$

$$\left|\frac{\Delta y}{y^*}\right| \approx \left|\frac{dy}{y^*}\right| = \left|\frac{f'(x^*)}{f(x^*)}\right||\Delta x|$$

第二种情况是，根据 y 所允许的绝对误差 $|\Delta y|$ 或相对误差 $\left|\dfrac{\Delta y}{y^*}\right|$ 的范围，近似确定测量 x

时所允许的绝对误差或相对误差。简而言之,已知因变量的误差$|\Delta y|$或$\left|\dfrac{\Delta y}{y^*}\right|$,求自变量的

误差$|\Delta x|$或$\left|\dfrac{\Delta x}{x^*}\right|$。

例35 设已经测得一根圆轴的直径为$D^* = 43\text{cm}$,并且已知在测量中绝对误差不超过0.2cm,试求根据此数据计算圆轴的横截面积S时所引起的误差。

解 $S = f(D) = \dfrac{1}{4}\pi D^2$,由题意可知,$D^* = 43\text{cm}$,$|\Delta D| \leqslant 0.2\text{cm}$,

因此 $|\Delta S| \approx |dS| = |f'(D^*)||\Delta D| = \left|\dfrac{1}{2}\pi D^*\right||\Delta D| = \dfrac{1}{2}\pi \times 43 \times 0.2 = 4.3\pi(\text{cm}^2)$

$$\left|\frac{\Delta S}{S^*}\right| \approx \left|\frac{dS}{S^*}\right| = \left|\frac{f'(D^*)}{f(D^*)}\right||\Delta D| = \frac{4.3\pi}{\dfrac{1}{4}\pi \times (43)^2} \approx 0.009\ 3 = 0.93\%$$

即计算圆轴的横截面积S时所引起的绝对误差和相对误差分别不超过$4.3\pi\text{cm}^2$和0.93%。

例36 测量一钢球的直径,其精确程度如何才能使得由此计算出的重量的相对误差不超过1%?

解 设钢球密度为ρ,直径为D,重量为W,则

$$W = g\rho \frac{4}{3}\pi\left(\frac{D}{2}\right)^3 = \frac{1}{6}\pi g\rho D^3$$

由题意可知,$\left|\dfrac{\Delta W}{W^*}\right| \approx \left|\dfrac{dW}{W^*}\right| = \left|\dfrac{f'(D^*)}{f(D^*)}\right||\Delta D| = \dfrac{\dfrac{1}{2}\pi g\rho(D^*)^2}{\dfrac{1}{6}\pi g\rho(D^*)^3}|\Delta D| = 3\left|\dfrac{\Delta D}{D^*}\right| \leqslant 1\%$

因此 $\left|\dfrac{\Delta D}{D^*}\right| \leqslant \dfrac{1}{300}$

于是,要使重量的相对误差不超过1%,直径的相对误差应控制在$\dfrac{1}{300}$之内。

📖 知识链接

牛顿与微积分研究

牛顿(I. Newton,1642—1727),英国数学家、物理学家、天文学家。牛顿关于微积分问题的研究起始于1664年秋,当时他认真研究了笛卡儿的《几何学》,对笛卡儿求曲线切线的方法产生了浓厚的兴趣,并试图寻找更好、更一般的方法。1666年10月,牛顿写出了第1篇关于微积分的论文《流数短论》,在该文章中首次提出了流数的概念,所谓流数就是速度。在变速运动中,速度是路程对时间的微商,加速度是速度的微商。1669年,牛顿完成了关于微积分的第2篇论文,即《运用无穷多项方程的分析学》,牛顿在这里给出了求一个变量对另一个变量的变化率的普遍方法,而且证明了面积可以由求变化率的逆过程得到,这实际上已经初步给出了微积分基本定理。不过牛顿在这里回避了运动变化的观点,将无穷小增量看作是静止的一个无穷小的量,并在某些情况下直接令其为零。1671年,牛顿写成了关于微积分的论著《流数术和无穷级数》(1783年出版),在该著作中他恢复了《流数短论》中采用的运动观点,对流数概念作了进一步论述,并清楚论述了流数术的两个中心问题,用今天的术语来说就是微分法和积分法。1676年,牛顿完成了关于微积分的第4篇论文《曲线求积论》(1704年发表),这是一篇

研究可积分曲线的经典文献。

从现在的观点来看,牛顿关于微积分基本概念的阐述以及运算方法的论证还不够清晰和严密,然而有了牛顿和莱布尼茨的开创性工作,才会有后面的不断完善。18世纪,达朗贝尔(J. L. R. D'Alembert,1717—1783)指出,微积分的基础可以建立在极限的基础之上。导数的精确定义后来分别由波尔查诺于1817年、柯西于1823年给出。

学习小结

1. 学习内容

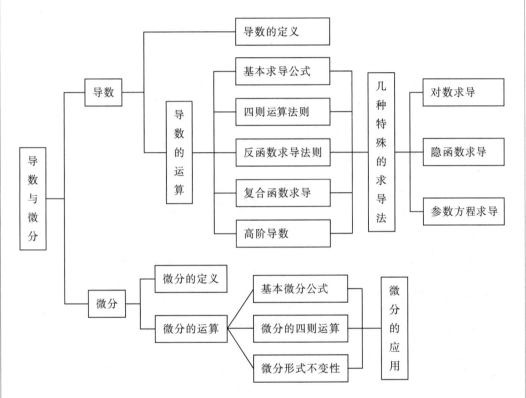

2. 学习方法　本章学习方法有以下几点需要说明:

(1)注重数学概念(如本章导数及微分)的引入,体会其中的数学思想和方法,从而培养创新的能力。

(2)注重基本概念的严格表述,以及理论体系的逻辑框架,从而培养抽象严谨的表达能力,以及对各种理论体系包括中医药理论体系的建构能力。

(3)导数和微分的计算是本章的重点,特别是导数计算的题目比较灵活,要注意总结,解题时先分清类型,然后再正确使用方法。

(4)本章简单介绍了一些导数和微分的应用,解题方法和步骤变化不大,书中给出了比较规范的解法,掌握起来并不难。

（宋乃琪　林　薇）

笔记栏

习题二

1. 设质点作直线运动,路程与时间的关系为 $s=5t^2+3$,求(1)质点在 $t\in[1,2]$ 内的平均速度。(2)质点在 $t=1$ 时的瞬时速度。

2. 设曲线方程为 $y=2x^2-3$,求曲线在点 $(1,-1)$ 处的切线斜率及切线方程。

3. 利用定义求函数 $y=xe^x$ 在点 $x=0$ 的导数。

4. 讨论下列函数在点 $x=0$ 的连续性和可导性:

$(1)f(x)=\sqrt{1-x}$
$\qquad(2)f(x)=\begin{cases}x\sin\dfrac{1}{x},&x\neq0\\0,&x=0\end{cases}$

$(3)f(x)=\begin{cases}e^x&x<0\\x+1&x\geqslant0\end{cases}$

5. 已知函数 $f(x)$ 在点 x_0 可导,且 $\lim\limits_{x\to x_0}\dfrac{\Delta x}{f(x_0+5\Delta x)-f(x_0)}=1$,求 $f'(x_0)$。

6. 设函数 $f(x)$ 在点 $x=0$ 及点 $x=x_0$ 处可导,分别求出下列等式中的 A 与 $f'(0)$ 或 $f'(x_0)$ 的关系:

$(1)\lim\limits_{x\to0}\dfrac{f(x)}{x}=A$,且 $f(0)=0$
$\qquad(2)\lim\limits_{x\to0}\dfrac{f(0)-f(5x)}{x}=A$

$(3)\lim\limits_{\Delta x\to0}\dfrac{f(x_0-2\Delta x)-f(x_0)}{\Delta x}=A$
$\qquad(4)\lim\limits_{h\to0}\dfrac{6h}{f(x_0-3h)-f(x_0)}=A$

7. 求下列函数的导数:

$(1)y=x^4+\dfrac{5}{x^2}-6\sqrt{x}+x+100$
$\qquad(2)y=\dfrac{a-b}{ax+b}$($a$ 和 b 为常数)

$(3)y=\log_2 x-5\ln x+3e^x-2^x$
$\qquad(4)y=2e^x\sin x$

$(5)y=(1+\sqrt{x})\left(1-\dfrac{1}{\sqrt{x}}\right)$
$\qquad(6)y=\sin x\cos x+\tan x-\cot x$

$(7)y=\dfrac{a^x}{x^2}+x\ln x\quad(a>0)$
$\qquad(8)y=\dfrac{\ln x}{\sqrt{x}}-\arcsin x$

$(9)y=\dfrac{6}{x\sqrt{x}}+5\arctan x$
$\qquad(10)y=x^5\sec x\ln x$

$(11)y=\dfrac{x-1}{x^2+2x+3}$
$\qquad(12)y=\dfrac{x\sin x}{1+\cos x}$

8. 求下列函数的导数值:

(1) 已知 $f(x)=x\cos x+2\tan x$,求 $f'(0)$,$f'(\pi)$。

(2) 已知 $y=2\arctan x-x\sqrt{x}$,求 $y'|_{x=1}$。

(3) 已知 $f(x)=x(x-1)(x-2)\cdots(x-100)$,求 $f'(0)$,$f'(1)$。

9. 求下列函数的导数:

$(1)y=\sin\ln(e^x+1)$
$\qquad(2)y=\arctan\dfrac{1}{ax+b}$($a$ 和 b 为常数)

$(3)y=\ln\dfrac{1+x}{1-x}$
$\qquad(4)y=\sqrt{x^2-1}+\dfrac{1}{\sqrt{x^2-1}}$

$(5)\ y=\dfrac{1}{5}(3x^3+x-1)^5$

$(6)\ y=\left(\dfrac{x}{x+1}\right)^9$

$(7)\ y=\ln(x+e^{2x+1})$

$(8)\ y=\dfrac{e^t-e^{-t}}{e^t+e^{-t}}$

$(9)\ y=\sqrt{x+\sqrt{x+\sqrt{x}}}$

$(10)\ y=\ln\ln\ln x$

$(11)\ y=\ln\left(x+\sqrt{1+x^2}\right)$

$(12)\ y=e^{\sin x^2}$

$(13)\ y=\sin^2\left(\dfrac{x^2+1}{2}\right)$

$(14)\ y=\arcsin\sqrt{\dfrac{1-x}{1+x}}$

10. 设 $f(x)$ 和 $g(x)$ 可导,求下列函数的导数:

$(1)\ y=e^{f(x)+g(x)}+3$

$(2)\ y=f(x^2+2x+1)+g\left(\dfrac{1}{x}+x\right)$

$(3)\ y=f(\sin^2 x)+g(\cos^2 x)$

$(4)\ y=f[g(2^x)]$

$(5)\ y=f[g(x)]g[f(x)]$

$(6)\ y=\sqrt{f^2(x)+g^2(x)}\ [f^2(x)+g^2(x)\neq 0]$

11. 证明可导奇函数的导函数为偶函数,可导偶函数的导函数为奇函数。

12. 利用对数求导法求下列函数的导数:

$(1)\ y=\left(\dfrac{x}{1+x}\right)^x$

$(2)\ y=(2+x^2)^{\sin x}$

$(3)\ y=\sqrt{x\sin x\sqrt{1-e^x}}$

$(4)\ y=\sqrt[3]{\dfrac{(3x-2)^2}{(5-2x)(x-1)}}$

13. 求下列方程所确定的隐函数 $y=f(x)$ 的导数:

$(1)\ y^2=9x+2$

$(2)\ x^2+y^2-xy=1$

$(3)\ xy=e^{x+y}$

$(4)\ ye^x+\ln y=3$

$(5)\ y^2=\cos(xy)$

$(6)\ \ln\sqrt{x^2+y^2}=\arctan\dfrac{y}{x}$

14. 求下列参数方程所确定函数 $y=f(x)$ 的导数或导数值:

$(1)\ \begin{cases}x=a\cos^3\theta\\ y=a\sin^3\theta\end{cases}$

$(2)\ \begin{cases}x=\ln(1+t^2)\\ y=t-\arctan t\end{cases}$

$(3)\ \begin{cases}x=\sin t\\ y=\cos 2t\end{cases},\ 求\ \dfrac{\mathrm{d}y}{\mathrm{d}x}\bigg|_{t=\frac{\pi}{4}}$

$(4)\ \begin{cases}x=\dfrac{3at}{1+t^2}\\ y=\dfrac{3at^2}{1+t^2}\end{cases},\ 求\ \dfrac{\mathrm{d}y}{\mathrm{d}x}\bigg|_{t=2}$

15. 求下列函数的二阶导数:

$(1)\ y=2xe^{-x}$

$(2)\ y=x^2+\sin 2x$

(3) 设方程 $y=1+xe^y$ 确定隐函数,求 y''。

(4) 设 $\begin{cases}x=\sin t\\ y=\cos 2t\end{cases},\ 求\ \dfrac{\mathrm{d}^2 y}{\mathrm{d}x^2}$。

16. 求下列函数的 n 阶导数:

$(1)\ y=a^x,a>0$ $(2)\ y=\sin x$ $(3)\ y=xe^x$

$(4)\ y=\ln(1+x)$ $(5)\ y=x^m$(m 为正整数)

17. 求曲线的切线方程和法线方程。

(1) 求曲线 $y=3x^2+x-2$ 在点 $(1,2)$ 处的切线方程和法线方程。

（2）求曲线 $x^{\frac{2}{3}}+y^{\frac{2}{3}}=a^{\frac{2}{3}}$ 在点 $\left(\dfrac{\sqrt{2}}{4}a,\dfrac{\sqrt{2}}{4}a\right)$ 处的切线方程和法线方程。

（3）求曲线 $y=\begin{cases} x=2^t\mathrm{e} \\ y=\mathrm{e}^{-t} \end{cases}$ 在 $t=0$ 相应点处的切线方程和法线方程。

18. 设曲线 $y=2x^2+4x-3$ 在 M 点的切线斜率为 8，求 M 点的坐标。

19. 物体的运动方程为 $s=\sqrt{t}-\sin 3t$，求该物体在任意时刻的瞬时速度。

20. 求下列函数的微分：

（1）$y=\dfrac{1}{x}-3\sqrt{x}$　　　（2）$y=2\sin(5x+6)$　　　（3）$y=\ln(1+x\mathrm{e}^{-x})$

（4）$y=\dfrac{\sqrt{1+x}-\sqrt{1-x}}{\sqrt{1+x}+\sqrt{1-x}}$　　（5）$y=\operatorname{arccot}(-x^2)-\csc(3-x)$

21. 求下列各式的近似值：

（1）$\sin 29°$　　　　　（2）$\sqrt[3]{1.02}$　　　　　（3）$\ln 0.97$　　　　　（4）$\mathrm{e}^{1.01}$

22. 证明：球体体积的相对误差约等于球体直径相对误差的 3 倍。

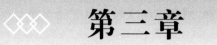

第三章

导数的应用

学习目标

1. 掌握洛必达法则,用导数研究函数的单调性、极值与最值、凹凸区间与拐点。
2. 熟悉描绘函数图形的方法。
3. 了解中值定理,导数在医药与管理上的简单应用。

第一节 微分中值定理

微分中值定理包括罗尔(Rolle)定理、拉格朗日(Lagrange)中值定理和柯西(Cauchy)中值定理。由于这些定理都和自变量所定义区间内部某个中间值有关,所以总称为**中值定理**。

一、罗尔定理

定理 3.1(罗尔定理) 若函数 $y=f(x)$ 满足下列条件:

(1)在闭区间 $[a,b]$ 上连续;

(2)在开区间 (a,b) 内可导;

(3)$f(a)=f(b)$,

则在 (a,b) 内至少存在一点 ξ,使得 $f'(\xi)=0$。

证 因为 $f(x)$ 在 $[a,b]$ 上连续,由闭区间上连续函数的性质,$f(x)$ 在 $[a,b]$ 上必取得最大值 M 和最小值 m,于是有以下两种情形:

(1)$M=m$,则 $f(x)$ 在 $[a,b]$ 上为一常数,而 $f'(x)$ 在 (a,b) 内恒为零,此时可取 (a,b) 内任意点作为 ξ,都有 $f'(\xi)=0$。

(2)$M\neq m$,那么 M,m 中至少有一个不等于 $f(a)$,不妨设 $f(a)\neq M$[可类似证明 $m\neq f(a)$ 的情形]。则存在 $\xi\in(a,b)$,使得 $f(\xi)=M$,不论 Δx 是正是负,都有 $f(\xi+\Delta x)-f(\xi)\leqslant 0$。

$$\lim_{\Delta x\to 0^+}\frac{\Delta y}{\Delta x}=\lim_{\Delta x\to 0^+}\frac{f(\xi+\Delta x)-f(\xi)}{\Delta x}\leqslant 0$$

$$\lim_{\Delta x\to 0^-}\frac{\Delta y}{\Delta x}=\lim_{\Delta x\to 0^-}\frac{f(\xi+\Delta x)-f(\xi)}{\Delta x}\geqslant 0$$

由 $f(x)$ 在开区间 (a,b) 内可导,$f'(\xi)$ 存在,有 $\lim\limits_{\Delta x\to 0^+}\dfrac{\Delta y}{\Delta x}=\lim\limits_{\Delta x\to 0^-}\dfrac{\Delta y}{\Delta x}$。于是

$$f'(\xi)=0$$

罗尔定理的几何意义:若曲线弧 $y=f(x)$ 在 AB 段上连续,处处具有不垂直于 x 轴的切

线,且两端点 A 与 B 的纵坐标相同,则在这曲线弧上至少能找到一点 C,使曲线在这点的切线平行于 x 轴。如图 3-1 所示。

二、拉格朗日中值定理

定理 3.2(拉格朗日中值定理) 若函数 $y=f(x)$ 满足下列条件:

(1)在闭区间 $[a,b]$ 上连续;

(2)在开区间 (a,b) 内可导,

则在 (a,b) 内至少存在一点 ξ,使得

$$\frac{f(b)-f(a)}{b-a}=f'(\xi)$$

在证明之前,我们先看一下定理的几何意义。由图 3-2 可看出,$\dfrac{f(b)-f(a)}{b-a}$ 为弦 AB 的斜率,而 $f'(\xi)$ 为曲线在点 M 处的切线的斜率。因此**拉格朗日中值定理的几何意义是**:若连续曲线弧 AB 上除端点外处处具有不垂直于 x 轴的切线,则曲线弧上至少有一点 M,使得曲线在 M 点处的切线平行于弦 AB。事实上只要把弦 AB 向上(或向下)平行地推移到曲线上距 AB 最远的一点,即可得到点 M。

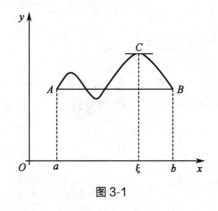

图 3-1

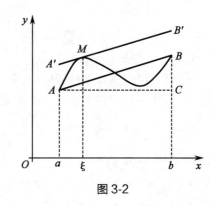

图 3-2

从图 3-1 看出,在罗尔定理中,由于 $f(a)=f(b)$,弦 AB 是平行于 x 轴的,因此点 C 处的切线实际上也是平行于弦 AB。由此可见,罗尔定理是拉格朗日中值定理的特殊情形。

比较图 3-1 和图 3-2,可见罗尔定理与拉格朗日定理的差异仅在于弦 AB 是否平行于 x 轴。若图 3-2 中的 $f(x)$ 能减掉弦下的 ΔABC,就可转化成罗尔定理。要减掉的部分应是弦 AB 对应的方程:$y_{弦}=f(a)+\dfrac{f(b)-f(a)}{b-a}(x-a)$。

为此启发我们可构造辅助函数满足罗尔定理的条件,以此来证明拉格朗日中值定理。

证 作辅助函数

$$\varphi(x)=f(x)-f(a)-\frac{f(b)-f(a)}{b-a}(x-a)$$

容易验证函数 $\varphi(x)$ 在闭区间 $[a,b]$ 上满足罗尔定理的条件:在 $[a,b]$ 上连续,在 (a,b) 内可导,且 $\varphi(a)=\varphi(b)$,根据罗尔定理,在 (a,b) 内至少存在一点 ξ,使得

$$\varphi'(\xi)=f'(\xi)-\frac{f(b)-f(a)}{b-a}=0$$

于是

$$f'(\xi)=\frac{f(b)-f(a)}{b-a}$$

应用中值定理时,我们常把上式写成下面形式:

$$f(b)-f(a)=f'(\xi)(b-a) \quad (a<\xi<b)$$

拉格朗日中值定理的这一形式精确地表达了函数在一个区间上的改变量与函数在相应区间内某点处的导数之间的关系。

由拉格朗日中值定理可直接导出对积分学很有用处的两个推论。

推论 1 若 $\forall x\in(a,b)$,有 $f'(x)=0$,则在 (a,b) 内 $f(x)$ 为常量函数,即

$$f(x)=C$$

证 $\forall x_1,x_2\in(a,b),x_1<x_2$,在区间 $[x_1,x_2]$ 上应用拉格朗日中值定理,有

$$f(x_2)-f(x_1)=f'(\xi)(x_2-x_1) \quad (x_1<\xi<x_2)$$

由 $\xi\in(x_1,x_2)\subset(a,b)$,有 $f'(\xi)=0$,于是 $f(x_1)=f(x_2)$,这表明函数 $f(x)$ 在 (a,b) 内恒取同一个数值,即 $f(x)=C$。

推论 2 若 $\forall x\in(a,b)$,有 $f'(x)=g'(x)$,则在 (a,b) 内 $f(x),g(x)$ 相差一个常数,即

$$f(x)=g(x)+C$$

证 设 $F(x)=f(x)-g(x)$,则 $\forall x\in(a,b)$,有

$$F'(x)=f'(x)-g'(x)=0$$

由推论1,在 (a,b) 内,$F(x)=f(x)-g(x)=C$,于是

$$f(x)=g(x)+C$$

推论1,2 在积分学中有着十分重要的意义。

例 1 证明 $\arctan x+\text{arccot}x=\dfrac{\pi}{2}$。

证 设函数 $f(x)=\arctan x+\text{arccot}x$,则函数 $f(x)$ 在实数域内连续、可导,且 $f'(x)=\dfrac{1}{1+x^2}-\dfrac{1}{1+x^2}=0$,由推论 1 有,$f(x)$ 恒等于常数 C,又 $f(0)=\dfrac{\pi}{2}$,所以

$$\arctan x+\text{arccot}x=\frac{\pi}{2}$$

例 2 证明不等式 $\ln(1+x)<x(x>0)$。

证 设 $f(t)=\ln t$,则 $f'(t)=\dfrac{1}{t}$;因为 $f(t)$、$f'(t)$ 的定义域都是 $(0,+\infty)$,所以 $f(t)$ 在 $[1,1+x](x>0)$ 上满足拉格朗日定理条件,于是

$$\ln(1+x)-\ln 1=\frac{1}{\xi}\cdot[(1+x)-1], \quad 1<\xi<1+x(x>0)$$

即

$$\ln(1+x)=\frac{1}{\xi}\cdot x, \quad 1<\xi<1+x(x>0)$$

因为 $1<\xi<1+x$,所以 $\dfrac{1}{\xi}<1$,从而有

$$\ln(1+x)<x \quad (x>0)$$

三、柯西中值定理

定理 3.3(柯西中值定理) 设函数 $f(x)$、$g(x)$ 满足下列条件:

(1)在闭区间 $[a,b]$ 上连续;

(2)在开区间 (a,b) 内可导;

(3)在 (a,b) 内任一点 $g'(x)\neq 0$,

则在 (a, b) 内至少存在一点 ξ，使得

$$\frac{f(b) - f(a)}{g(b) - g(a)} = \frac{f'(\xi)}{g'(\xi)}$$

柯西中值定理的几何解释与拉格朗日中值定理的几何解释完全相同。

事实上，设连续可微函数 $y = f(x)$ 的弧 AB 可用参数方程表示：

$$\begin{cases} x = g(t) \\ y = f(t) \end{cases} \quad a \leqslant t \leqslant b \text{ 且 } g'(t) \neq 0$$

则曲线在点 $P[g(\xi), f(\xi)]$ 处的切线斜率是 $\dfrac{f'(\xi)}{g'(\xi)}$，而割线的斜率则等于 $\dfrac{f(b) - f(a)}{g(b) - g(a)}$。当点 P 处的切线斜率等于割线 AB 的斜率，可得公式

$$\frac{f(b) - f(a)}{g(b) - g(a)} = \frac{f'(\xi)}{g'(\xi)}$$

此即柯西中值定理。

柯西中值公式和拉格朗日中值公式是同一几何事实的两种不同的数量表达方式。抛开其几何含义，我们看到，公式的一端只涉及所讨论的函数本身，而公式的另一端则只涉及函数的导数。通过这些公式，使函数从一种形式转变到了另一种形式，正是由于这一种形式的转变，使我们可以运用导数来研究函数的某些性态。

柯西中值定理是拉格朗日中值定理的一个推广。因为若取 $g(x) = x$，则 $g(b) - g(a) = b - a$，$g'(x) = 1$，因而公式就可以写成：

$$f(b) - f(a) = f'(\xi)(b - a) \quad (a < \xi < b)$$

这就变成拉格朗日公式了。

柯西中值定理的一个重要应用就是下面的洛必达法则。

第二节 洛必达法则

一、$\dfrac{0}{0}$，$\dfrac{\infty}{\infty}$ 型未定式的运算

1. 未定式 在一些实际问题中，我们经常会遇到两个无穷小（大）量之比的极限问题，这种极限可能存在，也可能不存在。对于这一类极限，即使极限存在，也不能直接使用"商的极限等于极限的商"这一法则，只能另寻他法。

通常把这类极限叫做**未定式**。如

对于 $\lim\limits_{x \to 0} \dfrac{x - x\cos x}{x - \sin x}$，当 $x \to 0$ 时，$\dfrac{x - x\cos x}{x - \sin x}$ 分子和分母都是无穷小，把它称做 $\dfrac{0}{0}$ 型的未定式。

对于 $\lim\limits_{x \to +\infty} \dfrac{\ln x}{x}$，当 $x \to +\infty$ 时，$\dfrac{\ln x}{x}$ 分子和分母都是无穷大，把它叫做 $\dfrac{\infty}{\infty}$ 型的未定式。

未定式除了上述两种类型以外，还有其他类型，如：

$\lim\limits_{x \to 0^+} x\ln x$（$0 \cdot \infty$ 型）、$\lim\limits_{x \to 0}\left(\dfrac{1}{x} - \dfrac{1}{\sin x}\right)$（$\infty - \infty$ 型）、$\lim\limits_{x \to 0^+} x^x$（$0^0$ 型）、$\lim\limits_{x \to 0}(1+x)^{\frac{1}{\sin x}}$（$1^\infty$ 型）、$\lim\limits_{x \to +\infty}(1+x)^{\frac{1}{x}}$（$\infty^0$ 型）等。

下面我们将根据柯西中值定理来导出求一般未定式的简便方法，即通常所说的洛必达法则。

2. 洛必达法则

定理 3.4（洛必达法则） 若 $f(x)$ 和 $g(x)$ 满足下列条件：

（1）在 x_0 的某空心邻域 (x_0-h, x_0+h) 内可导，且 $g'(x) \neq 0$；

（2）$\lim\limits_{x \to x_0} f(x) = 0$，$\lim\limits_{x \to x_0} g(x) = 0$；

（3）$\lim\limits_{x \to x_0} \dfrac{f'(x)}{g'(x)}$ 存在或为 ∞，则

$$\lim_{x \to x_0} \frac{f(x)}{g(x)} = \lim_{x \to x_0} \frac{f'(x)}{g'(x)}$$

这就是说，当 $\lim\limits_{x \to x_0} \dfrac{f'(x)}{g'(x)}$ 存在时，$\lim\limits_{x \to x_0} \dfrac{f(x)}{g(x)}$ 也存在，且两者相等；当 $\lim\limits_{x \to x_0} \dfrac{f'(x)}{g'(x)}$ 为无穷大时，$\lim\limits_{x \to x_0} \dfrac{f(x)}{g(x)}$ 也是无穷大。

这种在一定条件下通过分子、分母分别求导再求极限来确定未定式值的方法称为**洛必达法则**。

证 $\lim\limits_{x \to x_0} \dfrac{f(x)}{g(x)}$ 与 $f(x_0)$、$g(x_0)$ 无关，不妨定义 $f(x_0) = g(x_0) = 0$，由已知 $f(x)$、$g(x)$ 在 (x_0-h, x_0+h) 内连续，取 $x \in (x_0-h, x_0+h)$，则 $f(x)$、$g(x)$ 在以 x 和 x_0 为端点的区间上满足柯西中值定理的条件，因此

$$\frac{f(x)}{g(x)} = \frac{f(x)-f(x_0)}{g(x)-g(x_0)} = \frac{f'(\xi)}{g'(\xi)}, \quad (\xi \text{ 介于 } x \text{ 与 } x_0 \text{ 之间})$$

又因当 $x \to x_0$ 时，$\xi \to x_0$，对上式两端取极限，有

$$\lim_{x \to x_0} \frac{f(x)}{g(x)} = \lim_{\xi \to x_0} \frac{f'(\xi)}{g'(\xi)}$$

再由条件（3）可知，

$$\lim_{\xi \to x_0} \frac{f'(\xi)}{g'(\xi)} = \lim_{x \to x_0} \frac{f'(x)}{g'(x)}$$

并且当上式右端为无穷大时，左端也为无穷大。

特别指出的是：首先，条件（2）改为 $\lim\limits_{x \to x_0} f(x) = \infty$，$\lim\limits_{x \to x_0} g(x) = \infty$（即 $\dfrac{\infty}{\infty}$ 型未定式）定理仍成立；其次，定理中的极限过程 $x \to x_0$ 可以换成 $x \to x_0^+$，$x \to x_0^-$，$x \to \pm\infty$，定理仍成立。

该定理表明，求 $\dfrac{f(x)}{g(x)}$ 的极限可以归结为求 $\dfrac{f'(x)}{g'(x)}$ 的极限，若 $\lim \dfrac{f'(x)}{g'(x)}$ 仍然是 $\dfrac{0}{0}$ 型或 $\dfrac{\infty}{\infty}$ 型未定式，则只要 $f'(x)$ 与 $g'(x)$ 满足定理的条件，还可以继续使用洛必达法则，即 $\lim \dfrac{f(x)}{g(x)} = \lim \dfrac{f'(x)}{g'(x)} = \lim \dfrac{f''(x)}{g''(x)}$，以此类推。

在许多情况下，导函数之比的极限要比函数之比的极限容易求出，洛必达法则的重要性也就在此。

例3 求 $\lim\limits_{x \to 1} \dfrac{\ln x}{x^2-1}$。

解 这是 $\dfrac{0}{0}$ 型未定式，使用洛必达法则，有

$$\lim_{x\to 1}\frac{\ln x}{x^2-1}=\lim_{x\to 1}\frac{(\ln x)'}{(x^2-1)'}=\lim_{x\to 1}\frac{\frac{1}{x}}{2x}=\lim_{x\to 1}\frac{1}{2x^2}=\frac{1}{2}$$

例 4　求 $\lim\limits_{x\to 0}\dfrac{e^{x^2}-1}{\cos x-1}$。

解　这是 $\dfrac{0}{0}$ 型未定式,用洛必达法则,化简后仍是 $\dfrac{0}{0}$ 型未定式,再用洛必达法则,于是

$$\lim_{x\to 0}\frac{e^{x^2}-1}{\cos x-1}=\lim_{x\to 0}\frac{(e^{x^2}-1)'}{(\cos x-1)'}=\lim_{x\to 0}\frac{e^{x^2}\cdot 2x}{-\sin x}=\lim_{x\to 0}\frac{e^{x^2}\cdot 4x^2+e^{x^2}\cdot 2}{-\cos x}=-2$$

例 5　求 $\lim\limits_{x\to +\infty}\dfrac{\ln x}{e^x}$。

解　这是 $\dfrac{\infty}{\infty}$ 型未定式,使用洛必达法则,有

$$\lim_{x\to +\infty}\frac{\ln x}{e^x}=\lim_{x\to +\infty}\frac{(\ln x)'}{(e^x)'}=\lim_{x\to +\infty}\frac{\frac{1}{x}}{e^x}=0$$

二、其他类型未定式的运算

洛必达法则只适用于 $\dfrac{0}{0}$ 型和 $\dfrac{\infty}{\infty}$ 型两种未定式,其他类型的未定式(如 $0\cdot\infty$、$\infty-\infty$、1^∞、∞^0、0^0)都必须转化为 $\dfrac{0}{0}$ 型或 $\dfrac{\infty}{\infty}$ 型后,再使用洛必达法则。

例 6　求 $\lim\limits_{x\to 0^+}x\ln x$。

解　这是 $0\cdot\infty$ 型未定式,把 0 因子移到分母,化为 $\dfrac{\infty}{\infty}$ 型未定式,于是

$$\lim_{x\to 0^+}x\ln x=\lim_{x\to 0^+}\frac{\ln x}{x^{-1}}=\lim_{x\to 0^+}\frac{x^{-1}}{-x^{-2}}=\lim_{x\to 0^+}(-x)=0$$

例 7　求 $\lim\limits_{x\to 0^+}x^x$。

解　这是 0^0 型未定式,用对数恒等式化为 $0\cdot\infty$ 型未定式,有

$$\lim_{x\to 0^+}x^x=\lim_{x\to 0^+}e^{x\ln x}=e^{\lim\limits_{x\to 0^+}x\ln x}$$

由例 6, $\lim\limits_{x\to 0^+}x\ln x=0$,于是

$$\lim_{x\to 0^+}x^x=e^0=1$$

例 8　求 $\lim\limits_{x\to +\infty}(1+x)^{\frac{1}{x}}$。

解　这是 ∞^0 型未定式,设 $y=(1+x)^{\frac{1}{x}}$,取对数化为 $0\cdot\infty$ 型未定式求极限,有

$$\lim_{x\to +\infty}\ln y=\lim_{x\to +\infty}\frac{\ln(1+x)}{x}=\lim_{x\to +\infty}\frac{1}{1+x}=0$$

于是

$$\lim_{x\to +\infty}(1+x)^{\frac{1}{x}}=\lim_{x\to +\infty}y=\lim_{x\to +\infty}e^{\ln y}=e^{\lim\limits_{x\to +\infty}\ln y}=e^0=1$$

例 9　求 $\lim\limits_{x\to 0}\left(\dfrac{1}{x}-\dfrac{1}{\sin x}\right)$。

解 这是 $\infty-\infty$ 型未定式,但通分后就化成了 $\dfrac{0}{0}$ 型未定式,于是

$$\lim_{x\to 0}\left(\frac{1}{x}-\frac{1}{\sin x}\right)=\lim_{x\to 0}\frac{\sin x-x}{x\sin x}=\lim_{x\to 0}\frac{\cos x-1}{\sin x+x\cos x}$$

$$=\lim_{x\to 0}\frac{-\sin x}{\cos x+\cos x-x\sin x}=0$$

例 10 求 $\lim\limits_{x\to 0}(1+x)^{\frac{1}{\sin x}}$。

解 这是 1^∞ 型未定式。因为

$$\lim_{x\to 0}(1+x)^{\frac{1}{\sin x}}=\lim_{x\to 0}e^{\frac{1}{\sin x}\ln(1+x)}=e^{\lim\limits_{x\to 0}\frac{\ln(1+x)}{\sin x}}$$

而

$$\lim_{x\to 0}\frac{\ln(1+x)}{\sin x}=\lim_{x\to 0}\frac{\frac{1}{1+x}}{\cos x}=1$$

所以

$$\lim_{x\to 0}(1+x)^{\frac{1}{\sin x}}=e^1=e$$

洛必达法则说明当 $\lim\dfrac{f'(x)}{g'(x)}$ 等于 A 时,$\lim\dfrac{f(x)}{g(x)}$ 也等于 A(有限或无限),当遇到 $\lim\dfrac{f'(x)}{g'(x)}$ 不存在时(等于无穷大的情况除外),并不能断定 $\lim\dfrac{f(x)}{g(x)}$ 也不存在,须用其他方法讨论。

例 11 求 $\lim\limits_{x\to\infty}\dfrac{x-\cos x}{x}$。

解 这是 $\dfrac{\infty}{\infty}$ 型未定式,若使用洛必达法则 $\lim\limits_{x\to\infty}\dfrac{x-\cos x}{x}=\lim\limits_{x\to\infty}\dfrac{1+\sin x}{1}$,此式振荡无极限,则法则失效,但此式极限存在。

改用其他方法,有

$$\lim_{x\to\infty}\frac{x-\cos x}{x}=\lim_{x\to\infty}\left(1-\frac{\cos x}{x}\right)=1-\lim_{x\to\infty}\frac{\cos x}{x}=1-0=1$$

第三节 函数的性态研究

本节我们将利用导数来研究函数的单调性、极值、凹凸性和拐点,并描绘函数的图像。

一、函数的单调性

在讨论函数时,我们已经定义了函数在某一区间的单调增减性,然而直接根据定义来判定函数的单调性,对很多函数来说并不方便。下面介绍一种利用导数判别函数单调性的简便而又有效的方法。

若函数 $y=f(x)$ 在某个区间上单调增加(或单调减少),则它的图形是一条沿 x 轴正向上升(或下降)的曲线,如图 3-3 所示。

若曲线上升,则其上各点处的切线与 x 轴正向交成锐角 α,斜率 $\tan\alpha$ 是非负的,即 $y'=f'(x)\geqslant 0$,若曲线下降,则其上各点处的切线与 x 轴正向交成钝角 α,斜率 $\tan\alpha$ 是非正的,即 $y'=f'(x)\leqslant 0$。由此可见,函数的单调性与导数的符号有着密切的联系。

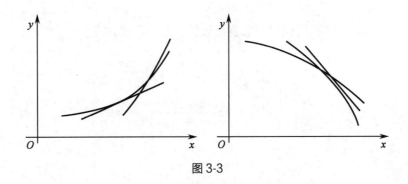

图 3-3

定理 3.5　设函数 $y=f(x)$ 在 (a,b) 内可导,若在该区间内恒有 $f'(x)>0$ [或 $f'(x)<0$],则函数 $y=f(x)$ 在 (a,b) 内单调增加(或单调减少)。

证　在区间 (a,b) 内任取两点 x_1,x_2,不妨设 $x_1<x_2$,在区间 $[x_1,x_2]$ 上应用拉格朗日中值定理:$f(x_2)-f(x_1)=f'(\xi)(x_2-x_1)(x_1<\xi<x_2)$

由 $f'(x)>0,x_2-x_1>0$,有 $f(x_2)-f(x_1)>0$,即 $f(x_1)<f(x_2)$,故函数 $y=f(x)$ 在 (a,b) 内单调增加。

同理可证:当 $f'(x)<0$ 时,$y=f(x)$ 在 (a,b) 内单调减少。

根据上述定理,判断函数的单调性,只需依据导数符号即可。由于很多函数在其定义区间上有增有减,导数不是保持固定符号,所以讨论函数的单调性可按以下步骤进行:

1. 确定函数的定义域。

2. 求出 $f'(x)=0$ 和 $f'(x)$ 不存在的点(这些点两侧导数符号可能不同),以这些点为分界点,把定义域分成若干区间。

3. 在各区间上判定 $f'(x)$ 的符号,以此确定 $f(x)$ 的单调性。

例 12　讨论函数 $f(x)=2x^3-9x^2+12x-2$ 的单调区间。

解　函数 $f(x)$ 的定义域为 $(-\infty,+\infty)$

$$f'(x)=6x^2-18x+12=6(x-1)(x-2)$$

令 $f'(x)=0$,得 $x_1=1$ 和 $x_2=2$,这 2 个点将定义域分成 3 个区间,列表如表 3-1:

表 3-1

x	$(-\infty,1)$	$(1,2)$	$(2,+\infty)$
$f'(x)$	+	−	+
$f(x)$	↑	↓	↑

注:表中↑表示单调增加,↓表示单调减少。

在 $(-\infty,1)$ 和 $(2,+\infty)$ 内 $f'(x)>0$,函数单调增加;在 $(1,2)$ 内 $f'(x)<0$,函数单调减少。

例 13　讨论函数 $y=x^3$ 的单调性。

解　函数 $y=x^3$ 的定义域为 $(-\infty,+\infty)$,$y'=3x^2$,显然,除了点 $x=0$ 使 $y'=0$ 外,在其余各点处均有 $y'>0$,因此,函数 $y=x^3$ 在整个定义域 $(-\infty,+\infty)$ 内单调增加。在 $x=0$ 处有一水平切线,函数图形如图 3-4 所示。

一般地,当 $f'(x)$ 在某区间内的个别点处为零,在其余各点处均为正(或负)时,$f(x)$ 在该区间上仍然是单调增加(或单调减少)。

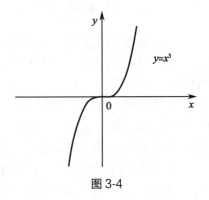

图 3-4

例 14　讨论函数 $y=1-(x-2)^{\frac{2}{3}}$ 的单调性。

解　函数 $y=1-(x-2)^{\frac{2}{3}}$ 的定义域为 $(-\infty,+\infty)$。

当 $x\neq 2$ 时，$f'(x)=-\dfrac{2}{3\sqrt[3]{x-2}}$，当 $x=2$ 时，$f'(x)$ 不存在。

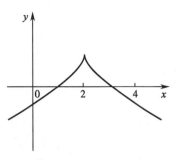

图 3-5

在区间 $(-\infty,2)$ 内，$f'(x)>0$，函数单调增加；在区间 $(2,+\infty)$ 内，$f'(x)<0$，函数单调减少。

从图 3-5 中我们看到，$x=2$ 是此函数单调增区间和单调减区间的分界点，在 $x=2$ 处，$f'(x)$ 不存在。

通过以上几例我们注意到，函数增减区间的分界点一定是导数为零的点，或导数不存在的点。但反过来，导数为零的点或导数不存在的点却不一定是函数增减区间的分界点，如例 13 中 $y=x^3$ 在 $x=0$ 处导数为零，但在区间 $(-\infty,+\infty)$ 上都是单调增加。

二、函数的极值与最值

1. 函数的极值　在例 12 中我们讨论过函数 $f(x)=2x^3-9x^2+12x-2$ 在 $(-\infty,1)$ 上单调增加；在 $(1,2)$ 上单调减少；在 $(2,+\infty)$ 上单调增加，曲线在 $(1,2)$ 点处会出现一个"高峰"，在 $(2,2)$ 点处出现一个"低谷"，这样的"高峰"和"低谷"，在数学里叫做极大值和极小值。

定义 3.1　若函数 $y=f(x)$ 在点 x_0 的某邻域内有定义，并且 $f(x_0)$ 的值比在 x_0 邻域内所有各点 $x\neq x_0$ 的函数值都大（或都小），即
$$f(x_0)>f(x)\quad[\text{或}f(x_0)<f(x)]$$
则称 $f(x)$ 在点 x_0 处取得极大值（或极小值）$f(x_0)$，点 x_0 叫做 $f(x)$ 的极大值点（或极小值点）。

函数的极大值和极小值统称为**函数的极值**；而极大值点和极小值点统称为**极值点**。

函数的极值概念只是反映函数的"局部"性态，所谓极值是相对于邻近的函数值而言的。因此，函数在定义域或某指定区间上可能有若干个极大值和极小值，而且极大值未必比极小值大。例如图 3-6 中，函数 $y=f(x)$ 有两个极大值 $f(x_1)$、$f(x_4)$，两个极小值 $f(x_2)$、$f(x_5)$，其中极大值 $f(x_1)$ 小于极小值 $f(x_5)$。从图 3-6 中还可以看出，在取得极值处，若曲线的切线存在，则切线平行于 x 轴，即极值点处的导数等于零。但反过来就不一定成立，即导数等于零处，不一定有极值。例如，图中 $f'(x_3)=0$，但 $f(x_3)$ 并不是函数的极值。

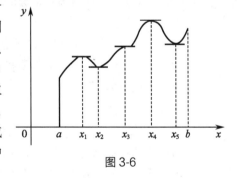

图 3-6

下面我们讨论函数取得极值的必要条件和充分条件。

定理 3.6（必要条件）　若函数 $f(x)$ 在点 x_0 处有极值，且 $f'(x_0)$ 存在，则 $f'(x_0)=0$。

证　假设 $f(x)$ 在点 x_0 处取得极大值，根据极值定义，对点 x_0 的某邻域内的任意 $x(x\neq x_0)$，都有 $f(x_0)>f(x)$。

于是有
$$f'_-(x_0)=\lim_{x\to x_0^-}\frac{f(x)-f(x_0)}{x-x_0}\geqslant 0$$
$$f'_+(x_0)=\lim_{x\to x_0^+}\frac{f(x)-f(x_0)}{x-x_0}\leqslant 0$$

又因 $f(x)$ 在点 x_0 处可导,故

$$f'(x_0)=f'_-(x_0)=f'_+(x_0)$$

从而

$$f'(x_0)=0$$

类似地,可证明极小值的情形。

通常称使 $f'(x_0)=0$ 的点 x_0 为函数 $f(x)$ 的**驻点**。

定理 3.6 结论表明:可导函数的极值点必定是它的驻点,但反过来,可导函数的驻点不一定是它的极值点。例如:$f(x)=x^3$,$x=0$ 是函数的驻点,但却不是极值点。所以当求出函数的驻点以后,还要判断函数在驻点处究竟是否取得极值? 如果取得极值,是极大值还是极小值? 下面给出取得极值的充分条件。

定理 3.7(充分条件 1) 设函数 $f(x)$ 在点 x_0 某邻域内可导,且 $f'(x_0)=0$,当 x 递增经过 x_0 时,

(1)若 $f'(x)$ 由正变负,则 $f(x)$ 在点 x_0 处有极大值 $f(x_0)$;

(2)若 $f'(x)$ 由负变正,则 $f(x)$ 在点 x_0 处有极小值 $f(x_0)$;

(3)若 $f'(x)$ 的符号不改变,则 $f(x)$ 在点 x_0 处无极值。

证 (1)在点 x_0 的邻域内,当 $x<x_0$ 时,$f'(x)>0$,所以 $f(x)$ 单调增加,即有

$$f(x)<f(x_0) \quad (x<x_0)$$

又当 $x>x_0$ 时,$f'(x)<0$,所以 $f(x)$ 单调减少,即有

$$f(x)<f(x_0) \quad (x>x_0)$$

故点 x_0 是 $f(x)$ 的极大值点。

(2)(3)仿此可以证明。

此外,函数在导数不存在的点也可能取得极值。例如,$f(x)=|x|$ 在点 $x=0$ 处不可导,但函数在该点取得极小值。只要函数在不可导点连续,我们仍可用定理 3.7 的结论进行判别。因此,可按下列步骤来寻找和判别函数的极值:

(1)求出 $f(x)$ 的导数;

(2)求出 $f(x)$ 的全部驻点与不可导点;

(3)考察驻点或不可导点两侧导数的符号,根据定理 3.7 判别该点是否是极值点,并确定是极大值还是极小值。

例 15 求函数 $f(x)=2x^3-9x^2+12x-2$ 的极值。

解 例 12 中已求得函数 $f(x)$ 的驻点为 $x_1=1$ 和 $x_2=2$。且知在 $(-\infty,1)$ 和 $(2,+\infty)$ 内 $f'(x)>0$,函数单调增加;在 $(1,2)$ 内 $f'(x)<0$,函数单调减少。

所以 $f(x)$ 在 $x_1=1$ 处有极大值 $f(1)=3$,在 $x_2=2$ 处有极小值 $f(2)=2$。

例 16 求函数 $f(x)=(x^2-1)^3+1$ 的极值。

解 函数 $f(x)$ 定义域为 $(-\infty,+\infty)$

$$f'(x)=3(x^2-1)^2 2x=6x(x^2-1)^2$$

令 $f'(x)=0$,即 $6x(x^2-1)^2=0$,得驻点:$x_1=-1$,$x_2=0$,$x_3=1$。

讨论 $f'(x)$ 的符号确定极值。由 $6(x^2-1)^2$ 是非负的,故只需讨论 x 的符号,当 $x<0$ 时,$f'(x)<0$,当 $x>0$ 时,$f'(x)>0$。故当 $x=0$ 时,函数有极小值 $f(0)=0$,而在其余两个驻点处,函数没有极值。

例 17 求函数 $f(x)=(x+4)\cdot\sqrt[3]{(x-1)^2}$ 的极值。

解 函数 $f(x)$ 定义域为 $(-\infty,+\infty)$

当 $x \neq 1$ 时，$f'(x) = (x-1)^{\frac{2}{3}} + \frac{2(x+4)}{3(x-1)^{\frac{1}{3}}} = \frac{5(x+1)}{3\sqrt[3]{x-1}}$

令 $f'(x) = 0$，得驻点：$x = -1$；当 $x = 1$ 时，$f(x)$ 的导数不存在。

将上述计算列表讨论，结果如表 3-2：

表 3-2

x	$(-\infty, -1)$	-1	$(-1, 1)$	1	$(1, +\infty)$
$f'(x)$	$+$	0	$-$	不存在	$+$
$f(x)$	↑	极大值 $f(-1) = 3\sqrt[3]{4}$	↓	极小值 $f(1) = 0$	↑

有时确定一阶导数的符号比较麻烦，而用二阶导数的符号判别极值较简便。用二阶导数判别极值的方法如下：

定理 3.8（充分条件 2）　设函数 $f(x)$ 在点 x_0 处具有一、二阶导数，且 $f'(x_0) = 0$，

（1）若 $f''(x_0) < 0$，则 $f(x_0)$ 为极大值；

（2）若 $f''(x_0) > 0$，则 $f(x_0)$ 为极小值；

（3）若 $f''(x_0) = 0$，则不能确定函数是否取得极值，需另作讨论。

使用定理 3.8 时，计算方便，但在不可导点或二阶导数为 0 点处无法判定，此时还需利用一阶导数进行判定。

例 18　求函数 $f(x) = x^3 + 3x^2 - 24x - 20$ 的极值。

解　$f'(x) = 3x^2 + 6x - 24 = 3(x+4)(x-2)$

$f''(x) = 6x + 6 = 6(x+1)$

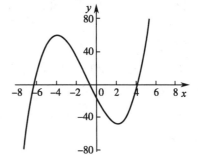

令 $f'(x) = 0$，得驻点：$x_1 = -4$，和 $x_2 = 2$，

因 $f''(-4) = -18 < 0$，所以 $f(-4) = 60$ 为极大值，$f''(2) = 18 > 0$，故 $f(2) = -48$ 为极小值，如图 3-7 所示。

图 3-7

2. 函数的最值　上面讨论了极值，但在实际问题中往往要求我们计算的不是极值，而是最大值、最小值。如在医药学中，经常会遇到这样的问题：口服或肌内注射一定剂量的某种药物后，血药浓度何时达到最大值？在一定条件下，如何做到用药最经济、疗效最佳、毒性最小等问题。这类问题反映到数学上可归结为求某一函数的最大值或最小值的问题。函数的最大值、最小值要在某个给定区间上考虑，而函数的极值只是在一点的邻近考虑，它们的概念是不同的。一个闭区间上的连续函数必然存在最大、最小值，它们可能就是区间内的极大、极小值，也可能是区间端点的函数值。由于在区间上极大值未必比极小值大，极小值未必比极大值小，所以一般可以这样做，求驻点、导数不存在点（如有的话）及端点的函数值，再进行比较，其中最大的值就是最大值，最小的值就是最小值。

例 19　求函数 $y = 2x^3 + 3x^2 - 12x + 14$ 在区间 $[-3, 4]$ 上的最大值与最小值。

解　$y' = 6x^2 + 6x - 12 = 6(x^2 + x - 2) = 6(x-1)(x+2)$

令 $y' = 0$，得驻点：$x_1 = 1, x_2 = -2$

则　　　　　　$f(-3) = 23$，　$f(-2) = 34$，　$f(1) = 7$，　$f(4) = 142$

对上述函数值比较可知，$f(x)$ 在 $[-3, 4]$ 上最大值 $f(4) = 142$，最小值为 $f(1) = 7$。

注　若实际问题可以断定最值存在，且函数在区间内只有唯一驻点，则该点就是最值点。

例 20　按 1mg/kg 的比率给小白鼠注射磺胺药物后，在不同时间内血液中磺胺药物的

浓度可用函数 $y=-1.06+2.59x-0.77x^2$ 表示。其中 y 表示血液中磺胺浓度($g/100L$),x 表示注射后经历的时间($\min$),问 x 取什么值时,y 取最大值?

解 函数定义域 $D=[0,+\infty)$

$$y'=2.59-1.54x$$

令 $y'=0$,得驻点:$x=1.682$

又 $y''=-1.54<0$,故在 $x=1.682$ 时,y 有极大值。

由于这个函数只有唯一的极值,故这个极大值即为最大值。当 $x=1.682$ 时,$y_{max}=1.118$。所以经过 $1.682\min$ 后,血液中磺胺的最高浓度为 $1.118(g/100L)$。

三、函数的凹凸区间与拐点

前面我们研究了函数的单调性和极值,对描绘函数的图形有一定的帮助,但还不能完全反映函数的变化规律和准确作图。例如图 3-8 中有两条曲线弧 ACB 和 ADB,虽然它们都是上升的,但在上升过程中,它们的弯曲方向却不一样,因而图形显著不同。若只掌握函数在区间的单调性,不清楚曲线的弯曲方向,画出的图形就会有很大的误差。曲线的弯曲方向在几何上是用曲线的"凹凸性"来描述的。下面我们来研究曲线的弯曲方向及弯曲时方向发生改变的点。

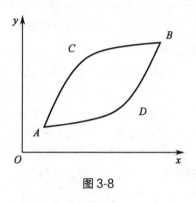

图 3-8

1. 曲线的凹凸性 曲线的弯曲方向是用曲线与其切线的相对位置来描述的。

定义 3.2 若一段光滑曲线位于其每一点处切线的上方,则称这段曲线是**凹的**(图 3-9);若一段光滑曲线位于其每一点处切线的下方,则称这段曲线是**凸的**(图 3-10)。

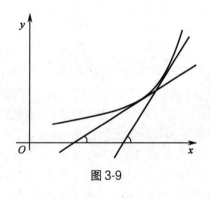

图 3-9

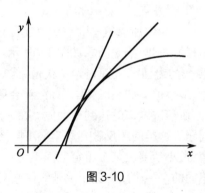

图 3-10

由图 3-9 和图 3-10 可见,一段曲线的切线位置的变化状况可以反映该曲线的凹凸性。曲线为凹时,随着 x 的增大,切线与 x 轴的夹角也增大,切线的斜率 $f'(x)$ 是增大的,$f'(x)$ 是增函数,故 $f'(x)$ 的导数 $f''(x)\geqslant 0$。同理曲线为凸时,$f''(x)\leqslant 0$。

因此,曲线的凹凸性可用函数二阶导数的符号来判定。

定理 3.9 设函数 $y=f(x)$ 在 (a,b) 上具有二阶导数,

(1)若在 (a,b) 内 $f''(x)>0$,则曲线 $y=f(x)$ 在 (a,b) 上是凹的;

(2)若在 (a,b) 内 $f''(x)<0$,则曲线 $y=f(x)$ 在 (a,b) 上是凸的。

例 21 判断曲线 $f(x)=3x-x^3$ 的凹凸性。

解 $f'(x)=3-3x^2$,$f''(x)=-6x$

显然,在 $(-\infty,0)$ 上,$f''(x)>0$,此曲线在 $(-\infty,0)$ 上是凹的;在 $(0,+\infty)$ 上,$f''(x)<0$,此

曲线在$(0,+\infty)$上是凸的,如图 3-11 所示。

2. 曲线的拐点

定义3.3 若一条光滑曲线既有凹的部分也有凸的部分,则称这两部分的分界点为**拐点**。

拐点两侧的凹凸性不同,则$f''(x)$的符号就不同。因此,在拐点处,若$f''(x)$存在,则必有$f''(x)=0$。但反之,$f''(x)=0$的点的相应点则不一定是曲线的拐点,例如$y=x^4,y''(0)=0$,但点$(0,0)$不是曲线的拐点。另外,$f''(x)$不存在的点的相应点也可能为曲线的拐点。

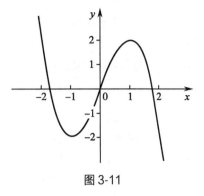

图 3-11

下面给出用二阶导数符号判定曲线$y=f(x)$的凹凸性与拐点的方法:

(1)求出$f''(x)=0$和$f''(x)$不存在的点,以这些点为分界点,把定义域分成若干区间。

(2)在各区间上判定$f''(x)$符号,以此确定$f(x)$的凹凸区间。

(3)确定曲线上使$y=f(x)$的凹凸性发生改变的点,这些点即是曲线的拐点。

例 22　求函数$f(x)=2x^3-9x^2+12x-2$的凹凸区间和拐点。

解　在前面已经讨论了该题的单调性与极值,由前述计算结果得

$f''(x)=12x-18=6(2x-3)$,无二阶不可导点。

令$f''(x)=0$,得:$x=\dfrac{3}{2}$。列表讨论如下(表 3-3):

表 3-3

x	$\left(-\infty,\dfrac{3}{2}\right)$	$\dfrac{3}{2}$	$\left(\dfrac{3}{2},+\infty\right)$
$f''(x)$	−	0	+
$f(x)$	凸	拐点	凹

由表 3-3 中可以看出,曲线在区间$\left(-\infty,\dfrac{3}{2}\right)$上是凸的,在$\left(\dfrac{3}{2},+\infty\right)$上是凹的,点$\left(\dfrac{3}{2},\dfrac{5}{2}\right)$为拐点。

例 23　求函数$f(x)=\dfrac{5}{9}x^2+(x-1)^{\frac{5}{3}}$的凹凸区间和拐点。

解　$f(x)$的定义域为$(-\infty,+\infty)$。

$$f'(x)=\frac{10}{9}x+\frac{5}{3}(x-1)^{\frac{2}{3}}$$

当$x\neq 1$时,$f''(x)=\dfrac{10}{9}+\dfrac{10}{9}(x-1)^{-\frac{1}{3}}=\dfrac{10}{9}\cdot\dfrac{\sqrt[3]{x-1}+1}{\sqrt[3]{x-1}}$

令$f''(x)=0$,得:$x=0$;$x=1$,$f''(x)$不存在。以$x=0,1$把定义域分成 3 个区间,列表讨论如下(表 3-4):

表 3-4

x	$(-\infty,0)$	0	$(0,1)$	1	$(1,+\infty)$
$f''(x)$	+	0	−	不存在	+
$f(x)$	凹	拐点	凸	拐点	凹

从表 3-4 中知道 $f(x)$ 在 $(-\infty,0)$ 和 $(1,+\infty)$ 上是凹的，在 $(0,1)$ 上是凸的，点 $(0,-1)$ 和 $\left(1,\dfrac{5}{9}\right)$ 为曲线的拐点。

四、函数图像的描绘

前面已经研究了函数的单调区间和极值，以及凹凸区间和拐点，若再给出曲线的渐近线，就可以较准确地作出函数的图像。

1. 曲线的渐近线　有些函数的定义域与值域都是有限区间，此时函数的图形局限于一定的范围之内，如圆、椭圆等。而有些函数的定义域或值域是无穷区间，此时函数的图形向无穷远处延伸，如双曲线、抛物线等。有些向无穷远处延伸的曲线，呈现出越来越接近某一直线的形态，这种直线就是曲线的渐近线。

定义 3.4　若曲线上的一点沿着曲线趋于无穷远，该点与某条直线的距离趋于零时，则称此直线为曲线的渐近线。

若给定曲线的方程 $y=f(x)$，如何确定该曲线是否有渐近线呢？若有渐近线又怎样求出呢？下面分 3 种情况讨论：

（1）水平渐近线：若 $\lim\limits_{x\to\infty}f(x)=C$ [或 $\lim\limits_{x\to-\infty}f(x)=C$，$\lim\limits_{x\to+\infty}f(x)=C$]，则直线 $y=C$ 是曲线 $y=f(x)$ 的一条**水平渐近线**，如图 3-12 和图 3-13 所示。

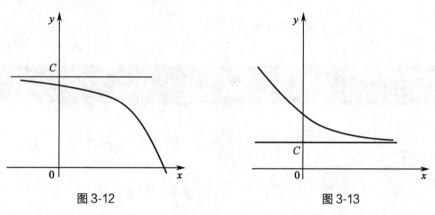

图 3-12　　　　　　　　　　　　图 3-13

（2）垂直渐近线：若 $\lim\limits_{x\to x_0}f(x)=\infty$ [或 $\lim\limits_{x\to x_0^+}f(x)=\infty$，$\lim\limits_{x\to x_0^-}f(x)=\infty$]，则直线 $x=x_0$ 是曲线 $y=f(x)$ 的一条**垂直渐近线**，如图 3-14 所示。

（3）斜渐近线：若当 $x\to\infty$（或 $x\to+\infty$，$x\to-\infty$）时，曲线 $y=f(x)$ 上的点到直线 $y=ax+b$ 的距离趋近于零，则直线 $y=ax+b$ 称为曲线 $y=f(x)$ 的一条**斜渐近线**，如图 3-15 所示。

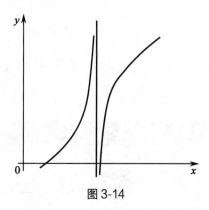
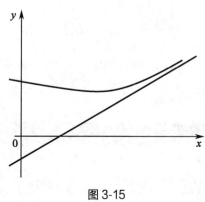

图 3-14　　　　　　　　　　　　图 3-15

下面我们来求 $y=f(x)$ 的斜渐近线。

若直线 $y=ax+b$ 是曲线 $y=f(x)$ 的一条斜渐近线,则由定义知

$$\lim_{x\to\pm\infty}[f(x)-(ax+b)]=0$$

根据极限的性质,我们有 $\lim_{x\to\pm\infty}[f(x)-ax]=b$,

由于当 $x\to\pm\infty$ 时,$f(x)-ax$ 的极限存在,所以

$$\lim_{x\to\pm\infty}\frac{f(x)-ax}{x}=0$$

即

$$\lim_{x\to\pm\infty}\frac{f(x)}{x}=a$$

若给定一个函数 $y=f(x)$,它有渐近线,则把它代入上述两个公式,求出 a,b,就可得到渐近线 $y=ax+b$。

例 24　求曲线 $y=\dfrac{x^2}{2+x}$ 的渐近线。

解　函数的定义域为 $(-\infty,-2)\cup(-2,+\infty)$。

由于 $\lim_{x\to-2}\dfrac{x^2}{2+x}=\infty$,故 $x=-2$ 是曲线的一条垂直渐近线。

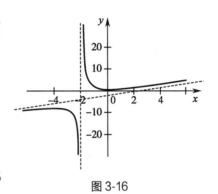

图 3-16

又因为

$$a=\lim_{x\to\infty}\frac{f(x)}{x}=\lim_{x\to\infty}\frac{x}{2+x}=1$$

$$b=\lim_{x\to\infty}[f(x)-ax]=\lim_{x\to\infty}\left(\frac{x^2}{2+x}-x\right)=\lim_{x\to\infty}\left(-\frac{2x}{2+x}\right)=-2$$

所以直线 $y=x-2$ 是曲线的一条斜渐近线,如图 3-16 所示。

2. 函数图像的描绘　函数的图像能够直观地反映函数的各种性态。对于给定的函数 $f(x)$,在初等数学中我们都是用描点法去描绘函数的图像,这种方式绘出的图像一般是粗糙的。一些函数的重要特性,如单调性、凹凸性等不易掌握;一些重要的点,如极值点、拐点等也极易忽视。现在我们已经掌握了应用导数讨论函数的单调性和极值、凹凸性和拐点等方法,可以较准确地掌握函数的性态,从而可以比较准确地作出函数的图像。描绘函数图像的步骤如下:

(1)确定函数的定义域。

(2)确定函数的对称性、周期性等特殊性质。

(3)计算一、二阶导数,并求方程 $f'(x)=0$ 和 $f''(x)=0$ 的根与不可导点。

(4)确定函数的单调性、极值、凹凸性与拐点(最好列出表格)。

(5)若有渐近线,求出渐近线。

(6)描出已求得的各点,必要时可补充一些点,如曲线与坐标轴的交点等,最后描绘函数图像。

例 25　作出函数 $f(x)=2x^3-9x^2+12x-2$ 的图像。

解　前面已讨论了本题的单调性、极值、凹凸性与拐点,现将讨论结果列表如下(表 3-5):

表 3-5

x	$(-\infty,1)$	1	$\left(1,\dfrac{3}{2}\right)$	$\dfrac{3}{2}$	$\left(\dfrac{3}{2},2\right)$	2	$(2,+\infty)$
$f'(x)$	$+$	0	$-$	$-$	$-$	0	$+$
$f''(x)$	$-$	$-$	$-$	0	$+$	$+$	$+$
$f(x)$	↑凸	极大值3	↓凸	拐点$\left(\dfrac{3}{2},\dfrac{5}{2}\right)$	↓凹	极小值2	↑凹

该题无对称性,无渐近线。根据极值、拐点、增减区间、凹凸区间,补充点$(3,7)$及与y轴交点$(0,-2)$,作出如图 3-17 所示的图形。

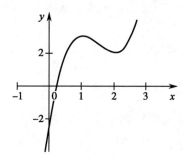

图 3-17

例 26 作函数 $y=\dfrac{(x-3)^2}{4(x-1)}$ 的图像。

解 函数的定义域为$(-\infty,1)\cup(1,+\infty)$,而 $x=1$ 是函数的间断点。

当 $x\neq1$ 时

$$f'(x)=\frac{(x+1)(x-3)}{4(x-1)^2}, f''(x)=\frac{2}{(x-1)^3}$$

令 $f'(x)=0$,得驻点:$x_1=-1,x_2=3$;$x=1$ 是导数不存在的点。

将所得结果列表如下(表 3-6):

表 3-6

x	$(-\infty,-1)$	-1	$(-1,1)$	1	$(1,3)$	3	$(3,+\infty)$
$f'(x)$	$+$	0	$-$	不存在	$-$	0	$+$
$f''(x)$	$-$	$-$	$-$	不存在	$+$	$+$	$+$
$f(x)$	↑凸	极大值-2	↓凸	无定义	↓凹	极小值0	↑凹

因为 $\lim\limits_{x\to1}\dfrac{(x-3)^2}{4(x-1)}=\infty$,所以 $x=1$ 是曲线的一条垂直渐近线。

又因为

$$a=\lim_{x\to\infty}\frac{f(x)}{x}=\lim_{x\to\infty}\frac{(x-3)^2}{4x(x-1)}=\frac{1}{4}$$

$$b=\lim_{x\to\infty}\left[f(x)-ax\right]=\lim_{x\to\infty}\left[\frac{(x-3)^2}{4(x-1)}-\frac{x}{4}\right]=\lim_{x\to\infty}\frac{-5x+9}{4(x-1)}=-\frac{5}{4}$$

所以直线 $y=\dfrac{1}{4}x-\dfrac{5}{4}$ 是曲线的一条斜渐近线。

先标出特殊点,如极大值、极小值点,x,y 轴的截距,作出渐近线,然后根据上述讨论结果,作出如图 3-18 所示的图形。

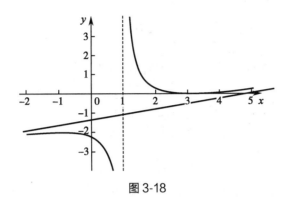

图 3-18

例 27 作出标准正态分布密度函数 $f(x)=\dfrac{1}{\sqrt{2\pi}}e^{-x^2/2}$ 的图像。

解 函数定义域为 $(-\infty,+\infty)$,$f(x)$ 是偶函数,其图形关于 y 轴对称。

$$f'(x)=\frac{-x}{\sqrt{2\pi}}e^{-x^2/2},f''(x)=\frac{x^2-1}{\sqrt{2\pi}}e^{-x^2/2},$$

令 $f'(x)=0$,得 $x=0$,令 $f''(x)=0$,得 $x=\pm1$,无不可导点。

因为 $\lim\limits_{x\to\infty}\dfrac{1}{\sqrt{2\pi}}e^{-x^2/2}=0$,所以 $y=0$ 是曲线的水平渐近线。

由于 $y=f(x)$ 关于 y 轴对称,我们只需将右半部分 $[0,+\infty)$ 讨论的结果列表如下(表 3-7):

表 3-7

x	0	$(0,1)$	1	$(1,+\infty)$
$f'(x)$	0	$-$	$-$	$-$
$f''(x)$	$-$	$-$	0	$+$
$f(x)$	极大值 0.399	↓凸	拐点(1,0.242)	↓凹

根据极值、拐点、增减区间、凹凸区间,作出如图 3-19 所示图形。这条草帽形曲线也称高斯(Gauss)曲线,在数理统计中有重要作用。

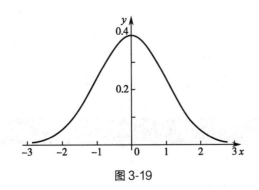

图 3-19

笔记栏

第四节 导数在实际问题中的简单应用

导数无论在自然科学还是社会科学中,都有着广泛的应用。下面给出导数在医药学方面应用的例子。

例 28 某地沙眼患病率(y)与年龄(t 岁)的关系为:

$$y = 2.27(e^{-0.050t} - e^{-0.072t})$$

问:(1)该地沙眼患病率随年龄的变化趋势怎样?

(2)患病率最高的年龄是多少? 最高患病率是多少?

解 函数定义域 $D = [0, +\infty)$,因为

$$y' = 2.27(-0.050e^{-0.050t} + 0.072e^{-0.072t})$$

令 $y' = 0$,有 $e^{0.022t} = 1.44$,$0.022t = \ln 1.44$,解得 D 内唯一驻点 $t = 16.6$。

(1)当 $t < 16.6$ 时,$y' > 0$,$t > 16.6$ 时,$y' < 0$。

故年龄小于 16.6 岁的儿童,沙眼患病率随年龄增长而上升;而年龄大于 16.6 岁的青年和成年人,沙眼患病率随年龄增长而下降。

(2)由于函数 y 在 $[0, +\infty)$ 上只有一个极值点,且 $t \to +\infty$ 时,$y \to 0$,所以当 $t = 16.6$ 岁时,y 达到最大值。

$$y_{\max} = 2.27(e^{-0.050 \times 16.6} - e^{-0.072 \times 16.6}) \approx 0.3028$$

即沙眼患病率最高的年龄是 16.6 岁,最高患病率是 30.28%。

例 29 $C\text{-}t$ 曲线的性态分析:若服药后,体内血药浓度的变化关系是

$$C = C(t) = A(e^{-k_e t} - e^{-k_\alpha t})$$

这里 A、K_e、K_α(K_e、$K_\alpha > 0$)为参数,对这条反映体内药物浓度变化规律的药时曲线分析如下。

首先确定药时曲线的性态特征:

1. 定义域为 $(0, +\infty)$。

2. 求 $C(t)$ 的一、二阶导数。

$$C'(t) = A(-k_e e^{-k_e t} + k_\alpha e^{-k_\alpha t})$$
$$C''(t) = A(k_e^2 e^{-k_e t} - k_\alpha^2 e^{-k_\alpha t})$$

3. 求 $C(t)$ 的一、二阶导数等于零的解。

由 $C'(t) = 0$,解得:$t = T_m = \dfrac{\ln \dfrac{k_\alpha}{k_e}}{k_\alpha - k_e}$

由 $C''(t) = 0$,解得:$t = T_0 = 2\dfrac{\ln \dfrac{k_\alpha}{k_e}}{k_\alpha - k_e} = 2T_m$

4. 因为 $\lim\limits_{t \to \infty} C(t) = 0$,所以 $C = 0$ 是曲线的水平渐近线。

5. 列出药时曲线的性态特征表(表3-8)。

表3-8

范围	$(0, T_m)$	T_m	(T_m, T_0)	T_0	$(T_0, +\infty)$
$C'(x)$	+	0	−	−	−
$C''(x)$	−	−	−	0	+
曲线性态	↑凸	最大值	↓凸	拐点	↓凹

按表 3-8 中列出的曲线性态特征,可绘出药时曲线图(图 3-20)。

根据曲线的性态特征分析体内血药过程的性质
及其意义,可知:

(1)服药后,体内血药浓度的变化规律是:从 0
到 T_m 这段时间内体内药物浓度不断增高,T_m 以后
逐渐减少。

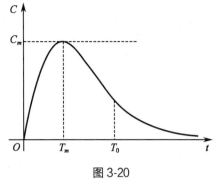

图 3-20

(2)服药后到 T_m 时,体内药物浓度达到最大值
$C(T_m) = C_m$,通常称为峰浓度,T_m 称为 S 峰时。若
T_m 小 C_m 大,则反映该药物不仅被吸收快且吸收好,
有速效之优点。

(3)服药后到 $t = T_0$ 这段时间内曲线是凸的,其后为凹的。这显示体内药物浓度在 T_0 前
变化的速度在不断减小(即血药浓度在减速变化),而在 T_0 后变化的速度在不断增加(血药
浓度在加速变化),在 $t = T_0$ 处血药浓度的变化速度达到最小值。由于在 T_0 后整个血药浓度
在不断减少,所以血药浓度在加速减少,因而说明药物体内过程的主要特征是药物的消除,
故通常把 $t = T_0$ 后这段时间的体内过程称为药物的消除相,$t = T_0$ 是药物消除相的标志和
起点。

(4)当 $t \to \infty$ 时,$C(t) \to 0$,即渐近线是时间轴,表明药物最终全部从体内消除。

知识链接

约瑟夫·路易斯·拉格朗日和洛必达

约瑟夫·路易斯·拉格朗日(Joseph Louis Lagrange),法国数学家、物理学家。1736
年 1 月 25 日生于意大利西北部的都灵,1813 年 4 月 10 日卒于巴黎。拉格朗日 19 岁就
在都灵的皇家炮兵学校当数学教授。在探讨"等周问题"的过程中,他用纯分析的方法
发展了欧拉所开创的变分法,为变分法奠定了理论基础。他的论著使其成为当时欧洲
公认的第一流数学家。1766 年,德国的腓特烈大帝向拉格朗日发出邀请,说在"欧洲最
大的王"的宫廷中应有"欧洲最大的数学家"。于是他应邀去柏林,居住达 20 年之久。
在此期间他完成了《分析力学》一书,建立起完整和谐的力学体系。1786 年,他接受法
国国王路易十六的邀请,定居巴黎,直至去世。近百余年来,数学领域的许多新成就都
可以直接或间接地溯源于拉格朗日的工作。

洛必达(Antoine de L'Hôspital),法国数学家,1661 年出生于法国的贵族家庭,1704 年
2 月 2 日卒于巴黎。他曾受袭侯爵衔,并在军队中担任骑兵军官,后来因眼睛近视而自行
告退,转向从事学术研究。他早年就显露出数学才能,在他 15 岁时解决了帕斯卡所提出
的一个摆线难题,以后又解出约翰·伯努利向欧洲挑战"最速降曲线"问题。稍后他放弃
了炮兵的职务,投入更多时间在数学上,在瑞士数学家伯努利的门下学习微积分,并成为
法国新解析的主要成员。洛比达的著作盛行于 18 世纪。他最重要的著作是《阐明曲线的
无穷小分析》(1696),这本书是世界上第一本系统的微积分教科书,他由一组定义和公理
出发,全面地阐述变量、无穷小量、切线、微分等概念,这对传播新创建的微积分理论起了
很大的作用。在书中第九章记载着约翰·伯努利在 1694 年 7 月 22 日告诉他的一个著名
定理:求一个分式当分子和分母都趋于零时的极限的法则,后人误以为是他的发明,故"洛
必达法则"之名沿用至今。洛必达还写作过几何、代数及力学方面的文章。

学习小结

1. 学习内容

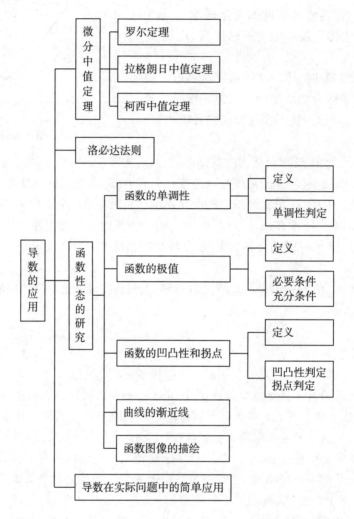

2. 学习方法

(1)洛必达法则是求解未定式的一个非常有效的方法,在应用洛必达法则求解未定式时,要注意洛必达法则只适用于 $\frac{0}{0}$ 型和 $\frac{\infty}{\infty}$ 型两种未定式,其他类型的未定式(如 $0 \cdot \infty$、$\infty - \infty$、1^{∞}、∞^{0}、0^{0})都必须转化为 $\frac{0}{0}$ 型或 $\frac{\infty}{\infty}$ 型后,再使用洛必达法则。

(2)利用一阶导数符号,可以确定函数的增减区间及极值点。为此首先求出使一阶导数为0的点(驻点)与不可导点,并通过列表讨论单调区间及判断极值点是否存在。

(3)利用二阶导数符号可以确定凹凸区间与拐点,为此首先确定使二阶导数为0的点及导数不存在点,然后列表讨论。

(4)函数图像的描绘,除了确定增减区间与极值点,凹凸区间与拐点,还要注意考察函数的奇偶性,是否存在渐近线以及一些特殊点的坐标等。

(孙 健 付文娇)

习题三

1. 验证函数 $f(x)=x^3+2x$ 在闭区间 $[0,1]$ 上是否满足拉格朗日中值定理的条件? 如果满足,求出定理中的 ξ。

2. 证明不等式 $\arctan x_2-\arctan x_1\leqslant x_2-x_1(x_1<x_2)$。

3. 用洛必达法则求下列极限:

(1) $\lim\limits_{x\to 0}\dfrac{2^x-1}{3^x-1}$

(2) $\lim\limits_{x\to 0}\dfrac{1-\cos x}{3x^2}$

(3) $\lim\limits_{x\to\frac{\pi}{2}}\dfrac{\tan x}{\tan 3x}$

(4) $\lim\limits_{x\to 0^+}\dfrac{\ln\tan x}{\ln x}$

(5) $\lim\limits_{x\to\infty}x(e^{\frac{1}{x}}-1)$

(6) $\lim\limits_{x\to 0}(1-\cos x)\cot x$

(7) $\lim\limits_{x\to 1}\left(\dfrac{x}{x-1}-\dfrac{1}{\ln x}\right)$

(8) $\lim\limits_{x\to\frac{\pi}{2}^-}(\cos x)^{\frac{\pi}{2}-x}$

(9) $\lim\limits_{x\to 0^+}\left(\dfrac{1}{x}\right)^{\tan x}$

(10) $\lim\limits_{x\to 1}x^{\frac{1}{1-x}}$

4. 设函数 $f(x)$ 存在二阶导数,$f(0)=0$,$f'(0)=1$,$f''(0)=2$,试求 $\lim\limits_{x\to 0}\dfrac{f(x)-x}{x^2}$。

5. 求下列各函数的单调区间:

(1) $f(x)=2x^3-3x^2+1$

(2) $f(x)=(x-1)(x+1)^3$

(3) $f(x)=(x-1)x^{\frac{2}{3}}$

(4) $f(x)=x-\ln(x+1)$

6. 求下列各函数的极值:

(1) $f(x)=2x^3-6x^2-18x+10$

(2) $f(x)=\dfrac{x}{\ln x}$

(3) $f(x)=(2x-1)\cdot\sqrt[3]{(x-3)^2}$

(4) $f(x)=x-\ln(x^2+1)$

7. 试问 a 为何值时,函数 $f(x)=a\sin x+\dfrac{1}{3}\sin 3x$ 在 $x=\dfrac{\pi}{3}$ 处具有极值? 它是极大值,还是极小值? 并求此极值。

8. 求下列各函数的最值:

(1) $f(x)=x^4-2x^2+5$,$[-2,2]$

(2) $f(x)=x+\sqrt{1-x}$,$[-5,1]$

(3) $f(x)=\dfrac{x^2}{1+x}$,$\left[-\dfrac{1}{2},1\right]$

(4) $f(x)=3^x$,$[-1,4]$

9. 口服一定剂量的某种药物后,其血药浓度 C 与时间 t 的关系可表示为 $C=40(e^{-0.2t}-e^{-2.3t})$,问 t 为何值时,血药浓度最高,并求其最高浓度。

10. 已知半径为 R 的圆内接矩形,问长和宽为多少时矩形的面积最大?

11. 求下列曲线的凹凸区间与拐点:

(1) $f(x)=x^4-2x^3+1$

(2) $f(x)=\dfrac{1}{2}x^2+\dfrac{9}{10}(x-1)^{\frac{5}{3}}$

12. 已知曲线 $f(x)=ax^3+bx^2+cx+d$ 在 $x=-2$ 点处有极值 44,$(1,-10)$ 为曲线 $y=f(x)$ 上的拐点,求常数 a、b、c、d 之值,并写出此曲线方程(提示:拐点为曲线上的点)。

13. 作下列函数的图形:

(1)$f(x)=\dfrac{x^3}{3}-x^2+2$　　　　　　　　　(2)$f(x)=x^4-2x^2-5$

(3)$f(x)=x+x^{-1}$　　　　　　　　　　　(4)$f(x)=\dfrac{x^2}{x-1}$

14. 1970 年,Page 在实验室饲养雌性小鼠,通过收集的大量资料分析,得小鼠生长函数为

$$W=\dfrac{36}{1+30\mathrm{e}^{-\frac{2}{3}t}}$$

其中 W 为重量,t 为时间,试描绘小鼠生长函数的曲线,并简述小鼠生长过程的变化趋势。

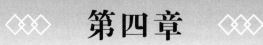

第四章

不定积分

> **学习目标**
>
> 1. 掌握基本积分公式,直接积分法,两类换元积分法,分部积分法。
> 2. 熟悉原函数与不定积分的概念,不定积分的性质、几何意义。
> 3. 了解简单有理函数和三角有理函数的积分法,基本积分表的使用。

第一节 不定积分的概念与性质

一、原函数与不定积分

1. 原函数 设某物体做直线运动,已知路程函数由 $s=s(t)$ 给出,其中 t 是时间,s 是物体经过的路程,则可用微分法求得速度函数 $v(t)$,即 $v(t)=s'(t)$。

在实际问题中,也常需要解决相反的问题:已知物体运动的速度函数 $v(t)$,如何求路程函数 $s(t)$。可以说这个问题就是已知一个函数的导数或微分,要求原来的函数(可称为原函数)。这正是微分法的反问题。

下面,我们给出原函数的定义。

定义 4.1 设 $f(x)$ 是定义在某区间 I 上的一个函数,若存在函数 $F(x)$,在区间 I 上任何一点 x 都满足 $F'(x)=f(x)$ 或 $\mathrm{d}F(x)=f(x)\mathrm{d}x$,则称 $F(x)$ 为函数 $f(x)$ 在区间 I 上的一个**原函数**。

根据定义,求函数 $f(x)$ 的原函数,就是要求一个函数 $F(x)$,使它的导数 $F'(x)$ 等于 $f(x)$。

例如,在区间 $(-\infty,+\infty)$ 上,$(x^2)'=2x$,所以 x^2 是 $2x$ 在区间 $(-\infty,+\infty)$ 上的一个原函数,同理,$(\sin x)'=\cos x$,$\sin x$ 是 $\cos x$ 在区间 $(-\infty,+\infty)$ 上的一个原函数。$(\mathrm{e}^x)'=\mathrm{e}^x$,$\mathrm{e}^x$ 是 e^x 在区间 $(-\infty,+\infty)$ 上的一个原函数。

关于原函数首先要问:一个函数具备什么条件,能保证它的原函数一定存在? 这个问题将在下一章中讨论,这里先给出一个结论。

若函数 $f(x)$ 在区间 I 上连续,则在区间 I 上存在可导函数 $F(x)$,使得对任一 $x\in I$,都有 $F'(x)=f(x)$。

简单地说就是:连续函数一定有原函数。

下面还要说明的是:已知函数 $f(x)$ 有一个原函数 $F(x)$,函数 $f(x)$ 是否还有其他的原函数? 我们看下面的例子。

因为 $\left(\dfrac{1}{2}gt^2\right)'=gt$,所以某物体的运动规律 $s=\dfrac{1}{2}gt^2$(g 是常数)是速度 $v=gt$ 的原函数。

显然运动规律 $\frac{1}{2}gt^2+3$，$\frac{1}{2}gt^2-3$，$\frac{1}{2}gt^2+C$（C 是任意常数）也都是 $v=gt$ 的原函数，因为它们的导数都是 gt。

由上可知，若在某区间上 $f(x)$ 有原函数，则原函数不是唯一的。

一般地，有下面的定理：

定理 4.1 设 $F(x)$ 是函数 $f(x)$ 在区间 I 上的一个原函数，对于任意常数 C，则

(1) $F(x)+C$ 也是 $f(x)$ 的原函数；

(2) $f(x)$ 在区间 I 上任何一个原函数都可以表示成 $F(x)+C$ 的形式。

证 （1）由已知 $F'(x)=f(x)$，而 $[F(x)+C]'=F'(x)=f(x)$，所以 $F(x)+C$ 也是 $f(x)$ 的原函数。

（2）设 $\Phi(x)$ 是 $f(x)$ 在区间 I 上的任一原函数，即 $\Phi'(x)=f(x)$。由已知 $F'(x)=f(x)$，所以有 $[\Phi(x)-F(x)]'=\Phi'(x)-F'(x)=f(x)-f(x)=0$，根据拉格朗日中值定理的推论知 $\Phi(x)-F(x)=C$，即 $\Phi(x)=F(x)+C$，亦即函数 $f(x)$ 的任一原函数 $\Phi(x)$ 都可以表示成 $F(x)+C$ 的形式。

2. 不定积分的概念

定义 4.2 函数 $f(x)$ 的全体原函数 $F(x)+C$（C 是任意常数）称为函数 $f(x)$ 的**不定积分**，记作 $\int f(x)\mathrm{d}x$，即 $\int f(x)\mathrm{d}x=F(x)+C$。

其中"$\int$"称为积分号，$f(x)$ 称为**被积函数**，$f(x)\mathrm{d}x$ 称为**被积表达式**，x 称为**积分变量**，C 称为积分常数。

由定义可知，求一个函数的不定积分时，只要求出一个原函数，再加上积分常数 C 即可。

例如 $\int x^2\mathrm{d}x=\dfrac{x^3}{3}+C$，$\int \sin x\mathrm{d}x=-\cos x+C$，$\int\dfrac{1}{x}\mathrm{d}x=\ln|x|+C\quad(x\neq0)$

求已知函数的原函数的方法称为不定积分法或简称积分法。由于求原函数（或不定积分）与求导数是两种互逆的运算，于是称积分法是微分法的逆运算。

3. 不定积分的几何意义 设 $F(x)$ 是 $f(x)$ 的一个原函数，$y=F(x)$ 的图形称为 $f(x)$ 的一条积分曲线。

若 $y=F(x)$ 表示一条积分曲线，则 $F(x)+C$ 表示无穷多条积分曲线，这些积分曲线的全体称为函数 $f(x)$ 的积分曲线族。$\int f(x)\mathrm{d}x$ 的图像就是 $F(x)+C$ 表示的积分曲线族（图 4-1）。

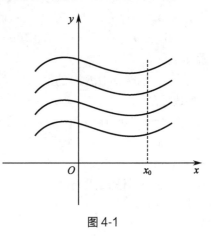

图 4-1

由于 $(F(x)+C)'=f(x)$，这就是说，在横坐标 x 相同的点处，所有积分曲线的切线彼此平行。积分曲线族中的任何一条曲线都可以由曲线 $y=F(x)$ 沿 y 轴上下平移一段距离 $|C|$ 得到。

例 1 已知曲线在点 (x,y) 处的切线斜率为 $2x$，且过点 $(1,3)$，求此曲线的方程。

解 设曲线方程为 $y=f(x)$。由题意可知

$$f'(x)=2x$$

即 $f(x)$ 是 $2x$ 的一个原函数，$2x$ 的全体原函数为

$$\int 2x\,\mathrm{d}x = x^2 + C \quad （C\text{ 为任意常数}）$$

故所求曲线是曲线族 $y=x^2+C$ 中的一条。由于曲线过点 $(1,3)$，代入有 $C=2$，于是所求的曲线方程为

$$y=x^2+2$$

二、不定积分的性质

由不定积分的定义，我们很容易得到如下的一些性质。

性质 1 $\dfrac{\mathrm{d}}{\mathrm{d}x}\displaystyle\int f(x)\,\mathrm{d}x = f(x)$ 或 $\mathrm{d}\displaystyle\int f(x)\,\mathrm{d}x = f(x)\,\mathrm{d}x$

性质 2 $\displaystyle\int f'(x)\,\mathrm{d}x = f(x) + C$ 或 $\displaystyle\int \mathrm{d}f(x) = f(x) + C$

注 性质 2 和性质 2 说明了微分运算与积分运算是互逆运算。

性质 3 若 $\displaystyle\int f(x)\,\mathrm{d}x = F(x) + C, u$ 为 x 的任何可微函数，则有

$$\int f(u)\,\mathrm{d}x = F(u) + C$$

注 此性质称为积分形式的不变性，可由微分形式不变性推之。

性质 4 $\displaystyle\int [f(x) \pm g(x)]\,\mathrm{d}x = \int f(x)\,\mathrm{d}x \pm \int g(x)\,\mathrm{d}x$

证 将上式右端求导得

$$\left[\int f(x)\,\mathrm{d}x \pm \int g(x)\,\mathrm{d}x\right]' = \left[\int f(x)\,\mathrm{d}x\right]' \pm \left[\int g(x)\,\mathrm{d}x\right]' = f(x) \pm g(x)$$

这表明 $\displaystyle\int f(x)\,\mathrm{d}x \pm \int g(x)\,\mathrm{d}x$ 是 $f(x) \pm g(x)$ 的原函数的全体，于是

$$\int [f(x) \pm g(x)]\,\mathrm{d}x = \int f(x)\,\mathrm{d}x \pm \int g(x)\,\mathrm{d}x$$

注 性质 4 可以推广到任意有限多个函数的代数和的情形：

$$\int [f_1(x) \pm f_2(x) \pm \cdots \pm f_n(x)]\,\mathrm{d}x = \int f_1(x)\,\mathrm{d}x \pm \int f_2(x)\,\mathrm{d}x \pm \cdots \pm \int f_n(x)\,\mathrm{d}x$$

性质 5 设 k 是常数，且 $k \neq 0$，则 $\displaystyle\int kf(x)\,\mathrm{d}x = k\int f(x)\,\mathrm{d}x$

第二节 不定积分的计算

一、直接积分法

1. 基本积分公式 由于求不定积分是求导数的逆运算，因此，我们可以从导数的基本公式逆过来，就得到相应的不定积分的基本公式。

（1）$\displaystyle\int 0\,\mathrm{d}x = C$

（2）$\displaystyle\int 1\,\mathrm{d}x = \int \mathrm{d}x = x + C$

（3）$\displaystyle\int x^\alpha\,\mathrm{d}x = \frac{x^{\alpha+1}}{\alpha+1} + C, (\alpha \neq -1)$

（4）$\displaystyle\int \frac{1}{x}\,\mathrm{d}x = \ln|x| + C$

（5）$\displaystyle\int e^x\,\mathrm{d}x = e^x + C$

（6）$\displaystyle\int a^x\,\mathrm{d}x = \frac{a^x}{\ln a} + C$（其中 $a>0$ 且 $a \neq 1$）

$(7)\int \sin x\mathrm{d}x=-\cos x+C$ $\qquad$ $(8)\int \cos x\mathrm{d}x=\sin x+C$

$(9)\int \dfrac{1}{\cos^2 x}\mathrm{d}x=\int \sec^2 x\mathrm{d}x=\tan x+C$ $\qquad$ $(10)\int \dfrac{1}{\sin^2 x}\mathrm{d}x=\int \csc^2 x\mathrm{d}x=-\cot x+C$

$(11)\int \dfrac{1}{\sqrt{1-x^2}}\mathrm{d}x=\arcsin x+C$ $\qquad$ $(12)\int \dfrac{1}{1+x^2}\mathrm{d}x=\arctan x+C$

$(13)\int \sec x\cdot \tan x\mathrm{d}x=\sec x+C$ $\qquad$ $(14)\int \csc x\cdot \cot x\mathrm{d}x=-\csc x+C$

2. 直接积分法 直接运用或经过适当恒等变形后运用基本积分公式和不定积分的性质进行积分的方法,称为直接积分法。

例2 求 $\int \dfrac{x^3-3x^2+2x}{x^2}\mathrm{d}x$。

解 $\int \dfrac{x^3-3x^2+2x}{x^2}\mathrm{d}x=\int \left(x-3+\dfrac{2}{x}\right)\mathrm{d}x=\int x\mathrm{d}x-3\int \mathrm{d}x+2\int \dfrac{1}{x}\mathrm{d}x$

$$=\dfrac{1}{2}x^2-3x+2\ln|x|+C$$

注 在各项积分后,每个不定积分的结果都含有任意常数。但因任意常数的和仍然是任意常数,所以只要总地写一个任意常数即可。

例3 求 $\int \left(x-\sqrt{x}\right)^2\mathrm{d}x$。

解 $\int \left(x-\sqrt{x}\right)^2\mathrm{d}x=\int \left(x^2-2x\sqrt{x}+x\right)\mathrm{d}x$

$$=\int x^2\mathrm{d}x-2\int x^{\frac{3}{2}}\mathrm{d}x+\int x\mathrm{d}x$$

$$=\dfrac{1}{3}x^3-\dfrac{4}{5}x^{\frac{5}{2}}+\dfrac{1}{2}x^2+C$$

例4 求 $\int \dfrac{x^2}{1+x^2}\mathrm{d}x$。

解 $\int \dfrac{x^2}{1+x^2}\mathrm{d}x=\int \dfrac{x^2+1-1}{1+x^2}\mathrm{d}x=\int \left(1-\dfrac{1}{1+x^2}\right)\mathrm{d}x=\int \mathrm{d}x-\int \dfrac{1}{1+x^2}\mathrm{d}x$

$$=x-\arctan x+C$$

例5 求 $\int \dfrac{\cos 2x}{\cos x-\sin x}\mathrm{d}x$。

解 $\int \dfrac{\cos 2x}{\cos x-\sin x}\mathrm{d}x=\int \dfrac{\cos^2 x-\sin^2 x}{\cos x-\sin x}\mathrm{d}x$

$$=\int \left(\cos x+\sin x\right)\mathrm{d}x=\int \cos x\mathrm{d}x+\int \sin x\mathrm{d}x$$

$$=\sin x-\cos x+C$$

例6 求 $\int \dfrac{1}{\sin^2 x\cos^2 x}\mathrm{d}x$。

解 原式 $=\int \dfrac{\sin^2 x+\cos^2 x}{\sin^2 x\cos^2 x}\mathrm{d}x=\int \sec^2 x\mathrm{d}x+\int \csc^2 x\mathrm{d}x=\tan x-\cot x+C$

例 7 求 $\int \cos^2 \dfrac{t}{2} \mathrm{d}t$。

解 $\int \cos^2 \dfrac{t}{2} \mathrm{d}t = \int \dfrac{1+\cos t}{2} \mathrm{d}t = \dfrac{1}{2} \int \mathrm{d}t + \dfrac{1}{2} \int \cos t \mathrm{d}t = \dfrac{1}{2}t + \dfrac{1}{2}\sin t + C$

注 从上述计算中可以看出积分运算是求导数运算的逆过程,因此,检验积分结果正确与否,只要把结果求导,看导数是否等于被积函数。若相等,积分正确,否则不正确。

二、换元积分法

利用基本积分公式与性质,虽然能求出一些函数的不定积分,但能求的不定积分是非常有限的。为了求出更多初等函数的不定积分,我们还需要掌握其他积分法。

首先介绍不定积分的换元积分法。

所谓换元积分法就是将积分变量作适当的变换,使被积式化成与某一基本公式相同的形式,从而求得原函数。它是把复合函数求导法则反过来使用的一种积分法。一般来说,换元积分法分为两类:第一类换元法和第二类换元法。

1. 第一类换元法(凑微分法) 考察不定积分:$\int \cos 2x \mathrm{d}x$

被积函数 $\cos 2x$ 是 x 的复合函数,基本积分公式表中没有 $\int \cos 2x \mathrm{d}x$ 这样的积分公式,但我们可以把该积分化成某个积分公式的形式。

$$\int \cos 2x \mathrm{d}x = \int \cos 2x \cdot \dfrac{1}{2} \mathrm{d}(2x) = \dfrac{1}{2} \int \cos 2x \mathrm{d}(2x)$$

$$\xlongequal{2x=u} \dfrac{1}{2} \int \cos u \mathrm{d}u = \dfrac{1}{2}\sin u + C$$

$$\xlongequal{u=2x} \dfrac{1}{2}\sin 2x + C$$

这种先"凑"微分式,再作变换的积分方法叫凑微分法。一般来说,我们有以下定理。

定理 4.2(第一类换元积分法) 若已知

$$\int f(u) \mathrm{d}u = F(u) + C \tag{4-1}$$

$u = \phi(x)$ 可微,则有

$$\int f[\phi(x)]\phi'(x) \mathrm{d}x = F[\phi(x)] + C \tag{4-2}$$

证 只需证(4-2)式右端的导数等于左端的被积函数。由复合函数的求导公式,有

$\{F[\phi(x)+C]\}' \xlongequal{u=\phi(x)} F'(u) u_x' = f(u)\phi'(x) = f[\phi(x)]\phi'(x)$ 证毕。

把(1)式和(2)式联系起来,定理 4.2 还可以写成下面便于应用的形式:

$$\int f[\phi(x)]\phi'(x)\mathrm{d}x = \int f[\phi(x)]\mathrm{d}\phi(x) \xlongequal{\phi(x)=u} \int f(u)\mathrm{d}u = F(u) + C$$

$$\xlongequal{u=\phi(x)} F[\phi(x)] + C$$

例 8 求 $\int \sin(\omega x + \varphi)\mathrm{d}x (\omega, \varphi$ 均为常数)。

解 $\int \sin(\omega x + \varphi)\mathrm{d}x = \dfrac{1}{\omega} \int \sin(\omega x + \varphi)\mathrm{d}(\omega x + \varphi)$

$$= \dfrac{1}{\omega} \int \sin u \mathrm{d}u = -\dfrac{1}{\omega}\cos u + C = -\dfrac{1}{\omega}\cos(\omega x + \varphi) + C$$

例9 求 $\int \dfrac{x}{\sqrt{1+x^2}}\mathrm{d}x$。

解
$$\int \dfrac{x}{\sqrt{1+x^2}}\mathrm{d}x = \dfrac{1}{2}\int \dfrac{1}{\sqrt{1+x^2}}\mathrm{d}(1+x^2)$$
$$= \dfrac{1}{2}\int \dfrac{1}{\sqrt{u}}\mathrm{d}u = \sqrt{u}+C = \sqrt{1+x^2}+C$$

注 凑微分的方法,使用较熟练后,可以略去中间换元的步骤。

例10 求 $\int \dfrac{\mathrm{d}x}{a^2+x^2}$。

解
$$\int \dfrac{\mathrm{d}x}{a^2+x^2} = \dfrac{1}{a^2}\int \dfrac{1}{1+\left(\dfrac{x}{a}\right)^2}\mathrm{d}x = \dfrac{1}{a}\int \dfrac{\mathrm{d}\left(\dfrac{x}{a}\right)}{1+\left(\dfrac{x}{a}\right)^2} = \dfrac{1}{a}\arctan\dfrac{x}{a}+C$$

例11 求 $\int \dfrac{\mathrm{d}x}{\sqrt{a^2-x^2}}$。

解
$$\int \dfrac{\mathrm{d}x}{\sqrt{a^2-x^2}} = \int \dfrac{\mathrm{d}\left(\dfrac{x}{a}\right)}{\sqrt{1-\left(\dfrac{x}{a}\right)^2}} = \arcsin\dfrac{x}{a}+C$$

例12 求 $\int \tan x\,\mathrm{d}x$。

解
$$\int \tan x\,\mathrm{d}x = \int \dfrac{\sin x}{\cos x}\mathrm{d}x = -\int \dfrac{(\cos x)'}{\cos x}\mathrm{d}x = -\int \dfrac{\mathrm{d}(\cos x)}{\cos x} = -\ln|\cos x|+C$$

同理可得
$$\int \cot x\,\mathrm{d}x = \ln|\sin x|+C$$

例13 求 $\int \sin^2 x\cos^3 x\,\mathrm{d}x$。

解
$$\int \sin^2 x\cos^3 x\,\mathrm{d}x = \int \sin^2 x\cos^2 x\cdot \cos x\,\mathrm{d}x = \int \sin^2 x(1-\sin^2 x)\mathrm{d}(\sin x)$$
$$= \int (\sin^2 x-\sin^4 x)\mathrm{d}(\sin x)$$
$$= \dfrac{1}{3}\sin^3 x - \dfrac{1}{5}\sin^5 x+C$$

例14 求 $\int \dfrac{\sqrt{\ln x}}{x}\mathrm{d}x$。

解
$$\int \dfrac{\sqrt{\ln x}}{x}\mathrm{d}x = \int \sqrt{\ln x}\,\mathrm{d}(\ln x) = \dfrac{2}{3}(\ln x)^{\frac{3}{2}}+C$$

例15 求 $\int \dfrac{\sin\sqrt{x}}{\sqrt{x}}\mathrm{d}x$。

解
$$\int \dfrac{\sin\sqrt{x}}{\sqrt{x}}\mathrm{d}x = 2\int \sin\sqrt{x}\,\mathrm{d}(\sqrt{x}) = -2\cos\sqrt{x}+C$$

例16 求 $\int \csc x\,\mathrm{d}x$。

解 方法 1：$\displaystyle\int\frac{1}{\sin x}\mathrm{d}x=\int\frac{\sin x}{\sin^2 x}\mathrm{d}x=-\int\frac{1}{1-\cos^2 x}\mathrm{d}(\cos x)=\int\frac{1}{\cos^2 x-1}\mathrm{d}(\cos x)$

$$=\frac{1}{2}\ln\left|\frac{1-\cos x}{1+\cos x}\right|+C=\frac{1}{2}\ln\left|\frac{1-\cos x}{\sin x}\right|^2+C$$

$$=\ln\left|\frac{1-\cos x}{\sin x}\right|+C$$

$$=\ln\left|\csc x-\cot x\right|+C$$

方法 2：$\displaystyle\int\csc x\mathrm{d}x=\int\frac{1}{\sin x}\mathrm{d}x$

$$=\int\frac{1}{\sin\frac{x}{2}\cos\frac{x}{2}}\mathrm{d}\left(\frac{x}{2}\right)=\int\frac{1}{\tan\frac{x}{2}\cos^2\frac{x}{2}}\mathrm{d}\left(\frac{x}{2}\right)$$

$$=\int\frac{1}{\tan\frac{x}{2}}\mathrm{d}\left(\tan\frac{x}{2}\right)=\ln\left|\tan\frac{x}{2}\right|+C$$

注 从表面上看，方法 1 和方法 2 所得的结果似乎不一样，现比较此二结果，由三角公式，有$\dfrac{1-\cos x}{\sin x}=\dfrac{2\sin^2\frac{x}{2}}{2\sin\frac{x}{2}\cos\frac{x}{2}}=\tan\frac{x}{2}$，所以方法 1、2 所得结果相同。

利用上面结果，可求出$\displaystyle\int\sec x\mathrm{d}x$。

$$\int\sec x\mathrm{d}x=\int\frac{\mathrm{d}x}{\cos x}=\int\frac{\mathrm{d}\left(x+\frac{\pi}{2}\right)}{\sin\left(x+\frac{\pi}{2}\right)}$$

$$=\ln\left|\csc\left(x+\frac{\pi}{2}\right)-\cot\left(x+\frac{\pi}{2}\right)\right|+C=\ln|\sec x+\tan x|+C$$

例 17 求$\displaystyle\int\frac{\mathrm{d}x}{x^2+2x+3}$。

解 $\displaystyle\int\frac{\mathrm{d}x}{x^2+2x+3}=\int\frac{\mathrm{d}x}{(x+1)^2+2}$

$$=\frac{1}{2}\int\frac{\sqrt{2}\cdot\mathrm{d}\left(\frac{x+1}{\sqrt{2}}\right)}{\left(\frac{x+1}{\sqrt{2}}\right)^2+1}=\frac{1}{\sqrt{2}}\arctan\left(\frac{x+1}{\sqrt{2}}\right)+C$$

例 18 求$\displaystyle\int\frac{\mathrm{d}x}{\sqrt{4x-x^2}}$。

解 $\displaystyle\int\frac{\mathrm{d}x}{\sqrt{4x-x^2}}=\int\frac{\mathrm{d}x}{\sqrt{4-(x-2)^2}}$

$$=\frac{1}{2}\int\frac{2\cdot\mathrm{d}\left(\frac{x-2}{2}\right)}{\sqrt{1-\left(\frac{x-2}{2}\right)^2}}=\arcsin\left(\frac{x-2}{2}\right)+C$$

注 凑微分的目的是便于使用公式,根据以上例子,我们小结一下常用的几种凑微分的公式:

$(1)\ \int f(ax+b)\,\mathrm{d}x=\dfrac{1}{a}\int f(ax+b)\,\mathrm{d}(ax+b)\quad(a\neq0)$

$(2)\ \int xf(x^2)\,\mathrm{d}x=\dfrac{1}{2}\int f(x^2)\,\mathrm{d}(x^2)$

$(3)\ \int\dfrac{f(\ln x)}{x}\,\mathrm{d}x=\int f(\ln x)\,\mathrm{d}(\ln x)$

$(4)\ \int f(\sin x)\cos x\,\mathrm{d}x=\int f(\sin x)\,\mathrm{d}(\sin x)$

此外还有:

$(5)\ \int \mathrm{e}^x f(\mathrm{e}^x)\,\mathrm{d}x=\int f(\mathrm{e}^x)\,\mathrm{d}(\mathrm{e}^x)$

$(6)\ \int\dfrac{f(\tan x)}{\cos^2 x}\,\mathrm{d}x=\int f(\tan x)\,\mathrm{d}(\tan x)$

$(7)\ \int\dfrac{f(\arctan x)}{1+x^2}\,\mathrm{d}x=\int f(\arctan x)\,\mathrm{d}(\arctan x)$

$(8)\ \int\dfrac{f(\arcsin x)}{\sqrt{1-x^2}}\,\mathrm{d}x=\int f(\arcsin x)\,\mathrm{d}(\arcsin x)$

2. 第二类换元法　上面已经讲了第一类换元法,它是利用凑微分 $\phi'(x)\,\mathrm{d}x=\mathrm{d}[\phi(x)]$ 的方法,把一个较复杂的积分 $\int f[\phi(x)]\phi'(x)\,\mathrm{d}x$ 化成较简单的、可以使用直接积分法的形式:

$$\int f[\phi(x)]\phi'(x)\,\mathrm{d}x \overset{u=\phi(x)}{=\!=\!=} \int f(u)\,\mathrm{d}u \tag{4-3}$$

但是,有时不易找出凑微分式,却可以设法作一个代换 $x=\phi(t)$,把积分 $\int f(x)\,\mathrm{d}x$ 化成 $\int f[\phi(t)]\phi'(t)\,\mathrm{d}t$ 的形式。如果后者容易积分,问题就解决了。这相当于从相反的方向运用公式(4-3)。

定理 4.3(第二类换元积分法)　设 $x=\phi(t)$ 单调可微,且 $\phi'(t)\neq0$,若

$$\int f[\phi(t)]\phi'(t)\,\mathrm{d}t=\varPhi(t)+C \tag{4-4}$$

则

$$\int f(x)\,\mathrm{d}x=\varPhi[\phi^{-1}(x)]+C \tag{4-5}$$

证　只需证明(4-5)式右端对 x 的导数等于左端的被积函数。

由(4-4)式已知 $\varPhi'(t)=f[\phi(t)]\phi'(t)$,又由复合函数微分法及反函数微分法,有

$$\{\varPhi[\phi^{-1}(x)]\}'=\varPhi'(t)\cdot t'_x$$

$$=f[\phi(t)]\phi'(t)\cdot\dfrac{1}{\phi'(t)}$$

$$=f[\phi(t)]\overset{\phi(t)=x}{=\!=\!=}f(x)$$

于是(4-5)式成立。

将(4-4)式和(4-5)式联系起来,定理 4.3 还可以写成以下便于应用的形式:

$$\int f(x)\,\mathrm{d}x\overset{x=\phi(t)}{=\!=\!=}\int f[\phi(t)]\phi'(t)\,\mathrm{d}t=\varPhi(t)+C=\varPhi[\phi^{-1}(x)]+C$$

例 19　求 $\int \dfrac{\mathrm{d}x}{1+\sqrt{x}}$。

解　设 $\sqrt{x}=t$，则 $x=t^2$，$\mathrm{d}x=2t\mathrm{d}t$，于是

$$\int \frac{\mathrm{d}x}{1+\sqrt{x}}=\int \frac{2t\mathrm{d}t}{1+t}=2\int\left(1-\frac{1}{1+t}\right)\mathrm{d}t=2\left(\int \mathrm{d}t-\int \frac{\mathrm{d}t}{1+t}\right)$$

$$=2\left(t-\ln|1+t|\right)+C=2\left[\sqrt{x}-\ln\left(1+\sqrt{x}\right)\right]+C$$

例 20　求 $\int \dfrac{x-1}{\sqrt[3]{3x+1}}\mathrm{d}x$。

解　设 $\sqrt[3]{3x+1}=u$，则 $x=\dfrac{u^3-1}{3}$，$\mathrm{d}x=u^2\mathrm{d}u(u\neq 0)$，于是

$$\text{原式}=\int \frac{\dfrac{u^3-1}{3}-1}{u}u^2\mathrm{d}u$$

$$=\frac{1}{3}\int(u^4-4u)\,\mathrm{d}u=\frac{1}{3}\left(\frac{1}{5}u^5-2u^2\right)+C=\frac{1}{15}u^5-\frac{2}{3}u^2+C$$

$$=\frac{1}{15}(3x+1)^{\frac{5}{3}}-\frac{2}{3}(3x+1)^{\frac{2}{3}}+C$$

注　通过以上两例可以看出，当被积函数含有一次根式 $\sqrt[n]{ax+b}$ 时，只需作代换 $ax+b=t^n$，就可将根号去掉。

下面介绍被积函数含有二次根式 $\sqrt{a^2-x^2}$，$\sqrt{a^2+x^2}$，$\sqrt{x^2-a^2}$ 时，作代换的方法。

回忆几个三角恒等式：

$$1-\sin^2 t=\cos^2 t,\ 1+\tan^2 t=\sec^2 t,\ \sec^2 t-1=\tan^2 t$$

可见，对于上述形式的二次根式，如果作三角代换，便可以把两平方和/或平方差化为某一个函数的完全平方，从而将根号去掉。

例 21　求 $\int \sqrt{a^2-x^2}\,\mathrm{d}x(a>0)$。

解　设 $x=a\sin u\left(-\dfrac{\pi}{2}<u<\dfrac{\pi}{2}\right)$，则

$$\sqrt{a^2-x^2}=a\cos u,\ \text{而 }\mathrm{d}x=a\cos u\mathrm{d}u$$

$$\text{原式}=a^2\int \cos^2 u\mathrm{d}u=a^2\int \frac{1+\cos 2u}{2}\mathrm{d}u$$

$$=\frac{a^2}{2}\left[u+\frac{1}{2}\sin 2u\right]+C=\frac{a^2}{2}\left[u+\sin u\cos u\right]+C$$

为了将新变量 u 还原成 x，借助图 4-2 的直角三角形，得

$$\sin u=\frac{x}{a},\ \cos u=\frac{\sqrt{a^2-x^2}}{a}$$

所以　　$\displaystyle\int \sqrt{a^2-x^2}\,\mathrm{d}x=\frac{x}{2}\sqrt{a^2-x^2}+\frac{a^2}{2}\arcsin\frac{x}{a}+C$

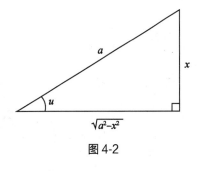

图 4-2

例 22　求 $\int \dfrac{1}{\sqrt{a^2+x^2}}\mathrm{d}x$。

解 设 $x=a\tan u,\left(-\dfrac{\pi}{2}<u<\dfrac{\pi}{2}\right)$，则 $u=\arctan\dfrac{x}{a}$，$\mathrm{d}x=a\sec^2 u\mathrm{d}u$，于是有

$$\int\frac{1}{\sqrt{a^2+x^2}}\mathrm{d}x = \int\frac{1}{a\sec u}a\sec^2 u\mathrm{d}u$$

$$= \int\sec u\mathrm{d}t = \ln|\sec u+\tan u|+C_1$$

为了将新变量 u 还原成 x，借助图 4-3 的直角三角形，得

$$\tan u=\frac{x}{a},\ \sec u=\frac{\sqrt{x^2+a^2}}{a}$$

所以
$$\int\frac{1}{\sqrt{a^2+x^2}}\mathrm{d}x = \ln\left|\frac{\sqrt{x^2+a^2}}{a}+\frac{x}{a}\right|+C_1 = \ln\left|\sqrt{x^2+a^2}+x\right|+C$$

例 23 求 $\int\dfrac{1}{\sqrt{x^2-a^2}}\mathrm{d}x$。

解 设 $x=a\sec u\left(0<u<\dfrac{\pi}{2}\right)$，则 $\mathrm{d}x=a\sec u\tan u\mathrm{d}u$，于是有

$$\int\frac{1}{\sqrt{x^2-a^2}}\mathrm{d}x = \int\frac{a\sec u\tan u}{a\tan u}\mathrm{d}u$$

$$= \int\sec u\mathrm{d}u = \ln|\sec u+\tan u|+C_1$$

为了将新变量 u 还原成 x，借助图 4-4 的直角三角形，得

$$\sec u=\frac{x}{a},\ \tan u=\frac{\sqrt{x^2-a^2}}{a}$$

所以
$$\int\frac{1}{\sqrt{x^2-a^2}}\mathrm{d}x = \ln\left|\frac{x}{a}+\frac{\sqrt{x^2-a^2}}{a}\right|+C_1 = \ln\left|x+\sqrt{x^2-a^2}\right|+C$$

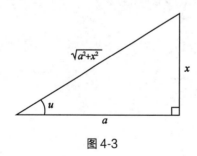

图 4-3

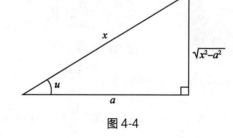

图 4-4

例 24 求 $\int\dfrac{\mathrm{d}x}{x\sqrt{4-x^2}}$。

解 方法 1：设 $x=2\sin u\left(-\dfrac{\pi}{2}<u<\dfrac{\pi}{2}\right)$，则 $\mathrm{d}x=2\cos u\mathrm{d}u$，于是

$$\int\frac{\mathrm{d}x}{x\sqrt{4-x^2}} = \int\frac{2\cos u\mathrm{d}u}{2\sin u\cdot 2\cos u} = \frac{1}{2}\int\frac{\mathrm{d}u}{\sin u} = \frac{1}{2}\ln|\csc u-\cot u|+C$$

$$= \frac{1}{2}\ln\left|\frac{2}{x}-\frac{\sqrt{4-x^2}}{x}\right|+C$$

方法2：设 $x=\dfrac{1}{u}(u>0)$，则 $\mathrm{d}x=-\dfrac{1}{u^2}\mathrm{d}u$，于是

$$
原式=\int\frac{-\dfrac{1}{u^2}\mathrm{d}u}{\dfrac{1}{u}\sqrt{4-\left(\dfrac{1}{u}\right)^2}}=-\int\frac{\mathrm{d}u}{\sqrt{4u^2-1}}=-\frac{1}{2}\int\frac{\mathrm{d}(2u)}{\sqrt{4u^2-1}}
$$

$$
=-\frac{1}{2}\ln\left|2u+\sqrt{4u^2-1}\right|+C
$$

$$
=-\frac{1}{2}\ln\left|\frac{2}{x}+\frac{\sqrt{4-x^2}}{x}\right|+C
$$

$$
=-\frac{1}{2}\ln\left|\frac{2+\sqrt{4-x^2}}{x}\right|+C
$$

例 25 求 $\displaystyle\int\frac{\mathrm{d}x}{\sqrt{16x^2+8x+5}}$。

解 $\displaystyle\int\frac{\mathrm{d}x}{\sqrt{16x^2+8x+5}}=\frac{1}{4}\int\frac{\mathrm{d}(4x+1)}{\sqrt{(4x+1)^2+4}}$

$$
=\frac{1}{4}\int\frac{\mathrm{d}t}{\sqrt{t^2+2^2}}=\frac{1}{4}\ln\left|t+\sqrt{t^2+2^2}\right|+C
$$

$$
=\frac{1}{4}\ln\left|4x+1+\sqrt{16x^2+8x+5}\right|+C
$$

上面例题中，有 8 个典型例题可作为补充的积分公式，在解题过程中可直接引用。

(9) $\displaystyle\int\sec x\,\mathrm{d}x=\ln\left|\sec x+\tan x\right|+C$

(10) $\displaystyle\int\csc x\,\mathrm{d}x=\ln\left|\csc x-\cot x\right|+C$

(11) $\displaystyle\int\frac{\mathrm{d}x}{x^2+a^2}=\frac{1}{a}\arctan\frac{x}{a}+C$

(12) $\displaystyle\int\frac{\mathrm{d}x}{x^2-a^2}=\frac{1}{2a}\ln\left|\frac{x-a}{x+a}\right|+C$

(13) $\displaystyle\int\frac{\mathrm{d}x}{\sqrt{a^2-x^2}}=\arcsin\frac{x}{a}+C$

(14) $\displaystyle\int\frac{\mathrm{d}x}{\sqrt{x^2\pm a^2}}=\ln\left|x+\sqrt{x^2\pm a^2}\right|+C$

(15) $\displaystyle\int\sqrt{a^2-x^2}\,\mathrm{d}x=\frac{x}{2}\sqrt{a^2-x^2}+\frac{a^2}{2}\arcsin\frac{x}{a}+C$

(16) $\displaystyle\int\sqrt{x^2\pm a^2}\,\mathrm{d}x=\frac{x}{2}\sqrt{x^2\pm a^2}\pm\frac{a^2}{2}\ln\left|x+\sqrt{x^2\pm a^2}\right|+C$

三、分部积分法

前面介绍的直接积分法和换元积分法，还不能解决所有的不定积分问题。如 $\displaystyle\int x\ln x\,\mathrm{d}x$、

$\int xe^x \mathrm{d}x$、$\int e^x \sin x \mathrm{d}x$ 等,这种积分的被积函数是两种不同类型函数的乘积。既然积分法是微分法的逆运算,我们就可以把函数乘积的微分公式转化为函数乘积的积分公式。

定理 4.4(分部积分法) 设函数 $u = u(x)$,$v = v(x)$ 都是可微函数,并且 $u'(x)v(x)$ 及 $u(x)v'(x)$ 都有原函数,则分部积分公式

$$\int u(x)v'(x)\mathrm{d}x = u(x)v(x) - \int v(x)u'(x)\mathrm{d}x$$

证 两函数乘积的求导公式为 $[u(x)v(x)]' = u'(x)v(x) + u(x)v'(x)$

移项得 $u(x)v'(x) = [u(x)v(x)]' - u'(x)v(x)$

等式两边求不定积分,便得到分部积分公式

$$\int u(x)v'(x)\mathrm{d}x = u(x)v(x) - \int v(x)u'(x)\mathrm{d}x \quad \text{或} \quad \int u\mathrm{d}v = u \cdot v - \int v\mathrm{d}u$$

注 (1)运用分部积分公式的关键是 u 与 $\mathrm{d}v$ 的选择要得当,否则可能会使问题越来越烦琐。

(2)用一次分部积分公式不能计算出结果时,还需要再次运用分部积分公式。多次使用分部积分公式时,前后选择做 u 的函数类型要一致。

下面举例来说明如何运用分部积分公式。

例 26 求 $\int xe^x \mathrm{d}x$。

解 令 $u = x$,$\mathrm{d}v = e^x \mathrm{d}x = \mathrm{d}e^x$,$\mathrm{d}u = \mathrm{d}x$,$v = e^x$

原式 $= \int x\mathrm{d}e^x = xe^x - \int e^x \mathrm{d}x = xe^x - e^x + C = (x-1)e^x + C$

一般地,当被积函数是多项式与指数函数的乘积或多项式与正(余)弦函数的乘积时,选择多项式为 u,这样经过求 $\mathrm{d}u$,可以降低多项式的次数。

分部积分的方法熟练以后,u 与 $\mathrm{d}v$ 的选取过程可以不必写出来。

例 27 求 $\int x^2 \cos x \mathrm{d}x$。

解
$$\begin{aligned}
\int x^2 \cos x \mathrm{d}x &= \int x^2 \mathrm{d}\sin x = x^2 \sin x - \int \sin x \mathrm{d}(x^2) \\
&= x^2 \sin x - 2\int x\sin x \mathrm{d}x \\
&= x^2 \sin x + 2\int x\mathrm{d}(\cos x) \\
&= x^2 \sin x + 2x\cos x - 2\int \cos x \mathrm{d}x \\
&= x^2 \sin x + 2x\cos x - 2\sin x + C \\
&= (x^2 - 2)\sin x + 2x\cos x + C
\end{aligned}$$

当被积函数是对数函数或反三角函数与其他函数的乘积时,一般可选对数函数或反三角函数为 u,经过求 $\mathrm{d}u$ 将其转化为代数函数的形式。

例 28 求 $\int \ln x \mathrm{d}x$。

解
$$\begin{aligned}
\int \ln x \mathrm{d}x &= x\ln x - \int x\mathrm{d}(\ln x) \\
&= x\ln x - \int \mathrm{d}x \\
&= x\ln x - x + C
\end{aligned}$$

例 29 求 $\int x\arctan x\,\mathrm{d}x$。

解 $\displaystyle\int x\arctan x\,\mathrm{d}x = \frac{1}{2}\int \arctan x\,\mathrm{d}x^2$

$\displaystyle\qquad\qquad\qquad = \frac{1}{2}x^2\arctan x - \frac{1}{2}\int x^2\mathrm{d}(\arctan x)$

$\displaystyle\qquad\qquad\qquad = \frac{1}{2}x^2\arctan x - \frac{1}{2}\int \frac{x^2}{1+x^2}\mathrm{d}x$

$\displaystyle\qquad\qquad\qquad = \frac{1}{2}x^2\arctan x - \frac{1}{2}(x-\arctan x)+C$

$\displaystyle\qquad\qquad\qquad = \frac{1}{2}(x^2+1)\arctan x - \frac{1}{2}x+C$

当被积函数是指数函数与正（余）弦函数的乘积时，两者均可选为 u。

例 30 求 $\int \mathrm{e}^x\sin x\,\mathrm{d}x$。

解 $\displaystyle\int \mathrm{e}^x\sin x\,\mathrm{d}x = \int \mathrm{e}^x\mathrm{d}(-\cos x)$

$\displaystyle\qquad\qquad\qquad = -\mathrm{e}^x\cos x + \int \cos x\,\mathrm{d}\mathrm{e}^x$

$\displaystyle\qquad\qquad\qquad = -\mathrm{e}^x\cos x + \int \mathrm{e}^x\cos x\,\mathrm{d}x$

$\displaystyle\qquad\qquad\qquad = -\mathrm{e}^x\cos x + \int \mathrm{e}^x\mathrm{d}(\sin x)$

$\displaystyle\qquad\qquad\qquad = -\mathrm{e}^x\cos x + \mathrm{e}^x\sin x - \int \sin x\,\mathrm{d}\mathrm{e}^x$

$\displaystyle\qquad\qquad\qquad = \mathrm{e}^x(\sin x-\cos x) - \int \mathrm{e}^x\sin x\,\mathrm{d}x$

所以 $\displaystyle\int \mathrm{e}^x\sin x\,\mathrm{d}x = \frac{1}{2}\mathrm{e}^x(\sin x-\cos x)+C$

注 本题也可将被积表达式写成 $\sin x\,\mathrm{d}\mathrm{e}^x$，运算结果相同。

例 31 求 $\int \sqrt{x^2\pm a^2}\,\mathrm{d}x$。

解 $\displaystyle\int \sqrt{x^2\pm a^2}\,\mathrm{d}x = x\sqrt{x^2\pm a^2} - \int x\,\mathrm{d}\sqrt{x^2\pm a^2}$

$\displaystyle\qquad\qquad\qquad = x\sqrt{x^2\pm a^2} - \int \frac{x^2}{\sqrt{x^2\pm a^2}}\mathrm{d}x$

$\displaystyle\qquad\qquad\qquad = x\sqrt{x^2\pm a^2} - \int \frac{x^2\pm a^2\mp a^2}{\sqrt{x^2\pm a^2}}\mathrm{d}x$

$\displaystyle\qquad\qquad\qquad = x\sqrt{x^2\pm a^2} - \int \sqrt{x^2\pm a^2}\,\mathrm{d}x\pm a^2\int \frac{\mathrm{d}x}{\sqrt{x^2\pm a^2}}$

移项后再两端除以 2，得

$$\int \sqrt{x^2\pm a^2}\,\mathrm{d}x = \frac{1}{2}\left[x\sqrt{x^2\pm a^2}\pm a^2\int \frac{\mathrm{d}x}{\sqrt{x^2\pm a^2}}\right]$$

$$= \frac{x\sqrt{x^2\pm a^2}}{2}\pm\frac{a^2}{2}\ln\left|x+\sqrt{x^2\pm a^2}\right|+C$$

例 32 已知 $\arcsin x$ 是 $f(x)$ 的一个原函数，求不定积分 $\int xf'(x)\,\mathrm{d}x$。

解 由已知 $f(x) = (\arcsin x)' = \dfrac{1}{\sqrt{1-x^2}}$，于是

$$\int xf'(x)\,\mathrm{d}x = \int x\,\mathrm{d}f(x) = xf(x) - \int f(x)\,\mathrm{d}x = \frac{x}{\sqrt{1-x^2}} - \arcsin x + C$$

四、有理函数与三角有理函数的积分简介

1. 有理函数的积分 有理函数是指由两个多项式的商所表示的函数，即具有如下形式的函数：

$$\frac{P(x)}{Q(x)} = \frac{a_0 x^n + a_1 x^{n-1} + \cdots + a_{n-1}x + a_n}{b_0 x^m + b_1 x^{m-1} + \cdots + b_{m-1}x + b_m} \tag{4-6}$$

其中 m 和 n 都是非负整数；$a_0, a_1, a_2, \cdots, a_n$ 及 $b_0, b_1, b_2, \cdots, b_m$ 为常数，并且 $a_0 \neq 0, b_0 \neq 0$。

若分子多项式 $P(x)$ 的次数 n 小于分母多项式 $Q(x)$ 的次数 m，称分式为真分式；如果分子多项式 $P(x)$ 的次数 n 大于等于分母多项式 $Q(x)$ 的次数 m，称分式为假分式。

利用多项式除法可得，任一假分式可转化为一个多项式与一个真分式之和。例如：

$$\frac{x^3 + x + 1}{x^2 + 1} = x + \frac{1}{x^2 + 1}$$

因此，我们仅讨论真分式的积分。

根据多项式理论，如果多项式 $Q(x)$ 在实数范围内能分解为一次因式和二次质因式的乘积，如

$$Q(x) = b_0 (x-a)^\alpha \cdots (x-b)^\beta (x^2 + px + q)^\lambda \cdots (x^2 + rx + s)^\mu \tag{4-7}$$

（其中 $p^2 - 4q < 0, \cdots, r^2 - 4s < 0$），则式（4-6）可分解为

$$\begin{aligned}
\frac{P(x)}{Q(x)} =\ & \frac{A_1}{(x-a)^\alpha} + \frac{A_2}{(x-a)^{\alpha-1}} + \cdots + \frac{A_\alpha}{(x-a)} \\
& \cdots\cdots \\
& + \frac{B_1}{(x-b)^\beta} + \frac{B_2}{(x-b)^{\beta-1}} + \cdots + \frac{B_\beta}{(x-b)} \\
& + \frac{M_1 x + N_1}{(x^2 + px + q)^\lambda} + \frac{M_2 x + N_2}{(x^2 + px + q)^{\lambda-1}} + \cdots + \frac{M_\lambda x + N_\lambda}{(x^2 + px + q)} \\
& \cdots\cdots \\
& + \frac{R_1 x + S_1}{(x^2 + rx + s)^\mu} + \frac{R_2 x + S_2}{(x^2 + rx + s)^{\mu-1}} + \cdots + \frac{R_\mu x + S_\mu}{(x^2 + rx + s)}
\end{aligned} \tag{4-8}$$

其中 $A_i, \cdots, B_i, M_i, N_i, \cdots, R_i$ 及 S_i 等都是常数。

例如，真分式 $\dfrac{x+3}{x^2 - 5x + 6} = \dfrac{x+3}{(x-2)(x-3)}$，可分解成

$$\frac{x+3}{(x-2)(x-3)} = \frac{A}{x-2} + \frac{B}{x-3}$$

其中 A, B 为待定常数，可用如下的方法求出待定系数。

方法 1：两端去分母后，得 $x + 3 = A(x-3) + B(x-2)$ $\tag{4-9}$

或 $\qquad\qquad\qquad\qquad x + 3 = (A+B)x - (3A + 2B)$

等式两端 x 的系数和常系数分别相等，于是有

$$\begin{cases} A+B=1 \\ -(3A+2B)=3 \end{cases}$$

从而解得 $A=-5$，$B=6$。

　　方法 2：在恒等式(4-4)中，代入特殊的 x 值，从而求出待定的常数。在式(4-9)中令 $x=2$，得 $A=-5$；令 $x=3$，得 $B=6$。同样得到 $\dfrac{x+3}{(x-2)(x-3)}=\dfrac{-5}{x-2}+\dfrac{6}{x-3}$。

　　又如，真分式 $\dfrac{1}{x(x-1)^2}$ 可分解成 $\dfrac{1}{x(x-1)^2}=\dfrac{A}{x}+\dfrac{B}{(x-1)^2}+\dfrac{C}{x-1}$。

再求待定系数 A，B，C。两端去分母后，

得
$$1=A(x-1)^2+Bx+Cx(x-1) \tag{4-10}$$

在式(4-10)中，令 $x=0$，得 $A=1$；令 $x=1$，得 $B=1$，把 A，B 的值代入式(4-10)，并令 $x=2$，得 $1=1+2+2C$，即 $C=-1$，所以 $\dfrac{1}{x(x-1)^2}=\dfrac{1}{x}+\dfrac{1}{(x-1)^2}-\dfrac{1}{x-1}$。

　　再如，真分式 $\dfrac{1}{(1+2x)(1+x^2)}$ 可分解成 $\dfrac{1}{(1+2x)(1+x^2)}=\dfrac{A}{1+2x}+\dfrac{Bx+C}{1+x^2}$

两端去分母后，得 $1=A(1+x^2)+(Bx+C)(1+2x)$

或
$$1=(A+2B)x^2+(B+2C)x+C+A \tag{4-11}$$

比较式(4-11)两端 x 的各同次幂的系数及常数项，有

$$\begin{cases} A+2B=0 \\ B+2C=0 \\ A+C=1 \end{cases}$$

从而解得 $A=\dfrac{4}{5}$，$B=-\dfrac{2}{5}$，$C=\dfrac{1}{5}$，于是 $\dfrac{1}{(1+2x)(1+x^2)}=\dfrac{\dfrac{4}{5}}{1+2x}+\dfrac{-\dfrac{2}{5}x+\dfrac{1}{5}}{1+x^2}$

　　下面举几个有理真分式的积分例子。

　　例 33　求 $\displaystyle\int\dfrac{x+3}{x^2-5x+6}\mathrm{d}x$。

　　解　因为

$$\dfrac{x+3}{x^2-5x+6}=\dfrac{x+3}{(x-2)(x-3)}=\dfrac{-5}{x-2}+\dfrac{6}{x-3}$$

得

$$\begin{aligned}
\int\dfrac{x+3}{x^2-5x+6}\mathrm{d}x &= \int\left(\dfrac{-5}{x-2}+\dfrac{6}{x-3}\right)\mathrm{d}x \\
&= -5\int\dfrac{1}{x-2}\mathrm{d}x+6\int\dfrac{1}{x-3}\mathrm{d}x \\
&= -5\ln|x-2|+6\ln|x-3|+C
\end{aligned}$$

　　例 34　求 $\displaystyle\int\dfrac{x-2}{x^2+2x+3}\mathrm{d}x$。

　　解　由于分母是二次质因式，分子可写为

$$x-2=\dfrac{1}{2}(2x+2)-3$$

得

$$\int \frac{x-2}{x^2+2x+3}dx = \int \frac{\frac{1}{2}(2x+2)-3}{x^2+2x+3}dx$$

$$= \frac{1}{2}\int \frac{2x+2}{x^2+2x+3}dx - 3\int \frac{dx}{x^2+2x+3}$$

$$= \frac{1}{2}\int \frac{d(x^2+2x+3)}{x^2+2x+3}dx - 3\int \frac{dx}{(x+1)^2+(\sqrt{2})^2}$$

$$= \frac{1}{2}\ln|x^2+2x+3| - \frac{3}{\sqrt{2}}\arctan\left(\frac{x+1}{\sqrt{2}}\right) + C$$

例 35 求 $\int \frac{1}{(1+2x)(1+x^2)}dx$。

解 根据分解式(4-8),计算得

$$\frac{1}{(1+2x)(1+x^2)} = \frac{\frac{4}{5}}{1+2x} + \frac{-\frac{2}{5}x+\frac{1}{5}}{1+x^2}$$

因此得

$$\int \frac{1}{(1+2x)(1+x^2)}dx = \int \frac{\frac{4}{5}}{1+2x} + \frac{-\frac{2}{5}x+\frac{1}{5}}{1+x^2}dx$$

$$= \frac{2}{5}\int \frac{2}{1+2x}dx - \frac{1}{5}\int \frac{2x}{1+x^2}dx + \frac{1}{5}\int \frac{1}{1+x^2}dx$$

$$= \frac{2}{5}\int \frac{1}{1+2x}d(1+2x) - \frac{1}{5}\int \frac{1}{1+x^2}d(1+x^2) + \frac{1}{5}\int \frac{1}{1+x^2}dx$$

$$= \frac{2}{5}\ln|1+2x| - \frac{1}{5}\ln(1+x^2) + \frac{1}{5}\arctan x + C$$

2. 三角函数有理式的积分 形如 $\int R(\sin x, \cos x)dx$ 的积分,称为三角函数有理式积分,其中 $R(u,v)$ 表示变量 u,v 的有理函数,$R(\sin x, \cos x)$ 称为三角函数,如 $\frac{1+\sin x}{\sin x(1+\cos x)}$、$\frac{2\tan x}{\sin x+\sec x}$、$\frac{\cot x}{\sin x \cdot \cos x+1}$ 等都是三角函数有理式。处理这类积分的基本思想是通过三角函数中的万能代换公式,将之变为有理函数的积分。

例 36 求 $\int \frac{1+\sin x}{\sin x(1+\cos x)}dx$。

解 如果作变量代换 $u=\tan\frac{x}{2}$,可得 $x=2\arctan u$,$dx=\frac{2}{1+u^2}du$

$$\sin x = \frac{2\tan\frac{x}{2}}{1+\tan^2\frac{x}{2}} = \frac{2u}{1+u^2}, \cos x = \frac{1-\tan^2\frac{x}{2}}{1+\tan^2\frac{x}{2}} = \frac{1-u^2}{1+u^2}$$

因此得

$$\int \frac{1+\sin x}{\sin x(1+\cos x)}dx = \int \frac{\left(1+\dfrac{2u}{1+u^2}\right)}{\dfrac{2u}{1+u^2}\left(1+\dfrac{1-u^2}{1+u^2}\right)}\frac{2}{1+u^2}du$$

$$= \frac{1}{2}\int\left(u+2+\frac{1}{u}\right)du$$

$$= \frac{1}{2}\left(\frac{u^2}{2}+2u+\ln|u|\right)+C$$

$$= \frac{1}{4}\tan^2\frac{x}{2}+\tan\frac{x}{2}+\frac{1}{2}\ln\left|\tan\frac{x}{2}\right|+C$$

例 37　求 $\displaystyle\int\frac{dx}{5-3\cos x}$。

解　令 $u=\tan\dfrac{x}{2}$，则 $dx=\dfrac{2}{1+u^2}du$，于是

$$\int\frac{dx}{5-3\cos x} = \int \frac{\dfrac{2}{1+u^2}du}{5-3\dfrac{1-u^2}{1+u^2}}$$

$$= \int\frac{du}{1+4u^2}$$

$$= \frac{1}{2}\arctan 2u+C$$

$$= \frac{1}{2}\arctan\left(2\tan\frac{x}{2}\right)+C$$

变量代换 $u=\tan\dfrac{x}{2}$ 对三角函数有理式的积分一般都可以使用。

有理函数积分的解题程序一般是：第一步用多项式除法，把被积函数化为一个整式与一个真分式之和；第二步把真分式分解成部分分式之和。所谓部分分式是指：分母为质因式或质因式的若干次幂，而分子的次数低于分母的次数。

三角有理式积分考虑如下步骤：尽量使分母简单，或分子分母乘以某个因子把分母化为 $\sin^k x$（或 $\cos^k x$）的单项式，或将分母整个看成一项；利用倍角或积化和差公式达到降幂的目的；用万能代换可把三角有理式化为有理函数的积分，但有时积分很烦琐，此时，通过其他方法将积分求出来。

由于积分运算是微分运算的逆运算，因此积分的计算比导数的计算灵活、复杂、技巧性强，需要多做练习才能掌握。而且，也不是所有初等函数的积分都可以求出来，如下列不定积分

$$\int\sin x^2 dx,\ \int\frac{\sin x}{x}dx,\ \int e^{-x^2}dx,\ \int\frac{dx}{\ln x}$$

虽然积分都是存在的，但却求不出来，其原因是原函数不能用初等函数表达。因此看出，初等函数的导数仍是初等函数，但初等函数的不定积分却不一定是初等函数，可以超出初等函数的范围。

知识链接

不定积分和定积分

不定积分和定积分是积分学中的两大基本问题,它们之间既有本质的区别,也有紧密的联系。首先明确他们之间的区别:求不定积分是求导数的逆运算,它的解是一个函数族。而定积分则是某种特殊和式的极限,它的解是一个确定的数值。从定义上看,不定积分和定积分没有任何联系,但是由于一个重要理论的支撑,使得它们有了本质的密切关系。这个重要理论就是大名鼎鼎的牛顿-莱布尼茨公式(微积分基本定理),即"若 $F(x)$ 为连续函数 $f(x)$ 在 $[a,b]$ 上的任一个原函数,则 $\int_a^b f(x)\,\mathrm{d}x = F(b) - F(a)$"。这个定理揭示了定积分与不定积分之间的联系,把定积分计算由求和式极限简化成求不定积分原函数的函数值之差。

关于不定积分和定积分在教材中的前后次序,国内教材一直是先不定积分、后定积分的次序。在这种体系下,不定积分作为导数的逆运算,学生易于接受,但却是微积分发展史实的颠倒,即先定积分、后不定积分。定积分的概念起源于求平面图形的面积和其他一些实际问题。并且定积分的思想在古代数学家的工作中就已经有了萌芽。比如古希腊时期阿基米德在公元前 240 年左右,就曾用求和的方法计算过抛物线弓形及其他图形的面积。公元 263 年我国刘徽提出的割圆术,也是同一思想。定积分的思想即"分割→近似代替→求和→取极限"。定积分的这种思想,在高等数学、物理、工程技术、其他的知识领域以及人们的在生产实践活动中具有普遍的意义。

学习小结

1. 学习内容

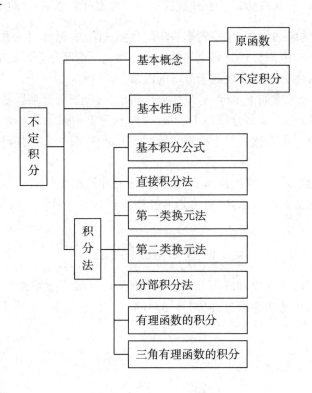

2. 学习方法

(1) 直接积分法就是利用积分公式和积分的基本性质求不定积分的方法。直接积分法的关键是把被积函数通过代数或三角恒等变形,变为代数和,再逐项积分。

(2) 凑微分法是积分法的基本方法,用处较广,其中最关键的一步是凑微分,即把被积式中的一部分移到微分号里面,凑成基本公式的形式。

(3) 一般地,被积函数中含有根式,采用第二类换元积分法,目的是去根号。例如,简单根式代换、三角代换、倒代换等。

(4) 一般两类不同函数积的积分用分部积分法,如被积函数是多项式与指数函数的积或多项式与正(余)弦函数的乘积时,选择多项式为 u;被积函数是对数函数或反三角函数与其他函数的乘积时,一般可选对数函数或反三角函数为 u;被积函数是指数函数与正(余)弦函数的乘积时,两者均可选为 u,可根据具体问题灵活选取。

(5) 有理分式函数的积分:用待定系数法将其变为有理真分式函数的代数和,然后用前面的方法逐项积分;简单三角函数的积分:被积函数中含有三角函数,最直接的方法是利用三角函数万能公式换元,积分变为有理式的积分。

(宋伟才)

习题四

1. 试证 $y_1 = \ln(ax)$ 与 $y_2 = \ln x$ 是同一函数的原函数。

2. 用直接积分法求不定积分:

(1) $\int \sqrt[n]{x^m}\,dx$（m、n 为正整数）

(2) $\int \dfrac{x^3-3x^2+2x+4}{x^2}\,dx$

(3) $\int \dfrac{5}{\sqrt{1-x^2}}\,dx$

(4) $\int (x^{\frac{1}{2}}-x^{-\frac{1}{2}})^2\,dx$

(5) $\int x(4x^2-4x+1)\,dx$

(6) $\int \dfrac{x+5}{\sqrt{x}}\,dx$

(7) $\int \dfrac{\sqrt{x}-x^3 e^x+5x^2}{x^3}\,dx$

(8) $\int (\cos x-a^x+\csc^2 x)\,dx$

(9) $\int \left(\sec^2 x+\dfrac{2}{1+x^2}+\sin x\right)dx$

(10) $\int \dfrac{x-4}{\sqrt{x}-2}\,dx$

(11) $\int \dfrac{x^3+1}{x+1}\,dx$

(12) $\int \dfrac{1+x+x^2}{x(1+x^2)}\,dx$

(13) $\int \dfrac{3x^2+1}{x^2(1+x^2)}\,dx$

(14) $\int \dfrac{x^2}{1+x}\,dx$

(15) $\int \dfrac{\sqrt{1+x^2}}{\sqrt{1-x^4}}\,dx$

(16) $\int \dfrac{1}{\cos 2x-1}\,dx$

(17) $\int \dfrac{\cos 2x}{\sin^2 x}\,dx$

(18) $\int \tan^2 x\,dx$

(19) $\int \sin^2 \dfrac{t}{2}\,dt$

(20) $\int \left(\sin \dfrac{t}{2}-\cos \dfrac{t}{2}\right)^2 dt$

笔记栏

3. 求下列不定积分：

(1) $\int (1+x)^6 dx$

(2) $\int \sin 2x dx$

(3) $\int \dfrac{dx}{\sqrt{2x+1}}$

(4) $\int \dfrac{1}{2-x} dx$

(5) $\int x\sqrt{1+x^2} dx$

(6) $\int \dfrac{x dx}{(2x^2-3)^{10}}$

(7) $\int x e^{x^2} dx$

(8) $\int (\ln x)^3 \dfrac{dx}{x}$

(9) $\int \dfrac{dx}{x\ln x}$

(10) $\int e^\theta \cos e^\theta d\theta$

(11) $\int e^{\sin x} \cos x dx$

(12) $\int \dfrac{dx}{e^x}$

(13) $\int \dfrac{dx}{x\sqrt{1+\ln x}}$

(14) $\int \dfrac{\sin x}{\cos^3 x} dx$

(15) $\int \dfrac{dx}{9-x^2}$

(16) $\int \dfrac{dx}{x^2-6x+5}$

(17) $\int \dfrac{3x-1}{x^2+9} dx$

(18) $\int \dfrac{3x^3-4x+1}{x^2-2} dx$

(19) $\int \dfrac{dt}{\sqrt{2-t^2}}$

(20) $\int \dfrac{dx}{\sqrt{6x-9x^2}}$

4. 求下列不定积分：

(1) $\int \dfrac{\cos\sqrt{x}}{\sqrt{x}} dx$

(2) $\int \dfrac{dx}{1-\sqrt{x}}$

(3) $\int \dfrac{x}{\sqrt[3]{1-x}} dx$

(4) $\int \dfrac{2x-3}{x^2-3x+8} dx$

(5) $\int \dfrac{3x-2}{x^2-2x+10} dx$

(6) $\int \dfrac{dx}{(1-x^2)^{\frac{3}{2}}}$

(7) $\int \dfrac{x^2}{\sqrt{a^2-x^2}} dx$

(8) $\int \dfrac{dx}{(x^2+a^2)^{\frac{3}{2}}}$

(9) $\int \dfrac{\sqrt{x^2-9}}{x} dx$

(10) $\int \dfrac{x^4}{\sqrt{(1-x^2)^3}} dx$

(11) $\int \dfrac{x^3}{(1+x^2)^{\frac{3}{2}}} dx$

(12) $\int x^3 (1+x^2)^{\frac{1}{2}} dx$

(13) $\int \dfrac{dx}{1+\sqrt{1-x^2}}$

(14) $\int \dfrac{x^2+1}{x\sqrt{x^4+1}} dx$

5. 求下列不定积分：

(1) $\int \dfrac{\cot\theta}{\sqrt{\sin\theta}} d\theta$

(2) $\int \dfrac{dx}{\cos^2 x \sqrt{\tan x}}$

(3) $\int \dfrac{(\arctan x)^2}{1+x^2} dx$

(4) $\int \dfrac{dx}{(\arcsin x)^2 \sqrt{1-x^2}}$

(5) $\int \sin^4 x \mathrm{d}x$

(6) $\int \sin 3x \sin 5x \mathrm{d}x$

(7) $\int \cos^3 x \mathrm{d}x$

(8) $\int \dfrac{\mathrm{e}^x - \mathrm{e}^{-x}}{\mathrm{e}^x + \mathrm{e}^{-x}} \mathrm{d}x$

6. 求下列不定积分:

(1) $\int \arcsin x \mathrm{d}x$

(2) $\int \dfrac{x}{\cos^2 x} \mathrm{d}x$

(3) $\int x \sin 2x \mathrm{d}x$

(4) $\int x \mathrm{e}^{-x} \mathrm{d}x$

(5) $\int x^5 \ln x \mathrm{d}x$

(6) $\int \ln^2 x \mathrm{d}x$

(7) $\int x^2 \sin x \mathrm{d}x$

(8) $\int \cos^2 \sqrt{u}\, \mathrm{d}u$

(9) $\int \ln(1+x^2) \mathrm{d}x$

(10) $\int x^2 \arctan x \mathrm{d}x$

(11) $\int x \cos \dfrac{x}{2} \mathrm{d}x$

(12) $\int x \tan^2 x \mathrm{d}x$

(13) $\int x \sin x \cos x \mathrm{d}x$

(14) $\int x^2 \cos^2 \dfrac{x}{2} \mathrm{d}x$

7. 求下列不定积分:

(1) $\int \dfrac{5x^2+3}{(x+2)^3} \mathrm{d}x$

(2) $\int \dfrac{x-2}{(x-3)(x-5)} \mathrm{d}x$

(3) $\int \dfrac{x^2+1}{(x^2-2x+2)^2} \mathrm{d}x$

(4) $\int \dfrac{x^3}{x+3} \mathrm{d}x$

(5) $\int \dfrac{x^5+x^4-8}{x^3-x} \mathrm{d}x$

(6) $\int \dfrac{x+1}{(x-1)^3} \mathrm{d}x$

8. 求下列不定积分:

(1) $\int \dfrac{\mathrm{d}x}{a^2 \sin^2 x + b^2 \cos^2 x}$ $(ab \neq 0)$

(2) $\int \dfrac{\mathrm{d}x}{3+\cos x}$

(3) $\int \dfrac{\mathrm{d}x}{5+2\sin x - \cos x}$

第五章

定积分与应用

学习目标

1. 掌握牛顿-莱布尼茨公式,换元积分法与分部积分法,定积分的几何应用。
2. 熟悉定积分的性质,定积分在物理与医药中的简单应用。
3. 了解定积分的概念,广义积分的概念,简单广义积分的计算。

第一节　定积分的概念与性质

一、引例

1. 曲边梯形的面积　　曲边梯形是由直线 $x=a$、$x=b$、$y=0$ 及连续曲线 $y=f(x)(a\leqslant x\leqslant b)$ [(假定 $f(x)>0$)]围成的图形,如图 5-1 所示。

为求得曲边梯形的面积,我们可以先将曲边梯形分割成许多小曲边梯形,每个小曲边梯形的面积可以用相应的小矩形面积近似代替。把这些小矩形的面积累加起来,就得到曲边梯形面积的近似值。当分割得越细,面积近似值就会越接近曲边梯形的面积值。类似于公元 3 世纪刘徽的"割圆术",当分割为无限时,面积的近似值将会无限的接近曲边梯形的面积。

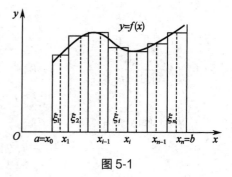

图 5-1

具体的可归结为如下四步:

分割　用分点 $a=x_0<x_1<x_2<\cdots<x_{i-1}<x_i\cdots<x_{n-1}<x_n=b$ 把区间 $[a,b]$ 任意分为 n 个小区间 Δx_1、Δx_2、$\cdots$、Δx_n,并用它们表示各小区间的长度 $\Delta x_i= x_i-x_{i-1}(i=1,2\cdots n)$,过各小区间的端点,作 x 轴的垂线,把整个曲边梯形分为 n 个小的曲边梯形,小曲边梯形的面积用 ΔA_1、ΔA_2、$\cdots$、ΔA_n 表示。

取近似　在小区间 $\Delta x_i(i=1,2,\cdots n)$ 上任取点 ξ_i,以 $[x_{i-1},x_i]$ 为底、$f(\xi_i)$ 为高的小矩形近似代替小曲边梯形,得到

$$\Delta A_i\approx f(\xi_i)\cdot\Delta x_i$$

求和　把整个曲边梯形的面积 A 用 n 个小矩形面积之和近似代替,得到

$$A\approx\sum_{i=1}^{n}f(\xi_i)\Delta x_i$$

取极限　记小区间中长度最大者为 $\lambda = \max\limits_{i=1}^{n}(\Delta x_i)$，若 $\lambda \to 0$ 时和式的极限存在，则定义曲边梯形面积为

$$A = \lim_{\lambda \to 0} \sum_{i=1}^{n} f(\xi_i) \Delta x_i$$

2. 变速直线运动的路程　设物体作变速直线运动，速度为 $v(t)$，物体从时刻 $t=a$ 到时刻 $t=b$ 的路程为 s。

在这个问题中，速度随时间 t 而变化，所以所求路程不能直接按匀速直线运动的公式来计算。但由于 $v(t)$ 在很短时间间隔内，其值的变化也很小，可近似看作匀速运动。因此，若把时间间隔划分为许多个小时间段，在每个小时间段内，以匀速运动代替变速运动，则可以计算出每个小时间段内路程的近似值；再对每个小时间段内的路程近似求和，则得到整个路程的近似值；最后利用极限方法算出路程的精确值。即依然按"分割、取近似、求和、取极限"的方法计算。

分割　把闭区间 $[a,b]$ 任意分为 n 个小的时间区间 Δt_1、Δt_2、$\cdots$、Δt_n，$\Delta t_i = t_i - t_{i-1}$（$i=1,2,\cdots n$），物体在 n 个小的时间区间的相应路程为

$$\Delta s_1 、\Delta s_2 、\cdots 、\Delta s_n$$

取近似　在小区间 Δt_i（$i=1,2,\cdots n$）内任取一点 τ_i 并以匀速近似代替变速，得到

$$\Delta s_i \approx v(\tau_i) \cdot \Delta t_i$$

求和　整个时间区间上的路程用 n 个小区间路程之和计算，得到

$$s \approx \sum_{i=1}^{n} v(\tau_i) \cdot \Delta t_i$$

取极限　记小区间中长度最大者为 $\lambda = \max\limits_{i=1}^{n}(\Delta t_i)$，若 $\lambda \to 0$ 时和式的极限存在，则定义整个时间区间上的路程为

$$s = \lim_{\lambda \to 0} \sum_{i=1}^{n} v(\tau_i) \cdot \Delta t_i$$

二、定积分的定义

以上的实际问题，尽管它们在表面上、形式上来看是各不相关、各不相同的，但是却提出了一个同样的要求：计算一个和式的极限，这就是定积分的概念。为此我们抽象出它们数量上的共性关系，得到下述定义：

定义 5.1　设函数 $f(x)$ 在区间 $[a,b]$ 上有界，把 $[a,b]$ 任意分为 n 个小区间 $\Delta x_1, \Delta x_2, \cdots, \Delta x_n$，在小区间 Δx_i（$i=1,2\cdots n$）上任取点 ξ_i（$x_{i-1} \leq \xi_i \leq x_i$），记小区间中长度最大者为 $\lambda = \max\limits_{i=1}^{n}(\Delta x_i)$，若 $\lambda \to 0$ 时，和式极限 $\lim\limits_{\lambda \to 0} \sum\limits_{i=1}^{n} f(\xi_i) \Delta x_i$ 为定数，且与区间 $[a,b]$ 的分法及点 ξ_i 取法无关，则称函数 $f(x)$ 在 $[a,b]$ 区间上可积，此和式极限为 $f(x)$ 在 $[a,b]$ 上的**定积分**，记为

$$\int_a^b f(x)\,\mathrm{d}x = \lim_{\lambda \to 0} \sum_{i=1}^{n} f(\xi_i) \Delta x_i$$

其中区间 $[a,b]$ 称为**积分区间**，a,b 分别称为**积分下、上限**。

定积分存在的必要条件是：若 $f(x)$ 在闭区间 $[a,b]$ 上可积，则 $f(x)$ 在 $[a,b]$ 上有界。

定积分存在的充分条件是：若 $f(x)$ 在闭区间 $[a,b]$ 上连续，则 $f(x)$ 在 $[a,b]$ 上可积。

由定义可知，定积分是一个确定常数，它只与被积函数、积分区间有关，与积分变量的记号无关，因而

$$\frac{\mathrm{d}}{\mathrm{d}x}\left[\int_a^b f(x)\,\mathrm{d}x\right]=0,\quad \int_a^b f(t)\,\mathrm{d}t=\int_a^b f(x)\,\mathrm{d}x$$

由此定义还可知,定积分与小区间的分法及 $\xi_i(x_{i-1}\leqslant\xi_i\leqslant x_i)$ 的取法无关。因此常用等分的方法,并取小区间端点作 $\xi_i=x_i$。

由引例 1 可知,当 $y\geqslant0$ 时,定积分的几何意义是由 $y=f(x)$,$y=0$ 及 $x=a$,$x=b$,$(a<b)$ 围成的曲边梯形的面积,即

$$A=\int_a^b f(x)\,\mathrm{d}x$$

当 $y\leqslant0$ 时,定积分的值为面积的相反数;

当 $f(x)$ 在 $[a,b]$ 上有正有负时,定积分的值表示 x 轴上方与下方曲边梯形面积的代数和。

由引例 2 可知,定积分的物理意义是速度为 $v(t)$ 的物体在时间区间 $[a,b]$ 上的运动路程,即

$$s=\int_a^b v(t)\,\mathrm{d}t$$

例 1　计算 $y=x^2$,$y=0$,$x=1$ 围成的曲边三角形的面积。

解　所围成图形如图 5-2 所示,这是一个曲边三角形,将其底边 n 等分,取分点为 $0,\frac{1}{n}$,$\frac{2}{n},\cdots,\frac{n-1}{n},1$;等分每个小区间的长度为 $\frac{1}{n}$,计算 n 个小矩形面积之和得

$$\begin{aligned}
A_n &= 0^2\cdot\frac{1}{n}+\left(\frac{1}{n}\right)^2\cdot\frac{1}{n}+\left(\frac{2}{n}\right)^2\cdot\frac{1}{n}+\cdots+\left(\frac{n-1}{n}\right)^2\cdot\frac{1}{n}\\
&=\frac{1}{n^3}\left[1^2+2^2+3^2+\cdots+(n-1)^2\right]\\
&=\frac{1}{6n^3}(n-1)n(2n-1)
\end{aligned}$$

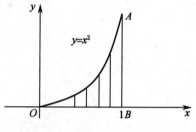

图 5-2

得到曲边三角形 AOB 面积的近似值,取极限得出面积的精确值,即

$$\lim_{n\to+\infty}A_n=\lim_{n\to+\infty}\frac{1}{6n^3}(n-1)n(2n-1)=\lim_{n\to+\infty}\frac{1}{6}\left(1-\frac{1}{n}\right)\frac{n}{n}\left(2-\frac{1}{n}\right)=\frac{1}{3}$$

由例 1 的计算过程可见,对任一确定的自然数 n,积分和 $\sum_{i=1}^n f(\xi_i)\Delta x_i=A_n=\frac{1}{6n^3}(n-1)n(2n-1)$ 都是积分 $\int_0^1 x^2\,\mathrm{d}x$ 的近似值;当 n 取不同的值时,即可得定积分 $\int_0^1 x^2\,\mathrm{d}x$ 的精度不同的近似值;一般来说,n 取得越大,近似程度就越好。

下面就一般情形讨论定积分的**近似计算**。

当把积分区间等分为若干个小区间,然后,把分割产生的小曲边梯形,分别用矩形近似代替构成的小曲边梯形,计算出面积作为定积分的近似值,称此种近似计算为**矩形法**。

将 $[a,b]$ 分成 n 等分,分点 $a=x_0<x_1<x_2<\cdots<x_{i-1}<x_i\cdots<x_{n-1}<x_n=b$,相应的纵坐标为 y_0,$y_1,\cdots y_n$,小区间长度为 $\Delta x=\frac{b-a}{n}$,若在每个小区间上用小矩形近似替代小曲边梯形,以左端点的函数值作为小矩形的高,计算公式为

$$\int_a^b f(x)\,\mathrm{d}x\approx y_0\Delta x+y_1\Delta x+\cdots+y_{n-1}\Delta x=(y_0+y_1+\cdots+y_{n-1})\frac{b-a}{n}$$

若取小区间的右端点函数值作为小矩形的高,则得到矩形法的又一个公式

$$\int_a^b f(x)\,\mathrm{d}x \approx y_1\Delta x + y_2\Delta x + \cdots + y_n\Delta x = (y_1+y_2+\cdots+y_n)\frac{b-a}{n}$$

梯形法 分法同矩形法,在每个小区间上用如图 5-3 所示小梯形近似替代小曲边梯形,计算得到

$$\int_a^b f(x)\,\mathrm{d}x \approx \frac{1}{2}(y_0+y_1)\Delta x + \frac{1}{2}(y_1+y_2)\Delta x + \cdots + \frac{1}{2}(y_{n-1}+y_n)\Delta x$$

$$= \frac{b-a}{n}\left(\frac{1}{2}y_0 + y_1 + y_2 + \cdots + y_{n-1} + \frac{1}{2}y_n\right)$$

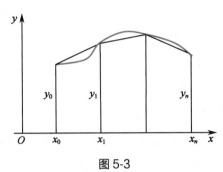

图 5-3

例 2 一名健康男子口服 3g 氨基甲酸氯酚醚,测得血药浓度 C 和时间 t 的数据如表 5-1 所示,用矩形法计算 C-t 曲线下面积 AUC(area under of curve)的近似值。

表 5-1 口服氨基甲酸氯酚醚的血药浓度 C 和时间 t 数据

t/h	0	1	2	3	4	5	6	7	8	9	10
$C/\mathrm{mg \cdot L^{-1}}$	0	10.2	19.3	21.4	17.7	16.4	13.8	11.6	9.8	8.3	7.4

解 被积函数不是由解析式给出,但时间间隔是等分的,可用矩形法,计算得到

$$AUC = \int_0^{10} C(t)\,\mathrm{d}t \approx (0+10.2+19.3+\cdots+7.4)\times\frac{10-0}{10} = 135.9$$

时间间隔是等分的,也可用梯形法,计算得到

$$AUC = \int_0^{10} C(t)\,\mathrm{d}t \approx \frac{0}{2}+10.2+19.3+\cdots+8.3+\frac{7.4}{2} = 132.2$$

三、定积分的性质

为以后计算及应用方便起见,我们先对定积分作以下两点补充规定:

(1) $\int_a^a f(x)\,\mathrm{d}x = 0$

(2) $\int_b^a f(x)\,\mathrm{d}x = -\int_a^b f(x)\,\mathrm{d}x$

由式(2)可知,交换定积分的上下限,绝对值不变,符号相反。

下面我们讨论定积分的性质。假设 $f(x)$、$g(x)$ 在区间 $[a,b]$ 上可积,k 为常数。利用定义可证明定积分的如下性质:

性质 1 常数因子 k 可提到积分号外。

$$\int_a^b kf(x)\,\mathrm{d}x = k\int_a^b f(x)\,\mathrm{d}x$$

证　$\displaystyle\int_a^b kf(x)\mathrm{d}x=\lim_{\lambda\to0}\sum_{i=1}^n kf(x_i)\Delta x_i=k\lim_{\lambda\to0}\sum_{i=1}^n f(x_i)\Delta x_i=k\int_a^b f(x)\mathrm{d}x$

性质 2　函数代数和的定积分等于它们定积分的代数和。

$$\int_a^b\left[f(x)\pm g(x)\right]\mathrm{d}x=\int_a^b f(x)\mathrm{d}x\pm\int_a^b g(x)\mathrm{d}x$$

证　$\displaystyle\int_a^b\left[f(x)\pm g(x)\right]\mathrm{d}x=\lim_{\lambda\to0}\sum_{i=1}^n\left[f(x_i)\pm g(x_i)\right]\Delta x_i$

$$=\lim_{\lambda\to0}\sum_{i=1}^n f(x_i)\Delta x_i\pm\lim_{\lambda\to0}\sum_{i=1}^n g(x_i)\Delta x_i=\int_a^b f(x)\mathrm{d}x\pm\int_a^b g(x)\mathrm{d}x$$

性质 3　设 $a<c<b$，则

$$\int_a^b f(x)\mathrm{d}x=\int_a^c f(x)\mathrm{d}x+\int_c^b f(x)\mathrm{d}x$$

证　因为函数 $f(x)$ 在区间 $[a,b]$ 上可积，所以不论把 $[a,b]$ 怎样划分，积分和的极限总是不变的。设 c 是划分区间上的一个分点，有

$$\sum_{[a,b]}f(x_i)\Delta x_i=\sum_{[a,c]}f(x_i)\Delta x_i+\sum_{[c,b]}f(x_i)\Delta x_i$$

在区间 $[a,b]$ 上 $\lambda\to0$ 时，在区间 $[a,c]$ 和 $[c,b]$ 也有同样情况。故此

$$\int_a^b f(x)\mathrm{d}x=\int_a^c f(x)\mathrm{d}x+\int_c^b f(x)\mathrm{d}x$$

对性质 3，还可以证明，可积区间中任意位置的 a,b,c 三点，即使 c 在 $[a,b]$ 外，也有同样结论。

性质 4　$f(x)=k$（k 为常数），$a\leqslant x\leqslant b$，则

$$\int_a^b k\mathrm{d}x=k(b-a)$$

特别的，当 $k=1$ 时，$\displaystyle\int_a^b\mathrm{d}x=b-a$。

这个性质的证明请读者自己完成。

性质 5　若 $f(x)\leqslant g(x)$（$a\leqslant x\leqslant b$），则 $f(x)$ 的积分不大于 $g(x)$ 的积分，即

$$\int_a^b f(x)\mathrm{d}x\leqslant\int_a^b g(x)\mathrm{d}x$$

证　因为 $f(x)\leqslant g(x)$，所以 $f(x_i)\leqslant g(x_i)$，又由于 $\Delta x_i>0$，故

$$f(x_i)\Delta x_i\leqslant g(x_i)\Delta x_i\quad(i=1,2,\cdots n)$$

从而有 $\displaystyle\sum_{i=1}^n f(x_i)\Delta x_i\leqslant\sum_{i=1}^n g(x_i)\Delta x_i$

$$\lim_{\lambda\to0}\sum_{i=1}^n f(x_i)\Delta x_i\leqslant\lim_{\lambda\to0}\sum_{i=1}^n g(x_i)\Delta x_i，即：\int_a^b f(x)\mathrm{d}x\leqslant\int_a^b g(x)\mathrm{d}x$$

性质 6　若函数 $f(x)$ 在区间 $[a,b]$ 上的最大值与最小值分别为 M,m，则

$$m(b-a)\leqslant\int_a^b f(x)\mathrm{d}x\leqslant M(b-a)$$

证　由 $m\leqslant f(x)\leqslant M$，从性质 5 可得

$$m(b-a)=\int_a^b m\mathrm{d}x\leqslant\int_a^b f(x)\mathrm{d}x\leqslant\int_a^b M\mathrm{d}x=M(b-a)$$

上式的几何意义：曲边梯形面积介于以 $(b-a)$ 为底，m 为高的矩形面积与以 $(b-a)$ 为底，M 为高的矩形面积之间。

性质 7（积分中值定理）　若 $f(x)$ 在 $[a,b]$ 上连续，则至少存在一点 $\xi\in[a,b]$，使

$$\int_a^b f(x)\,\mathrm{d}x = f(\xi)(b-a)$$

证　$f(x)$ 在 $[a,b]$ 上连续，在 $[a,b]$ 上必有最大值 M、最小值 m，由性质6得到

$$m(b-a) \leqslant \int_a^b f(x)\,\mathrm{d}x \leqslant M(b-a)$$

即

$$m \leqslant \frac{1}{b-a}\int_a^b f(x)\,\mathrm{d}x \leqslant M$$

根据连续函数介值定理，$\exists \xi \in [a,b]$，使得

$$f(\xi) = \frac{1}{b-a}\int_a^b f(x)\,\mathrm{d}x$$

积分中值定理的几何意义如图 5-4 所示：曲边梯形面积与以 $(b-a)$ 为底、$f(\xi)$ 为高的矩形的面积相等，且把这个矩形的高 $f(\xi)$ 称为连续函数 $f(x)$ 在 $[a,b]$ 上的平均值 $\bar{y}$。即

$$\bar{y} = f(\xi) = \frac{1}{b-a}\int_a^b f(x)\,\mathrm{d}x$$

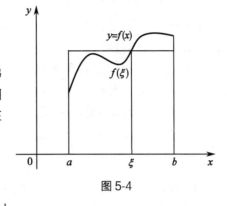

图 5-4

例3　比较定积分 $\int_0^{\frac{\pi}{2}} \sin^6 x\,\mathrm{d}x$ 与 $\int_0^{\frac{\pi}{2}} \sin^4 x\,\mathrm{d}x$ 的大小。

解　在积分区间 $\left[0,\dfrac{\pi}{2}\right]$ 上，$0 \leqslant \sin^2 x \leqslant 1$，从而有 $\sin^6 x \leqslant \sin^4 x$，由性质5得

$$\int_0^{\frac{\pi}{2}} \sin^6 x\,\mathrm{d}x \leqslant \int_0^{\frac{\pi}{2}} \sin^4 x\,\mathrm{d}x$$

例4　求证不等式 $6 \leqslant \int_1^4 (x^2+1)\,\mathrm{d}x \leqslant 51$。

证　$y = x^2+1$ 在 $[1,4]$ 上的最大值、最小值分别为 2，17，由性质6得到

$$6 = 2(4-1) \leqslant \int_1^4 (x^2+1)\,\mathrm{d}x \leqslant 17(4-1) = 51$$

思政元素

定积分的微元法思想

"合抱之木，生于毫末；九层之台，起于累土；千里之行，始于足下"，出自老子的《道德经》，意思是：合抱的粗木，是从细如针毫的幼芽长起来的；九层的高台，是一筐一筐的土筑起来的；千里的路程，是一步接一步地走出来的。老子认为，任何事物的发展都有一个由小到大、由弱而强、从细微到显著的过程，必须经过一定时间的量的积累，才能使其发生质的变化。老子形象地解释了"量变与质变"的规律，只有"量"的积累，才能引起"质"的变化，这其中蕴含了定积分的微元法思想。

所以，人们做事要从基本开始，积跬步、累小流，方有所成。既要有计划和目标，又要有脚踏实地的实干精神，只有把远大的理想和具体行动有机地结合起来，才能取得最终的成功。那些还停留于纸上谈兵的人，希望你从今天开始，打消不切实际的幻想，端正思想态度，勤奋做事，踏实做人，通过点滴细微的小事的积累，使自己的知识不断完善，修养不断提升。只有牢牢把握今天，才能拥有一个灿烂的明天。

第二节　定积分的计算

根据定积分定义计算定积分,显然很麻烦,有时也很困难,本节将揭示定积分与不定积分的关系,引出定积分的一般计算方法。

一、微积分基本定理

由定积分的定义可知,定积分是一个确定的数值,其值只与被积函数 $f(x)$、积分区间 $[a,b]$(积分上、下限)有关。现固定被积函数与积分下限,则定积分就只与积分上限有关,把上限令为 x,定积分就是积分上限 x 的函数,如图 5-5 所示。记为

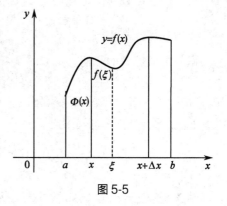

图 5-5

$$\Phi(x)=\int_a^x f(t)\,dt \quad (a\leqslant x\leqslant b)$$

通常称为**积分上限函数**。

定理 5.1　若函数 $f(x)$ 在区间 $[a,b]$ 上连续,$x\in[a,b]$,则积分上限函数 $\Phi(x)$ 在 $[a,b]$ 上可导,且导数 $\Phi'(x)=f(x)$。

证　对 $\forall x\in[a,b]$,给 x 改变量 Δx 时,函数 $\Phi(x)$ 在 $[x,x+\Delta x]$ 的改变量为

$$\Delta\Phi=\Phi(x+\Delta x)-\Phi(x)=\int_a^{x+\Delta x}f(t)\,dt-\int_a^x f(t)\,dt=\int_x^{x+\Delta x}f(t)\,dt$$

由积分中值定理得

$$\int_x^{x+\Delta x}f(t)\,dt=f(\xi)\Delta x \quad (x\leqslant\xi\leqslant x+\Delta x)$$

从而有

$$\lim_{\Delta x\to 0}\frac{\Delta\Phi}{\Delta x}=\lim_{\xi\to x}f(\xi)=f(x)$$

故

$$\Phi'(x)=f(x)$$

由定理 5.1 可知,只要 $f(x)$ 连续,$f(x)$ 的原函数总是存在的,积分上限函数 $\Phi(x)$ 就是 $f(x)$ 的一个原函数。因此,定理 5.1 也称为**原函数存在定理**。

定理 5.2　若 $F(x)$ 为连续函数 $f(x)$ 在 $[a,b]$ 上的任一个原函数,则

$$\int_a^b f(x)\,dx=F(b)-F(a)$$

证　设 $F(x)$、$\Phi(x)$ 都是 $f(x)$ 的原函数,得 $\Phi(x)=F(x)+C$,从而有

$$\begin{cases}\Phi(a)=F(a)+C\\ \Phi(b)=F(b)+C\end{cases}$$

后式减前式,注意到 $\Phi(a)=\int_a^a f(x)\,dx=0$,$\Phi(b)=\int_a^b f(x)\,dx$,解得

$$\int_a^b f(x)\,dx=F(b)-F(a)$$

定理 5.2 表明:连续函数的定积分,等于其任一原函数在积分区间上的改变量(任一原函数上限处的函数值减去下限处的函数值)。这个定理揭示了定积分与不定积分之间的联系,把定积分计算由求和式极限简化成求原函数的函数值,称为**微积分基本定理**。

定理 5.2 的结论,也称为牛顿-莱布尼茨(Newton-Leibniz)公式,简称牛-莱公式。结论中,原函数的改变量可记作 $F(b)-F(a)=\left[F(x)\right]_a^b=F(x)\big|_a^b$,于是牛顿-莱布尼茨公式可以记为

$$\int_a^b f(x)\,\mathrm{d}x=\left[F(x)\right]_a^b=F(b)-F(a)$$

例 5 求 $\int_0^1 x^2\,\mathrm{d}x$。

解 先求被积函数的原函数,即求不定积分,再把上、下限代入原函数求改变量,得到

$$\int_0^1 x^2\,\mathrm{d}x=\frac{1}{3}x^3\bigg|_0^1=\frac{1}{3}(1-0)=\frac{1}{3}$$

此题与第一节的例 1 的结果是一样的,但使用牛顿-莱布尼茨公式大大简化了定积分的计算。

例 6 求 $\int_0^\pi (\mathrm{e}^{2x}-\sin 3x)\,\mathrm{d}x$。

解 先视为不定积分进行凑微分,代入上、下限时注意符号,得到

$$\int_0^\pi (\mathrm{e}^{2x}-\sin 3x)\,\mathrm{d}x=\frac{1}{2}\int_0^\pi \mathrm{e}^{2x}\mathrm{d}(2x)-\frac{1}{3}\int_0^\pi \sin 3x\,\mathrm{d}(3x)$$

$$=\frac{1}{2}\left[\mathrm{e}^{2x}\right]_0^\pi+\frac{1}{3}\left[\cos 3x\right]_0^\pi=\frac{1}{2}\mathrm{e}^{2\pi}-\frac{7}{6}$$

例 7 检查运算 $\int_{-1}^1 \frac{1}{x^2}\mathrm{d}x=-\frac{1}{x}\bigg|_{-1}^1=-2$ 是否正确。

解 不正确。事实上,被积函数在积分区间 $[-1,1]$ 上不连续,不能使用牛顿-莱布尼茨公式。更进一步分析可知,被积函数 $\frac{1}{x^2}$ 在 $x=0$ 处无界,故在区间 $[-1,1]$ 上不可积。

二、定积分的换元积分法

用微积分基本定理计算定积分,是定积分计算的基本方法。但是,也有很多时候求原函数比较复杂,进而计算定积分时书写上较为烦琐。为了解决这一问题,下面将给出定积分计算的换元积分法。

定理 5.3 若函数 $f(x)$ 在区间 $[a,b]$ 上连续,函数 $x=\varphi(t)$ 满足条件:

$(1)\varphi(\alpha)=a,\varphi(\beta)=b$;

$(2)x=\varphi(t)$ 在 $[\alpha,\beta]$ 上单值且具有连续导数,则有

$$\int_a^b f(x)\,\mathrm{d}x=\int_\alpha^\beta f[\varphi(t)]\varphi'(t)\,\mathrm{d}t$$

称为**定积分换元公式**。

证 设 $F(x)$ 是 $f(x)$ 的一个原函数,由微积分基本定理有

$$\int_a^b f(x)\,\mathrm{d}x=F(b)-F(a)$$

设 $x=\varphi(t)$,由复合函数求导法则可知 $F[\varphi(t)]$ 是 $f[\varphi(t)]\varphi'(t)$ 的原函数,从而又有

$$\int_\alpha^\beta f[\varphi(t)]\varphi'(t)\,\mathrm{d}t=F[\varphi(\beta)]-F[\varphi(\alpha)]=F(b)-F(a)$$

两式比较得到

$$\int_a^b f(x)\,\mathrm{d}x=\int_\alpha^\beta f[\varphi(t)]\varphi'(t)\,\mathrm{d}t$$

定理 5.3 的结论也可以写为

笔记栏

$$\int_a^b f(x)\,dx = \int_\alpha^\beta f[\varphi(t)]\,d[\varphi(t)]$$

这表明,被积函数为 $f(x)$ 的定积分,可令 $x=\varphi(t)$ 换元,把被积函数 $f(x)$ 换为 $f[\varphi(t)]$,微分 dx 换为 $d[\varphi(t)]$,上、下限 a,b 换为新的 $\alpha、\beta$。即使用换元积分法时,不仅被积表达式要变化,积分上、下限也要作相应变化。

例 8　求 $\int_0^a \sqrt{a^2-x^2}\,dx$。

解　作三角变换,令 $x=a\sin t$,在 $x=0$ 时 $t=0$,$x=a$ 时 $t=\dfrac{\pi}{2}$,得到

$$\int_0^a \sqrt{a^2-x^2}\,dx = \int_0^{\frac{\pi}{2}} \sqrt{a^2-a^2\sin^2 t}\,d(a\sin t) = a^2\int_0^{\frac{\pi}{2}}\cos^2 t\,dt$$

$$= a^2\int_0^{\frac{\pi}{2}} \frac{1+\cos 2t}{2}\,dt = a^2\left[\frac{t}{2}+\frac{1}{4}\sin 2t\right]_0^{\frac{\pi}{2}} = \frac{\pi}{4}a^2$$

根据定积分的几何意义,$\sqrt{a^2-x^2}$ 在 $[0,a]$ 上的定积分,表示圆 $x^2+y^2=a^2$ 在第一象限的面积,其值当然为圆面积的 $1/4$。这个结论可以用来简化一些定积分的计算。

例 9　求 $\int_0^4 \dfrac{dx}{1+\sqrt{x}}$

解　作升幂变换,令 $t=\sqrt{x}$,则 $x=t^2$,在 $x=0$ 时 $t=0$,$x=4$ 时 $t=2$,得到

$$\int_0^4 \frac{dx}{1+\sqrt{x}} = \int_0^2 \frac{d(t^2)}{1+t} = 2\int_0^2 \frac{t\,dt}{1+t} = 2\int_0^2 \left(1-\frac{1}{1+t}\right)dt$$

$$= 2\left[t-\ln|1+t|\right]_0^2 = 4-2\ln 3$$

例 10　证明:(1)若 $f(x)$ 在 $[-a,a]$ 上连续且为偶函数,则 $\int_{-a}^a f(x)\,dx = 2\int_0^a f(x)\,dx$;(2)若 $f(x)$ 在 $[-a,a]$ 上连续且为奇函数,则 $\int_{-a}^a f(x)\,dx = 0$。

证　因为 $\int_{-a}^a f(x)\,dx = \int_{-a}^0 f(x)\,dx + \int_0^a f(x)\,dx$,对 $\int_{-a}^0 f(x)\,dx$ 做变量代换,设 $x=-t$,则得 $\int_{-a}^0 f(x)\,dx = -\int_a^0 f(-t)\,dt = -\int_a^0 f(-x)\,dx = \int_0^a f(-x)\,dx$,于是

$$\int_{-a}^a f(x)\,dx = \int_0^a f(-x)\,dx + \int_0^a f(x)\,dx = \int_0^a [f(-x)+f(x)]\,dx$$

(1)若 $f(x)$ 为偶函数,则 $f(-x)+f(x)=2f(x)$,从而

$$\int_{-a}^a f(x)\,dx = 2\int_0^a f(x)\,dx$$

(2)若 $f(x)$ 为奇函数,则 $f(-x)+f(x)=0$,从而

$$\int_{-a}^a f(x)\,dx = 0$$

利用本例题,常可简化计算偶函数、奇函数在对称区间上的定积分。

例如,$\int_{-\frac{\pi}{2}}^{\frac{\pi}{2}} \sin x\,dx$ 中,因被积函数 $\sin x$ 在积分区间 $\left[-\dfrac{\pi}{2},\dfrac{\pi}{2}\right]$ 上是连续的奇函数,故其定积分为 0;与其直接计算的结果 $\int_{-\frac{\pi}{2}}^{\frac{\pi}{2}} \sin x\,dx = (-\cos x)\Big|_{-\frac{\pi}{2}}^{\frac{\pi}{2}} = 0$ 相同。

同理,$\int_{-\frac{\pi}{2}}^{\frac{\pi}{2}} \cos x\,dx$ 中,被积函数 $\cos x$ 在积分区间 $\left[\dfrac{\pi}{2},-\dfrac{\pi}{2}\right]$ 上是连续的偶函数,故其定积

分为

$$\int_{-\frac{\pi}{2}}^{\frac{\pi}{2}} \cos x dx = 2\int_0^{\frac{\pi}{2}} \cos x dx = 2(\sin x)\Big|_0^{\frac{\pi}{2}} = 2$$

三、定积分的分部积分法

定理5.4 若函数 $u(x),v(x)$ 在区间 $[a,b]$ 上有连续导数,则有定积分的分部积分公式

$$\int_a^b u(x)dv(x) = \left[u(x)v(x)\right]_a^b - \int_a^b v(x)du(x)$$

证 由两个函数乘积的微分公式 $d(uv)=vdu+udv$,移项得到

$$udv = d(uv) - vdu$$

等式两边求 $[a,b]$ 上的定积分,得到

$$\int_a^b udv = \left[uv\right]_a^b - \int_a^b vdu$$

即

$$\int_a^b u(x)dv(x) = \left[u(x)v(x)\right]_a^b - \int_a^b v(x)du(x)$$

例11 计算定积分 $\int_0^\pi x^2 \sin\frac{x}{2}dx$

解
$$\int_0^\pi x^2 \sin\frac{x}{2}dx = -2\int_0^\pi x^2 d\left(\cos\frac{x}{2}\right) = \left[-2x^2\cos\frac{x}{2}\right]_0^\pi + 2\int_0^\pi \cos\frac{x}{2}d(x^2)$$

$$= 4\int_0^\pi x\cos\frac{x}{2}dx = 8\int_0^\pi xd\left(\sin\frac{x}{2}\right) = \left[8x\sin\frac{x}{2}\right]_0^\pi - 8\int_0^\pi \sin\frac{x}{2}dx$$

$$= 8\pi + 16\left[\cos\frac{x}{2}\right]_0^\pi = 8\pi - 16$$

例12 求 $\int_{-1}^1 x\arcsin x dx$

解
$$\int_{-1}^1 x\arcsin x dx = 2\int_0^1 x\arcsin x dx = \int_0^1 \arcsin x d(x^2)$$

$$= \left[x^2 \arcsin x\right]_0^1 - \int_0^1 x^2 d(\arcsin x)$$

$$= \frac{\pi}{2} - \int_0^1 \frac{x^2}{\sqrt{1-x^2}}dx = \frac{\pi}{2} - \int_0^{\frac{\pi}{2}} \frac{\sin^2 t}{\sqrt{1-\sin^2 t}}d(\sin t)$$

$$= \frac{\pi}{2} - \int_0^{\frac{\pi}{2}} \sin^2 t dt = \frac{\pi}{2} - \int_0^{\frac{\pi}{2}} \frac{1-\cos 2t}{2}dt$$

$$= \frac{\pi}{2} - \left[\frac{t}{2} - \frac{\sin 2t}{4}\right]_0^{\frac{\pi}{2}} = \frac{\pi}{2} - \frac{\pi}{4} = \frac{\pi}{4}$$

第三节 定积分的应用

一、几何上的应用

1. 微元法 由微积分基本定理 $\int_a^b f(x)dx = F(x)\Big|_a^b = \int_a^b d[F(x)]$ 可知,连续函数 $f(x)$ 的

定积分,其本质是原函数微分的定积分,可简述为"微分的积累"。

在实际问题中,若直接建立函数的定积分很困难,则可以先找出原函数的微分,再进行积累。这种方法,通常称为**微元法**,是用微积分建立数学模型的一个强有力工具。

微元法基本步骤可分为两步,即

(1)在区间$[a,b]$中的任一小区间$[x,x+dx]$上,以均匀变化近似代替非均匀变化,列出所求量的微元,即

$$dA = f(x)dx$$

(2)在区间$[a,b]$上对$dA=f(x)dx$积分,则所求量为

$$A = \int_a^b f(x)dx$$

例 13　设有一正椭圆体,其底面的长、短轴分别是$2a,2b$,用过此柱体底面的短轴且与底面成角α的平面截此柱体,得一楔形体(图 5-6)。求此楔形体的体积V_0。

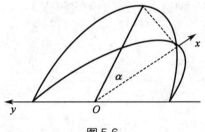

图 5-6

解　底面椭圆的方程为$\dfrac{x^2}{a^2}+\dfrac{y^2}{b^2}=1$,选$y$为积分变量,用垂直于$Oy$轴的平行平面截此楔形体所得截面为直角三角形,其两直角边分别是

$$a\sqrt{1-\frac{y^2}{b^2}}, \ a\sqrt{1-\frac{y^2}{b^2}}\tan\alpha$$

故体积微元

$$dV = \frac{1}{2}\left(a\sqrt{1-\frac{y^2}{b^2}}\right)^2 \tan\alpha \cdot dy$$

楔形体体积为

$$V = 2\int_0^b \frac{1}{2}\left(a\sqrt{1-\frac{y^2}{b^2}}\right)^2 \tan\alpha dy = \frac{2}{3}a^2 b\tan\alpha$$

2. 直角坐标系下平面图形的面积　由两条连续曲线$y=g(x)$、$y=h(x)$ $[g(x)\leqslant h(x)]$及两条直线$x=a,x=b(a<b)$围成的平面图形,称为**x-型区域**。

x-型区域如图 5-7 所示。可用不等式表示为

$$a\leqslant x\leqslant b, g(x)\leqslant y\leqslant h(x)$$

定理 5.5　x-型区域$a\leqslant x\leqslant b, g(x)\leqslant y\leqslant h(x)$的面积为

$$A = \int_a^b [h(x)-g(x)]dx$$

证　任取$[x,x+dx]\subset[a,b]$,小x-型区域的面积视为矩形,面积为

$$dA = [h(x)-g(x)]dx$$

故整个x-型区域面积为

$$A = \int_a^b [h(x)-g(x)]dx$$

类似地,两条连续曲线$x=\varphi(y)$、$x=\phi(y)$ $[\varphi(y)\leqslant\phi(y)]$及两条直线$y=c$、$y=d(c<d)$围成的平面图形,称为**$y$-型区域**,如图 5-8 所示。

y-型区域可以用不等式表示为

$$c\leqslant y\leqslant d, \varphi(y)\leqslant x\leqslant\phi(y)$$

y-型区域的面积为

$$A = \int_c^d \left[\phi(y) - \varphi(y) \right] \mathrm{d}y$$

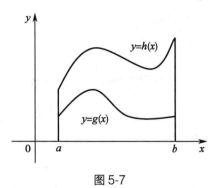

图 5-7

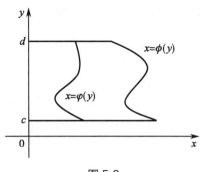

图 5-8

例 14 计算 $y = x^2 + 1$ 与 $y = 3 - x$ 围成的图形面积。

解 由图 5-9 可知，$y = x^2 + 1$ 与 $y = 3 - x$ 围成 x-型区域，即

$$-2 \leqslant x \leqslant 1, x^2 + 1 \leqslant y \leqslant 3 - x$$

故围成的图形面积为

$$A = \int_{-2}^1 \left[(3 - x) - (x^2 + 1) \right] \mathrm{d}x$$

$$= \int_{-2}^1 (2 - x - x^2) \mathrm{d}x$$

$$= \left[2x - \frac{1}{2}x^2 - \frac{1}{3}x^3 \right]_{-2}^1 = \frac{9}{2}$$

例 15 求 $y = 3 + 2x - x^2$、$y = 0$、$x = 1$、$x = 4$ 围成的图形面积。

解 由图 5-10 可知，围成图形可分为两个 x-型区域 $D_1 + D_2$，即

$$D_1 : 1 \leqslant x \leqslant 3, 0 \leqslant y \leqslant 3 + 2x - x^2$$

$$D_2 : 3 \leqslant x \leqslant 4, 3 + 2x - x^2 \leqslant y \leqslant 0$$

$$A = \int_1^3 (3 + 2x - x^2) \mathrm{d}x + \int_3^4 \left[0 - (3 + 2x - x^2) \right] \mathrm{d}x$$

$$= \left[3x + x^2 - \frac{1}{3}x^3 \right]_1^3 - \left[3x + x^2 - \frac{1}{3}x^3 \right]_3^4 = \frac{23}{3}$$

本例也可视为两个 y-型区域围成的图形，请读者按 y-型区域再计算一下。

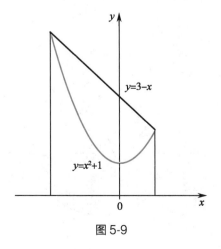

图 5-9

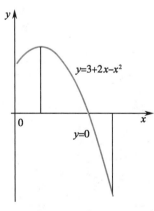

图 5-10

例 16 求椭圆 $\dfrac{x^2}{a^2}+\dfrac{y^2}{b^2}=1$ 的面积。

解 由对称性,考虑一象限部分,这是如图 5-11 所示 x-型区域,即

$$0 \leqslant x \leqslant a, 0 \leqslant y \leqslant \frac{b}{a}\sqrt{a^2-x^2}$$

$$\begin{aligned}
A &= 4\int_0^a \frac{b}{a}\sqrt{a^2-x^2}\,\mathrm{d}x \\
&= 4\frac{b}{a}\int_0^{\frac{\pi}{2}}\sqrt{a^2-a^2\sin^2 t}\,\mathrm{d}a\sin t = 4\frac{b}{a}\int_0^{\frac{\pi}{2}}a^2\cos^2 t\,\mathrm{d}t \\
&= 4ab\int_0^{\frac{\pi}{2}}\frac{1+\cos 2t}{2}\,\mathrm{d}t \\
&= ab\left[2t+\sin 2t\right]_0^{\frac{\pi}{2}} = \pi ab
\end{aligned}$$

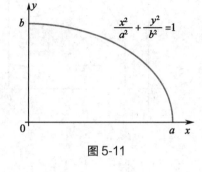

图 5-11

当 $a=b$ 时,$A=\pi a^2$ 为圆的面积。

3. 极坐标系下平面图形的面积

定理 5.6 在极坐标系中,曲线 $r=r(\theta)$ 与直线 $\theta=\alpha$、$\theta=\beta$ 围成的曲边扇形如图 5-12 所示,称为 θ-**型区域**,区域不等式为 $\alpha \leqslant \theta \leqslant \beta, 0 \leqslant r \leqslant r(\theta)$,则曲边扇形的面积为

$$A = \frac{1}{2}\int_\alpha^\beta r^2(\theta)\,\mathrm{d}\theta$$

证 任取 $[\theta, \theta+\mathrm{d}\theta]\subset[\alpha,\beta]$,相应的小曲边扇形视为圆扇形,面积为

$$\mathrm{d}A = \pi r^2 \cdot \frac{\mathrm{d}\theta}{2\pi} = \frac{1}{2}r^2\,\mathrm{d}\theta$$

整个曲边扇形面积为区间 $[\alpha,\beta]$ 上的定积分,即

$$A = \frac{1}{2}\int_\alpha^\beta r^2(\theta)\,\mathrm{d}\theta$$

例 17 计算阿基米德(Archimedes)螺线 $r=a\theta(0\leqslant\theta\leqslant 2\pi)$ 与极轴($\theta=0$)围成图形的面积。

解 围成图形如图 5-13 所示,区域不等式为

$$0\leqslant\theta\leqslant 2\pi, 0\leqslant r\leqslant a\theta$$

则围成的面积为

$$\begin{aligned}
A &= \frac{1}{2}\int_0^{2\pi}a^2\theta^2\,\mathrm{d}\theta \\
&= \frac{1}{6}a^2\theta^3\Big|_0^{2\pi} = \frac{4}{3}a^2\pi^3
\end{aligned}$$

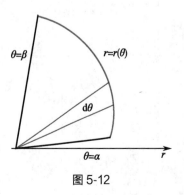

图 5-12

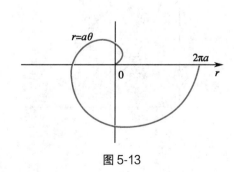

图 5-13

4. 旋转体的体积

定理 5.7　曲边梯形 $a \leqslant x \leqslant b, 0 \leqslant y \leqslant f(x)$ 绕 x 轴旋转,生成旋转体的体积为

$$V_x = \pi \int_a^b f^2(x) \mathrm{d}x$$

证　生成的旋转体如图 5-14 所示,任取 $[x, x+\mathrm{d}x] \subset [a, b]$,相应的小旋转体视为圆柱体,体积为

$$\mathrm{d}V = \pi f^2(x) \mathrm{d}x$$

整个旋转体体积为

$$V_x = \pi \int_a^b f^2(x) \mathrm{d}x$$

类似的,x-型区域:$a \leqslant x \leqslant b$

$$g(x) \leqslant y \leqslant h(x)$$

绕 x 轴旋转,生成的旋转体体积为

$$V_x = \pi \int_a^b \left[h^2(x) - g^2(x) \right] \mathrm{d}x$$

y-型区域:$c \leqslant y \leqslant d, \varphi(y) \leqslant x \leqslant \phi(y)$,绕 y 轴旋转,生成的旋转体体积为

$$V_y = \pi \int_c^d \left[\phi^2(y) - \varphi^2(y) \right] \mathrm{d}y$$

例 18　计算椭圆 $\dfrac{x^2}{a^2} + \dfrac{y^2}{b^2} = 1$ 绕 x 轴旋转所得椭球体的体积。

解　整个椭圆或上半椭圆绕 x 轴旋转所得椭球体相同,上半椭圆如图 5-15 所示。

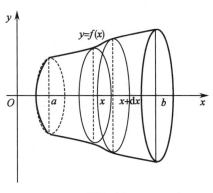

图 5-14

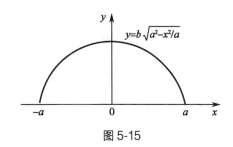

图 5-15

这是 x-型区域 $-a \leqslant x \leqslant a, 0 \leqslant y \leqslant b\sqrt{1-x^2/a^2}$,绕 x 轴旋转,所得体积计算得

$$V_x = \pi \int_{-a}^a b^2 \left(1 - \frac{x^2}{a^2} \right) \mathrm{d}x$$

$$= 2\pi b^2 \left[x - \frac{x^3}{3a^2} \right]_0^a = \frac{4}{3}\pi a b^2$$

绕 y 轴旋转所得椭球体的体积为 $\dfrac{4}{3}\pi a^2 b$,两者的体积一般情况下是不一样的。

当 $a = b$ 时,无论绕 x 轴还是绕 y 轴旋转,都生成相同的球体,体积为 $V = \dfrac{4}{3}\pi a^3$。

例 19　反应罐半椭球形封头是下半椭圆绕 y 轴旋转生成,求反应罐半椭球形封头部分的药液体积。

解 设液面高度为 $h(0<h\leqslant b)$，下半椭圆如图 5-16 所示，这是 y-型区域，有

$$-b\leqslant y\leqslant -b+h$$

$$0\leqslant x\leqslant a\sqrt{1-\frac{y^2}{b^2}}$$

封头部分的药液的体积可视为这区域绕 y 轴旋转生成，计算得到

$$V_y(h)=\pi\int_{-b}^{-b+h}a^2\left(1-\frac{y^2}{b^2}\right)\mathrm{d}y$$

$$=\pi a^2\left[y-\frac{y^3}{3b^2}\right]_{-b}^{-b+h}=\frac{\pi a^2 h^2}{3b^2}(3b-h)$$

例 20 设有曲线 $y=\sqrt{x-1}$，过原点作其切线，求由此曲线、切线及 Ox 轴围成的平面图形绕 Ox 轴旋转一周所得到的旋转体体积。

解 设切点为 $(x_0,\sqrt{x_0-1})$，已知曲线的斜率为 $\dfrac{1}{2\sqrt{x_0-1}}$，于是切线方程为

$$y-\sqrt{x_0-1}=\frac{1}{2\sqrt{x_0-1}}(x-x_0)$$

因其过原点，以 $(0,0)$ 代入可有过原点的切线方程，即 $y=\dfrac{1}{2}x$ 而切点为 $(2,1)$，如图 5-17 所示。

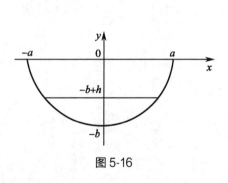

图 5-16

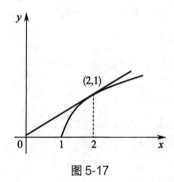

图 5-17

由曲线 $y=\sqrt{x-1}(1\leqslant x\leqslant 2)$ 绕 Ox 轴旋转一周所得到的旋转体体积

$$V_1=\pi\int_1^2\sqrt{x-1}\,\mathrm{d}x=\frac{\pi}{2}$$

由切线 $y=\dfrac{x}{2}(0\leqslant x\leqslant 2)$ 绕 Ox 轴旋转一周所得到的旋转体体积

$$V_2=\pi\int_0^2\left(\frac{x}{2}\right)^2\mathrm{d}x=\frac{2\pi}{3}$$

因此，所求旋转体体积为

$$V=V_2-V_1=\frac{2\pi}{3}-\frac{\pi}{2}=\frac{\pi}{6}$$

5. 平面曲线的弧长

（1）**直角坐标系情形**：设函数 $f(x)$ 在区间 $[a,b]$ 上有一阶连续导数，即曲线 $y=f(x)$ 为 $[a,b]$ 上的光滑曲线。由于光滑曲线弧是可以求长的，我们利用微元法来讨论弧长的计算公式。

选取 x 为积分变量,变化区间为 $[a,b]$,任取 $[x,x+\mathrm{d}x]$,相应的一小段弧长近似等于该曲线在 $[x,f(x)]$ 处的切线上相应的一小段长度,而切线上一小段的长度为

$$\sqrt{(\mathrm{d}x)^2+(\mathrm{d}y)^2}=\sqrt{1+(y')^2}\,\mathrm{d}x$$

从而得到弧长微元

$$\mathrm{d}s=\sqrt{1+(y')^2}\,\mathrm{d}x$$

所求光滑曲线的弧长

$$s=\int_a^b\sqrt{1+(y')^2}\,\mathrm{d}x \quad (a<b)$$

(2)极坐标情形:若曲线由极坐标方程 $r=r(\theta)(\alpha<\theta<\beta)$ 给出,其中 $r(\theta)$ 在 $[\alpha,\beta]$ 上具有连续导数,由极坐标和直角坐标的关系

$$\begin{cases}x=r(\theta)\cos\theta\\y=r(\theta)\sin\theta\end{cases} \quad (\alpha<\theta<\beta)$$

且有

$$\mathrm{d}x=[r'(\theta)\cos\theta-r(\theta)\sin\theta]\mathrm{d}\theta$$
$$\mathrm{d}y=[r'(\theta)\sin\theta+r(\theta)\cos\theta]\mathrm{d}\theta$$

则得到弧长微元

$$\mathrm{d}s=\sqrt{(\mathrm{d}x)^2+(\mathrm{d}y)^2}=\sqrt{r^2(\theta)+r'^2(\theta)}\,\mathrm{d}\theta$$

所求光滑曲线的弧长

$$s=\int_\alpha^\beta\sqrt{r^2(\theta)+r'^2(\theta)}\,\mathrm{d}\theta$$

例 21 求圆 $x^2+y^2=R^2$ 的周长。

解 将圆的方程化为极坐标方程 $r=R$,所求圆周长为

$$s=\int_0^{2\pi}\sqrt{R^2+0}\,\mathrm{d}\theta=\int_0^{2\pi}R\mathrm{d}\theta=2\pi R$$

例 22 求心形线 $r=a(1+\cos\theta)$ 的周长。

解 由 $r'=-a\sin\theta$,所求弧长为

$$s=2\int_0^\pi a\sqrt{(1+\cos\theta)^2+\sin^2\theta}\,\mathrm{d}\theta=2a\int_0^\pi\sqrt{2+2\cos\theta}\,\mathrm{d}\theta$$

$$=2a\int_0^\pi 2\cos\frac{\theta}{2}\mathrm{d}\theta=8a\left(\sin\frac{\theta}{2}\right)\Big|_0^\pi=8a$$

二、物理上的应用

1. 变力做功 若恒力 F 使物体沿力的方向产生位移 s,则这个力做的功为

$$W=Fs$$

若变力 $F(x)$ 使物体沿 x 轴从 $x=a$ 移动到 $x=b$,则可任取 $[x,x+\mathrm{d}x]\subset[a,b]$,相应小区间上视变力 $F(x)$ 为恒力,功微元为 $\mathrm{d}W=F(x)\mathrm{d}x$,变力在 $[a,b]$ 做功为

$$W=\int_a^b F(x)\mathrm{d}x$$

例 23 把一根弹簧从原来长度拉长 s,计算拉力做的功。

解 设弹簧一端固定,另一端未变形时位置为坐标原点建立坐标系(图5-18)。由虎克(Hook)定律:在弹性限度内,拉力与弹簧伸长的长度成正比,即 $f=kx$,其中 k 为弹性系数。

任取 $[x,x+\mathrm{d}x]\subset[0,s]$,相应小区间上拉力视为不变,做的功为

$$\mathrm{d}W=f\mathrm{d}x=kx\mathrm{d}x$$

故拉力在 $[0,s]$ 做的功为

$$W = \int_0^s kx\,dx = \frac{1}{2}kx^2 \Big|_0^s = \frac{1}{2}ks^2$$

例 24　等温过程中,求气缸中压缩气体膨胀推动活塞从 s_1 到 s_2 做的功。

解　以气缸底部为坐标原点建立坐标系,如图 5-19 所示,设气缸横截面面积为 A,气体推动活塞的压强为 P,活塞位于 x 处时,压强与气体体积之积为定值,即

$$PV = PAx = C$$

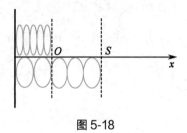

图 5-18

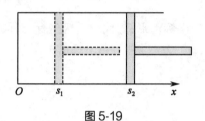

图 5-19

任取 $[x,x+dx] \subset [s_1,s_2]$,相应小区间上气体压力视为不变,即

$$f = PA$$

气体压力做功为

$$dW = f\,dx = PA\,dx$$

故气体膨胀推动活塞从 s_1 到 s_2 做的功为

$$W = \int_{s_1}^{s_2} PA\,dx = \int_{s_1}^{s_2} \frac{C}{x}dx = C\ln|x|\Big|_{s_1}^{s_2} = C\ln\frac{s_2}{s_1}$$

2. 液体压力　若液体的比重为 γ,则液体表面下深度 h 处液体的压强为 $P = \gamma gh$。

例 25　在水坝中有一个高为 2m 的等腰三角形闸门,底边长 3m,平行于水面,且距水面 4m,求闸门所受的压力。

解　以等腰三角形的高为 x 轴、水面为 y 轴,建立如图 5-20 所示直角坐标系,任取 $[x,x+dx] \subset [4,6]$,相应小区间上视压强为不变,所受压力为

$$dF = P \cdot 2y\,dx = 2\gamma gxy\,dx$$

由两点式,建立等腰三角形的腰(第一象限)的直线方程,得到

$$y - 0 = \frac{\frac{3}{2} - 0}{4 - 6}(x - 6)$$

即

$$y = \frac{3}{4}(6 - x)$$

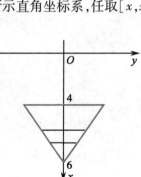

图 5-20

等腰三角形闸门所受的压力为

$$F = \frac{3}{2}\gamma g \int_4^6 x(6-x)\,dx = \frac{3}{2}\gamma g\left[3x^2 - \frac{1}{3}x^3\right]_4^6 = 14g\gamma = 14g\,(\text{N})$$

例 26　一个横放着的圆柱形水桶,桶内盛半桶水,设桶的底半径为 R、水的比重为 γ,求桶的一端面上所受的压力。

解　在水桶的一端面上建立坐标系,竖直向下为 x 轴、水面为 y 轴,如图 5-21 所示。

距水面 x,任取 $[x,x+dx] \subset [0,R]$,相应小区间上压强视为不变,所受压力为

$$dF = P \cdot 2y\,dx = 2\gamma gx\sqrt{R^2 - x^2}\,dx$$

故薄板每面所受的压力为

$$F = 2\gamma g \int_0^R x\sqrt{R^2-x^2}\,\mathrm{d}x = -\frac{2}{3}\gamma g\left[R^2-x^2\right]^{3/2}\Big|_0^R = \frac{2}{3}\gamma g R^3$$

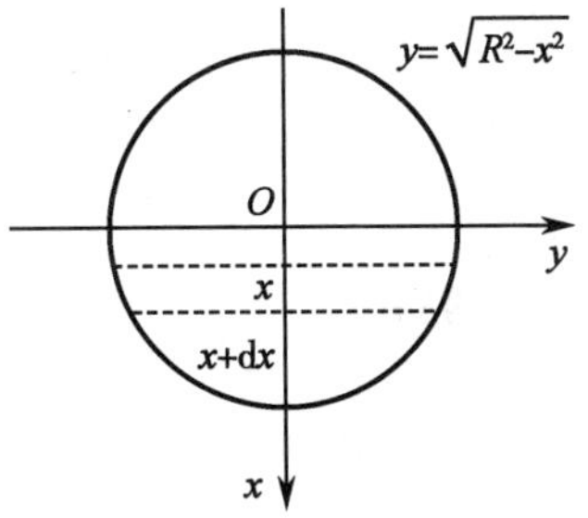

图 5-21

三、定积分在其他方面的简单应用

例 27 一头被注射了消炎药的小牛,血液中药物成分的浓度 C(以 μg/ml 为单位)表示为 $C(t) = 42.03\mathrm{e}^{-0.010\,50t}$,其中 t 是注射后的小时数且 $0 \leqslant t \leqslant 120$。

(1)已知这个模型对于 $0 \leqslant t \leqslant 120$ 是精确的,那么初始的剂量是多少?

(2)在 $10 \leqslant t \leqslant 120$ 之间,小牛体内药物浓度的平均含量是多少?

解 (1)初始的剂量是 $C(0)$,即当 $t = 0$ 时,

$$C(0) = 42.03\mathrm{e}^{-0.010\,50\times0} = 42.03(\mu g)$$

(2)在 $10 \leqslant t \leqslant 120$ 之间,小牛体内药物浓度的平均含量是

$$\overline{C}(t) = \frac{1}{120-10}\int_{10}^{120} 42.03\mathrm{e}^{-0.010\,50t}\,\mathrm{d}t$$

$$= \frac{-42.03}{110\times0.010\,50}\left[\mathrm{e}^{-0.010\,50t}\right]_{10}^{120} \approx 22.44(\mu g)$$

例 28 先让患者禁食,以降低体内血糖浓度,然后通过注射给患者大量的糖,再测出血液中胰岛素的浓度。假定由实验测得患者的血液中胰岛素的浓度(U/ml)为

$$C(t) = \begin{cases} t(10-t) & (0 \leqslant t \leqslant 5) \\ 25\mathrm{e}^{-k(t-5)} & (t > 5) \end{cases}$$

其中 $k = \dfrac{\ln 2}{20}$,时间 t 的单位是分钟,求血液中胰岛素在 1 小时内的平均浓度 $\overline{C}(t)$。

解 $\overline{C}(t) = \dfrac{1}{60-0}\int_0^{60} C(t)\,\mathrm{d}t = \dfrac{1}{60}\left[\int_0^5 C(t)\,\mathrm{d}t + \int_5^{60} C(t)\,\mathrm{d}t\right]$

$$= \frac{1}{60}\left[\int_0^5 t(10-t)\,\mathrm{d}t + \int_5^{60} 25\mathrm{e}^{-k(t-5)}\,\mathrm{d}t\right]$$

$$= \frac{25}{18} + \frac{25}{3\ln 2} - \frac{25\sqrt[4]{2}}{24\ln 2} \approx 11.624(\mathrm{U/ml})$$

例 29 心输出量是每分钟心脏输出的血量,在生理学实验中常用染料稀释法测定。把一定量的染料注入静脉,染料将随血液循环通过心脏达到肺部,再返回心脏而进入动脉系统。假定注入 5mg 染料后,在外周动脉连续 30 秒检测血液中染料的浓度 $C(t)$,建立为时间 t 的函数

$$C(t) = \begin{cases} 0 & (0 \leqslant t \leqslant 3, 18 \leqslant t \leqslant 30) \\ (t^3-40t^2+453t-1\,026)\cdot10^{-2} & (3 \leqslant t \leqslant 18) \end{cases}$$

注入染料的量 M 与在 30 秒之内测到的平均浓度 $\overline{C}(t)$ 的比值是半分钟里心脏输出的血量,试求每分钟的心输出量 Q。

解 $\overline{C}(t) = \dfrac{1}{30-0}\displaystyle\int_0^{30} C(t)\,\mathrm{d}t = \dfrac{1}{30}\displaystyle\int_3^{18}(t^3-40t^2+453t-1\,026)10^{-2}\,\mathrm{d}t$

$\qquad = \dfrac{10^{-2}}{30}\left[\left(\dfrac{t^4}{4}-\dfrac{40t^3}{3}+\dfrac{453t^2}{2}-1\,026t\right)\right]_3^{18} = \dfrac{51}{32}$

故 $Q = \dfrac{2M}{\overline{C}(t)} = \dfrac{2\times5\times32}{51} = \dfrac{320}{51} \approx 6.275(\mathrm{L/min})$

例 30 设有半径为 R,长为 L 的一段刚性血管,两端的血压分别为 p_1 和 $p_2(p_1 < p_2)$,已知在血管的横截面上离血管中心 r 处的血流速度符合 Poiseuille 公式 $V(r) = \dfrac{p_1-p_2}{4\eta L}(R^2-r^2)$,其中 η 为血液黏滞系数。试求在单位时间流过该横截面的血流量 Q。

解 取微元 $[r,r+\mathrm{d}r] \subset [0,R]$,半径为 r、$r+\mathrm{d}r$ 圆环微元的面积为

$$\pi(r+\mathrm{d}r)^2 - \pi r^2 = 2\pi r\mathrm{d}r + \pi(\mathrm{d}r)^2$$

单位时间流过圆环微元的血流量为 $V(r)\cdot 2\pi r\mathrm{d}r$,$[0,R]$ 上用积分计算横截面的血流量得到

$$Q = \int_0^R V(r)2\pi r\mathrm{d}r = \int_0^R \frac{p_1-p_2}{4\eta L}(R^2-r^2)2\pi r\mathrm{d}r$$

$$= \frac{\pi(p_1-p_2)}{2\eta L}\int_0^R(R^2 r - r^3)\mathrm{d}r = \frac{\pi(p_1-p_2)R^4}{8\eta L}$$

例 31 药物从患者的尿液中排出,排泄速率为时间 t 的函数 $r=(t)=te^{-kt}$,其中 k 是常数。求在时间间隔 $[0,T]$ 内排出药量 D。

解 在时间间隔 $[0,T]$ 内排出药量 D 为排泄速率的定积分,计算得到

$$D = \int_0^T r(t)\mathrm{d}t = \int_0^T te^{-kt}\mathrm{d}t = -\frac{1}{k}\left(te^{-kt}\big|_0^T - \int_0^T e^{-kt}\mathrm{d}t\right)$$

$$= -\frac{T}{k}e^{-kT} - \frac{1}{k^2}e^{-kt}\big|_0^T = \frac{1}{k^2} - e^{-kT}\left(\frac{T}{k}+\frac{1}{k^2}\right)$$

第四节 广义积分与 Γ 函数

函数可积的必要条件是函数在闭区间上连续,由闭区间上连续函数的性质可知该函数必有界。这里闭区间指积分区间为有限闭区间,有界指被积函数在积分区间上有界。但是,很多时候会遇到积分区间无限或者被积函数在积分区间上无界的情况,把定积分概念推广到积分区间无限及被积函数在积分区间上无界时,分别得到无穷积分及瑕积分,统称为广义积分。

一、广义积分

1. 连续函数在无限区间上的积分

定义 5.2 设 $f(x)$ 在区间 $[a,+\infty)$ 上连续,规定 $f(x)$ 在区间 $[a,+\infty)$ 上的广义积分为

$$\int_a^{+\infty} f(x)\mathrm{d}x = \lim_{b\to+\infty}\int_a^b f(x)\mathrm{d}x$$

设 $f(x)$ 在区间 $(-\infty,b]$ 上连续,规定 $f(x)$ 在区间 $(-\infty,b]$ 上的广义积分为

$$\int_{-\infty}^b f(x)\mathrm{d}x = \lim_{a\to-\infty}\int_a^b f(x)\mathrm{d}x$$

当极限存在时称广义积分收敛,极限不存在时称广义积分发散。

若 $f(x)$ 在区间 $(-\infty, +\infty)$ 上连续,则规定 $f(x)$ 在区间 $(-\infty, +\infty)$ 上的广义积分为

$$\int_{-\infty}^{+\infty} f(x)\,\mathrm{d}x = \lim_{a\to-\infty}\int_a^c f(x)\,\mathrm{d}x + \lim_{b\to+\infty}\int_c^b f(x)\,\mathrm{d}x$$

且 $f(x)$ 在 $(-\infty, c]$、$[c, +\infty)$ 的两个广义积分都收敛时,才称函数 $f(x)$ 在 $(-\infty, +\infty)$ 的广义积分是收敛的。

定积分的几何意义、牛顿-莱布尼茨公式、微元法等,都可以推广到广义积分中使用。如 $F(x)$ 是 $f(x)$ 的一个原函数,广义积分的牛顿-莱布尼茨公式为

$$\int_a^{+\infty} f(x)\,\mathrm{d}x = F(x)\,\Big|_a^{+\infty} = F(+\infty) - F(a)$$

$$\int_{-\infty}^b f(x)\,\mathrm{d}x = F(x)\,\Big|_{-\infty}^b = F(b) - F(-\infty)$$

$$\int_{-\infty}^{+\infty} f(x)\,\mathrm{d}x = F(x)\,\Big|_{-\infty}^{+\infty} = F(+\infty) - F(-\infty)$$

其中,$F(+\infty) = \lim_{x\to+\infty} F(x)$,$F(-\infty) = \lim_{x\to-\infty} F(x)$。

例 32 求 $\int_1^{+\infty} \dfrac{\mathrm{d}x}{x}$。

解 由无穷积分的牛顿-莱布尼茨公式,计算得到

$$\int_1^{+\infty} \frac{\mathrm{d}x}{x} = \big[\ln x\big]_1^{+\infty} = \ln(+\infty) - \ln 1$$

$$= \lim_{x\to+\infty} \ln(x) = +\infty$$

广义积分发散,表示 $[1, +\infty)$ 区间上曲线 $y = \dfrac{1}{x}$ 下面积不是有限值,如图 5-22 所示。

例 33 求 $\int_{-\infty}^{+\infty} \dfrac{\mathrm{d}x}{1+x^2}$。

解 由对称区间上偶函数积分及广义积分牛顿-莱布尼茨公式,计算得到

$$\int_{-\infty}^{+\infty} \frac{\mathrm{d}x}{1+x^2} = 2\int_0^{+\infty} \frac{\mathrm{d}x}{1+x^2}$$

$$= 2\big[\arctan x\big]\Big|_0^{+\infty} = 2\lim_{x\to+\infty}\arctan x$$

$$= 2\cdot\frac{\pi}{2} = \pi$$

广义积分收敛,表示 $(-\infty, +\infty)$ 区间上 $y = \dfrac{1}{1+x^2}$ 曲线下面积为 π,如图 5-23 所示。

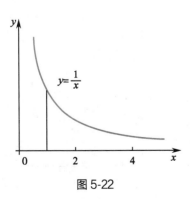

图 5-22

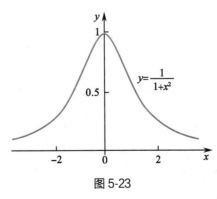

图 5-23

例 34 静脉注射某药后,血药浓度 $C = C_0 e^{-kt}$(C_0 是 $t=0$ 时血药浓度,k 为正常数),求 C-t 曲线下的总面积 AUC。

解 AUC 是被积函数在 $[0,+\infty)$ 上的广义积分,计算得到

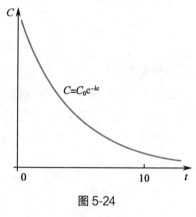

$$AUC = \int_0^{+\infty} C_0 e^{-kt} dt = \int_0^{+\infty} \frac{C_0}{-k} e^{-kt} d(-kt)$$

$$= \frac{C_0}{-k} e^{-kt} \Big|_0^{+\infty} = \frac{C_0}{-k} \left[e^{-k(+\infty)} - 1 \right]$$

$$= \frac{C_0}{k} - \frac{C_0}{k} \lim_{t \to +\infty} e^{-kt} = \frac{C_0}{k}$$

广义积分收敛,表示 $[0,+\infty)$ 区间上 C-t 曲线下面积为定值,如图 5-24 所示。

图 5-24

2. 瑕积分——无界函数的积分

定义 5.3 若 $f(x)$ 在 $[a,b)$ 上连续,$\lim\limits_{x \to b^-} f(x) = \infty$,则称 b 为**瑕点**,规定 $[a,b)$ 上瑕积分为

$$\int_a^b f(x) dx = \lim_{t \to b^-} \int_a^t f(x) dx$$

若函数 $f(x)$ 在 $(a,b]$ 上连续,$\lim\limits_{x \to a^+} f(x) = \infty$,则称 a 为瑕点,规定 $(a,b]$ 上瑕积分为

$$\int_a^b f(x) dx = \lim_{t \to a^+} \int_t^b f(x) dx$$

当极限存在时称**瑕积分收敛**,极限不存在时称**瑕积分发散**。

若 $f(x)$ 在 $[a,c) \cup (c,b]$ 连续,$\lim\limits_{x \to c} f(x) = \infty$,则称 c 为瑕点,规定 $[a,c) \cup (c,b]$ 上瑕积分为

$$\int_a^b f(x) dx = \int_a^c f(x) dx + \int_c^b f(x) dx$$

且 $f(x)$ 在 $[a,c)$、$(c,b]$ 的两个瑕积分都收敛时,才称 $f(x)$ 在 $[a,c) \cup (c,b]$ 的瑕积分收敛。

由于瑕积分容易与定积分相混淆,一般不写成广义积分的牛顿-莱布尼茨公式形式。几何意义、微元法等,可以推广到瑕积分中使用。

例 35 求 $\int_0^R \dfrac{dx}{\sqrt{R^2 - x^2}}$。

解 $x = R$ 为瑕点,计算得到

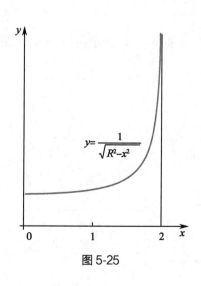

$$\int_0^R \frac{dx}{\sqrt{R^2 - x^2}} = \lim_{t \to R^-} \int_0^t \frac{d(x/R)}{\sqrt{1 - \left(\dfrac{x}{R}\right)^2}}$$

$$= \lim_{t \to R^-} \left[\arcsin \frac{x}{R} \right]_0^t$$

$$= \lim_{t \to R^-} \left[\arcsin \frac{t}{R} - 0 \right] = \frac{\pi}{2}$$

瑕积分收敛,表示 $[0,R)$ 区间上曲线 $y = \dfrac{1}{\sqrt{R^2 - x^2}}$ 下面积为

$\dfrac{\pi}{2}$,如图 5-25 所示。

图 5-25

例 36 求 $\int_{-1}^{1}\dfrac{\mathrm{d}x}{x^2}$。

解 $x=0$ 为瑕点,计算得到

$$\int_0^1\frac{\mathrm{d}x}{x^2}=\lim_{t\to0^+}\int_t^1 x^{-2}\mathrm{d}x=\lim_{t\to0^+}\left[-\frac{1}{x}\right]_t^1$$

$$=\lim_{t\to0^+}\left(\frac{1}{t}-1\right)=+\infty$$

由于 $\int_0^1\dfrac{\mathrm{d}x}{x^2}$ 发散,故原瑕积分 $\int_{-1}^{1}\dfrac{\mathrm{d}x}{x^2}$ 发散,表示 $[-1,1]$ 区间上

曲线 $y=\dfrac{1}{x^2}$ 下面积不是有限值,如图 5-26 所示。

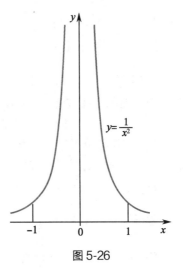

图 5-26

3. 广义积分的应用 由万有引力定律可知,两个相距 r,质量为 m_1、m_2 的质点,引力为

$$F=k\frac{m_1m_2}{r^2}$$

例 37 从地面垂直向上发射火箭,初速度为多少时,火箭方能超出地球的引力范围?

解 设地球半径为 R,质量为 M,火箭质量为 m;取地心为坐标原点、竖直向上建立坐标系,如图 5-27 所示,火箭位于地面处时,受到的地球引力与重力相等,得到

$$k\frac{mM}{R^2}=mg$$

$$kmM=mgR^2$$

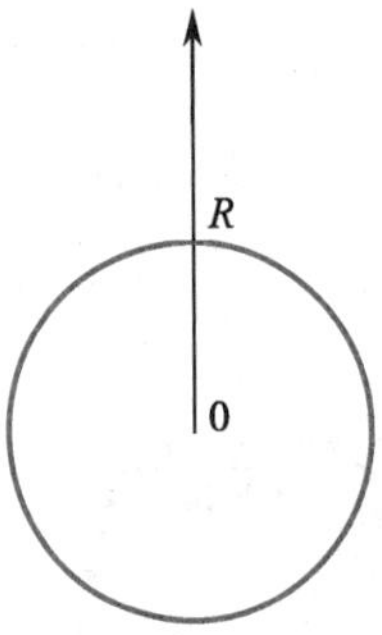

任取 $[x,x+\mathrm{d}x]\subset[R,+\infty]$,相应小区间上发射火箭做的功为

$$\mathrm{d}W=F\mathrm{d}x=k\frac{mM}{x^2}\mathrm{d}x=mgR^2\frac{1}{x^2}\mathrm{d}x$$

发射火箭超出地球的引力范围,做的功为

$$W=mgR^2\int_R^{+\infty}\frac{1}{x^2}\mathrm{d}x=mgR^2\left[-\frac{1}{x}\right]_R^{+\infty}=mgR^2\cdot\frac{1}{R}=mgR$$

发射火箭克服地球引力做的功要由初速度 v_0 具有的动能转化而来,即

$$\frac{mv_0^2}{2}\geqslant mgR$$

取 $g=9.8(\mathrm{m/s^2})$,$R=6\,370\cdot10^3(\mathrm{m})$,则

$$v_0\geqslant\sqrt{2gR}=\sqrt{2\times9.8\times6\,370\,000}\approx11.2(\mathrm{km/s})$$

图 5-27

二、Γ 函数

定义 5.4 由广义积分 $\Gamma(s)=\displaystyle\int_0^{+\infty}\mathrm{e}^{-x}x^{s-1}\mathrm{d}x(s>0)$ 确定的函数称为 Γ 函数。

Γ 函数有如下的常用性质:

性质 1 $\Gamma(1)=1$

证 由定义知

$$\Gamma(1)=\int_0^{+\infty}\mathrm{e}^{-x}\mathrm{d}x=-\mathrm{e}^{-x}\big|_0^{+\infty}=1$$

性质 2 $\Gamma(s+1)=s\Gamma(s)$

证 由分部积分法得到

$$\Gamma(s+1) = -\int_0^{+\infty} x^s \mathrm{d}(\mathrm{e}^{-x}) = \left(-x^s \mathrm{e}^{-x} \Big|_0^{+\infty} + s \int_0^{+\infty} \mathrm{e}^{-x} x^{s-1} \mathrm{d}x \right) = s\Gamma(s)$$

特别当 $s \in N$ 时有：$\Gamma(n+1) = n\Gamma(n) = n(n-1)(n-2)\cdots \cdot 3 \cdot 2 \cdot 1 = n!$

对任意的 $r > 1$，总有 $r = a+n, n$ 为正整数，$0 < a \leqslant 1$；逐次应用性质2，计算得到

$$\Gamma(r) = \Gamma(a+n) = (a+n-1)(a+n-2)\cdots(a+1)a\Gamma(a)$$

因此，$\Gamma(s)$ 总可以化为 $0 < a \leqslant 10$ 的 $\Gamma(a)$ 计算。对 Γ 函数作变量替换，可以把很多积分表示为 Γ 函数，从而可以查 Γ 函数表计算出积分的数值。

性质3 $\Gamma(0.5) = \sqrt{\pi}$ （证明略）

性质4 $\Gamma(\alpha)\Gamma(1-\alpha) = \dfrac{\pi}{\sin \pi \alpha}$（证明略）

例38 用 Γ 函数表示概率积分 $\int_0^{+\infty} \mathrm{e}^{-x^2} \mathrm{d}x$。

解 作变量代换 $x = u^2$，计算得到

$$\Gamma(s) = \int_0^{+\infty} \mathrm{e}^{-u^2} u^{2(s-1)} \mathrm{d}(u^2) = 2\int_0^{+\infty} \mathrm{e}^{-u^2} u^{2s-1} \mathrm{d}u$$

取 $s = 0.5$，得到 $\Gamma(0.5) = 2\int_0^{+\infty} \mathrm{e}^{-u^2} \mathrm{d}u$，故得

$$\int_0^{+\infty} \mathrm{e}^{-x^2} \mathrm{d}x = \frac{1}{2}\Gamma(0.5)$$

在多元函数积分学中，可以证明 $\int_0^{+\infty} \mathrm{e}^{-x^2} \mathrm{d}x = \dfrac{1}{2}\sqrt{\pi}$。

此结论将在讨论正态分布时得到应用。

知识链接

戈特弗里德·威廉·莱布尼茨

戈特弗里德·威廉·莱布尼茨（Gottfried Wilhelm Leibniz, 1646—1716），德国重要的自然科学家、数学家、物理学家、历史学家和哲学家。其涉及的领域包括法学、力学、光学、语言学等40多个范畴，被誉为17世纪的亚里士多德。他和牛顿先后独立发明了微积分。他的研究成果还遍及力学、逻辑学、化学、地理学、解剖学、动物学、植物学、气体学、航海学、地质学、语言学、法学、哲学、历史学等，"世界上没有两片完全相同的树叶"就是出自他之口。他还是最早研究中国文化和中国哲学的德国人，对丰富人类的科学知识宝库做出了不可磨灭的贡献。然而，由于他创建了微积分，并精心设计了非常巧妙简洁的微积分符号，从而使他以"伟大的数学家"的称号闻名于世。

学习小结

1. 学习内容

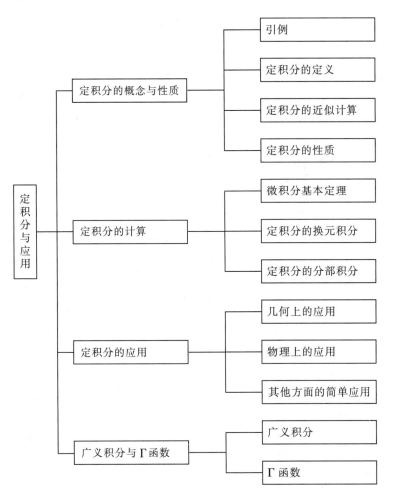

2. 学习方法　定积分换元的目的在于求出积分值,而不定积分换元是为了求被积函数的原函数,所以在换元时一定要变换积分限,将原积分变换成一个积分值相等的新积分。在利用换元法求定积分时,应注意有根式的先去掉根式;被积函数是复合函数时,可以类似不定积分的换元法来求。

在利用定积分解决应用问题时注意:求平面图形面积时,先将图形画出来,再求交点坐标,进而确定积分限和被积函数来计算;求旋转体体积时,要确定是对 x 轴积分还是 y 轴积分;利用微元法求解实际问题时,要根据问题的具体形式进行坐标轴的设定。

(陈婷婷　陈继红)

习题五

1. 放射性物体的分解速度 v 是时间 t 的函数 $v=v(t)$,用定积分表示放射性物体从时间 T_0 到 T_1 的分解质量 m。

2. 一物体作直线运动,速度为 $v=2t$,求第 10 秒经过的路程。

3. 利用定积分的几何意义求下列积分：

(1) $\int_0^t x\mathrm{d}x$ （$t>0$）

(2) $\int_{-2}^4 \left(\dfrac{x}{2}+3\right)\mathrm{d}x$

(3) $\int_{-1}^2 |x|\mathrm{d}x$

(4) $\int_{-3}^3 \sqrt{9-x^2}\,\mathrm{d}x$

4. 判断定积分的大小：

(1) $\int_0^1 x\mathrm{d}x,\ \int_0^1 x^2\mathrm{d}x$

(2) $\int_{-2}^{-1} \left(\dfrac{1}{3}\right)^x \mathrm{d}x,\ \int_0^1 3^x\mathrm{d}x$

(3) $\int_0^1 \mathrm{e}^{x^2}\mathrm{d}x,\ \int_0^1 \mathrm{e}^{x^3}\mathrm{d}x$

(4) $\int_1^2 \ln x\mathrm{d}x,\ \int_1^2 \ln^2 x\mathrm{d}x$

5. 求下列函数在区间上的平均值：

(1) $f(x)=2x^2+3x+3$ 在区间 $[1,4]$ 上。

(2) $f(x)=\dfrac{2}{\sqrt[3]{x^2}}$ 在区间 $[1,8]$ 上。

6. 设 $\int_{-1}^1 3f(x)\mathrm{d}x=9,\ \int_{-1}^3 f(x)\mathrm{d}x=2,\ \int_{-1}^3 g(x)\mathrm{d}x=5$，求下列各积分值：

(1) $\int_{-1}^1 f(x)\mathrm{d}x$

(2) $\int_1^3 f(x)\mathrm{d}x$

(3) $\int_3^{-1} g(x)\mathrm{d}x$

(4) $\int_{-1}^3 \dfrac{1}{5}\left[4f(x)+3g(x)\right]\mathrm{d}x$

7. 计算下列导数：

(1) $\dfrac{\mathrm{d}}{\mathrm{d}x}\int_0^{x^2} \sqrt{1+t^2}\,\mathrm{d}t$

(2) $\dfrac{\mathrm{d}}{\mathrm{d}x}\int_{x^2}^{x^3} \dfrac{\mathrm{d}t}{\sqrt{1+t^2}}$

(3) $\dfrac{\mathrm{d}}{\mathrm{d}x}\int_{\sin x}^{\cos x} \cos(\pi t^2)\,\mathrm{d}t$

(4) $\dfrac{\mathrm{d}}{\mathrm{d}x}\int_a^{\mathrm{e}^x} \dfrac{\ln t}{t}\,\mathrm{d}t$

8. 计算下列定积分：

(1) $\int_0^1 (3x^2-x+1)\mathrm{d}x$

(2) $\int_1^2 (x+x^{-1})^2\mathrm{d}x$

(3) $\int_0^{\pi/2} \sin x\cos^2 x\mathrm{d}x$

(4) $\int_0^{1/2} \dfrac{2+x}{x^2+4x-4}\mathrm{d}x$

(5) $\int_0^{\sqrt{3}a} \dfrac{\mathrm{d}x}{a^2+x^2}$

(6) $\int_{-\frac{1}{2}}^{\frac{1}{2}} \dfrac{\mathrm{d}x}{\sqrt{1-x^2}}$

(7) $\int_0^{\frac{\pi}{4}} \tan^2 t\mathrm{d}t$

(8) $\int_{-2}^5 |x^2-2x-3|\mathrm{d}x$

9. 计算下列定积分：

(1) $\int_{-1}^1 \dfrac{x\mathrm{d}x}{\sqrt{5-4x}}$

(2) $\int_0^1 \dfrac{x^{3/2}\mathrm{d}x}{1+x}$

(3) $\int_0^1 \dfrac{\mathrm{d}x}{1+\mathrm{e}^x}$

(4) $\int_0^a x^2\sqrt{a^2-x^2}\,\mathrm{d}x$

(5) $\int_0^1 \dfrac{\mathrm{d}x}{\sqrt{x+1}+\sqrt{(x+1)^3}}$

(6) $\int_0^{\ln 2} \sqrt{1-\mathrm{e}^{-2x}}\,\mathrm{d}x$

10. 计算下列定积分：

(1) $\int_0^{\mathrm{e}-1} \ln(x+1)\mathrm{d}x$

(2) $\int_0^{\pi} x^3\sin x\mathrm{d}x$

$(3)\int_0^1 x^2 \arctan x\,\mathrm{d}x$　　　　$(4)\int_1^4 \dfrac{\ln x}{\sqrt{x}}\mathrm{d}x$

$(5)\int_1^e \sin\ln x\,\mathrm{d}x$　　　　$(6)\int_1^2 \dfrac{1}{x^3}\mathrm{e}^{\frac{1}{x}}\mathrm{d}x$

11. 计算直角坐标系中下列平面图形的面积:

(1) $y=x^2-4x+5$、$x=3$、$x=5$、$y=0$ 围成。

(2) $y=\ln x$、$x=0$、$y=\ln a$、$y=\ln b(0<a<b)$ 围成。

(3) $y=\mathrm{e}^x$、$y=\mathrm{e}^{-x}$、$x=1$ 围成。

(4) $y=x^2$、$y=x$、$y=2x$ 围成。

(5) $y^2=(4-x)^3$、$x=0$ 围成。

(6) $y=\dfrac{x^2}{2}$、$x^2+y^2=8$ 围成两部分图形的各自面积。

12. 计算极坐标系中下列平面图形的面积:

(1) 心形线 $r=a(1+\cos\theta)$ 围成。

(2) 三叶线 $r=a\sin 3\theta$ 围成。

13. 计算下列旋转体体积:

(1) $xy=a$、$x=a$、$x=2a$、$y=0$ 围成的图形绕 x 轴旋转。

(2) $x^2+(y-5)^2=16$ 围成的图形绕 x 轴旋转。

(3) 设 D_1 是由抛物线 $y=2x^2$ 和直线 $x=a,x=2,y=0$ 围成的区域;D_2 是由 $y=2x^2$ 和 $x=a,y=0$ 围成的区域。试求由 D_1 绕 x 轴旋转所成旋转体体积 V_1 和 D_2 绕 y 轴旋转所成旋转体体积 V_2。

14. 计算下列弧的长度:

(1) 曲线 $y=\ln x$ 上相应于 $\sqrt{3}\leqslant x\leqslant\sqrt{8}$ 的一段。

(2) 星形线 $x=a\cos^3 t,y=a\sin^3 t$ 的全部。

15. 计算变力做功:

(1) 一物体由静止开始作直线运动,加速度为 $2t$,阻力与速度的平方成正比,比例系数 $k>0$,求物体从 $s=0$ 到 $s=c$ 克服阻力所做的功。

(2) 一圆台形贮水池,高 3m,上、下底半径分别为 1m、2m,求吸尽一池水所做的功。

(3) 半径为 r 的球沉入水中,球的上部与水面相切,球的密度与水相同,现将球从水中取出,需做多少功?

16. 计算液体压力:

(1) 半径为 $a(\mathrm{m})$ 的半圆形闸门,直径与水面相齐,求水对闸门的压力;

(2) 椭圆形薄板垂直插入水中一半,短轴与水面相齐,求水对薄板每面的压力。

17. 在放疗时,镭针长 $a(\mathrm{cm})$,均匀含有 $m(\mathrm{mg})$ 镭,求作用在其延长线上距针近端 $c(\mathrm{cm})$ 处的作用强度(作用强度与镭量成正比、与距离的平方成反比)。

18. 已知某化学反应的速度为 $v=ak\mathrm{e}^{-kt}(a$、k 为常数$)$,求反应在时间区间 $[0\ t]$ 内的平均速度。

19. 设一快速静脉注射某药物后所得的 $C\text{-}t$ 曲线为 $C=\dfrac{D}{V}\mathrm{e}^{-kt}(k>0)$,其中 k 表示消除速率常数,D 表示药物剂量,V 表示分布容积,求 $C\text{-}t$ 曲线下的总面积 AUC 之值。

20. 计算下列广义积分:

$(1) \displaystyle\int_{-\infty}^{1} e^x dx$

$(2) \displaystyle\int_{e}^{+\infty} \frac{dx}{x(\ln x)^2}$

$(3) \displaystyle\int_{-\infty}^{+\infty} \frac{dx}{x^2+2x+2}$

$(4) \displaystyle\int_{0}^{+\infty} e^{-x}\sin x dx$

$(5) \displaystyle\int_{1}^{2} \frac{x dx}{\sqrt{x-1}}$

$(6) \displaystyle\int_{0}^{1} \frac{x^2 \arcsin x}{\sqrt{1-x^2}} dx$

21. 用 Γ 函数表示曲线 $f(x)=\dfrac{1}{\sqrt{2\pi}}e^{-\frac{x^2}{2}}$ 下的面积。

22. 自动记录仪记录每半小时氢气流量如表 5-2 所示,用梯形法求 8 小时的总量。

表 5-2　每半小时氢气流量

t/h	0	0.5	1.0	1.5	2.0	2.5	3.0	3.5	4.0	4.5	5.0	5.5	6.0	6.5	7.0	7.5	8.0
$V/\mathrm{L}\cdot\mathrm{h}^{-1}$	25.0	24.5	24.1	24.0	25.0	26.0	25.5	25.8	24.2	23.8	24.5	25.5	25.0	24.6	24.0	23.5	23.0

23. 某烧伤患者需要植皮,根据测定,皮的大小和数据如图 5-28 所示(单位为 cm),求皮的面积。

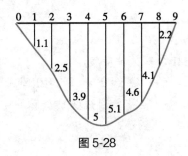

图 5-28

第六章

微 分 方 程

1. 掌握可分离变量方程的解法,一阶线性微分方程的解法,二阶常系数齐次线性微分方程和简单的非齐次方程的解法。

2. 熟悉微分方程的概念,微分方程的阶,微分方程的解、通解、特解、初始条件。

3. 了解拉普拉斯变换在求解方程中的应用。

第一节　微分方程的基本概念

函数反映了客观世界运动过程中各种变量之间的关系,是研究现实世界运动规律的重要工具,但在实际问题中,往往很难直接写出反映运动规律的量与量之间的函数关系,却很容易建立这些变量与它们的导数(或微分)之间的联系,从而得到一个关于未知函数的导数(或微分)方程,即微分方程。下面通过例子简单说明微分方程的建立步骤。

一、简单微分方程的建立

例 1　已知一条曲线过点 $(2,8)$,且任意点 x 处切线的斜率为其横坐标的 3 倍,求曲线方程。

解　设曲线方程为 $y=y(x)$,根据导数的几何含义,有

$$\frac{\mathrm{d}y}{\mathrm{d}x}=3x$$

两边同时积分,有

$$y=\frac{3}{2}x^2+C \quad (C \text{ 为任意常数})$$

将 $x=2$,$y=8$ 代入上式,有　　　　　　　　$C=2$

于是,所求曲线方程为

$$y=\frac{3}{2}x^2+2$$

例 2　一汽车在公路上以 $10\mathrm{m/s}$ 的速度行驶,司机突然发现汽车前方 $20\mathrm{m}$ 处有一小孩在路上玩耍,司机立即刹车,已知汽车刹车后获得加速度为 $-4\mathrm{m/s^2}$,问:汽车是否会撞到小孩?

解　设汽车刹车后 t 秒内行驶了 s 米,根据题意,反映刹车阶段汽车运动规律的函数 $s=$

第六章　微分方程

$s(t)$,应满足方程:

$$\frac{\mathrm{d}^2 s}{\mathrm{d}t^2} = -4$$

由题意,方程满足下面条件

$$S\big|_{t=0} = 0, v\big|_{t=0} = \frac{\mathrm{d}s}{\mathrm{d}t}\big|_{t=0} = 10$$

两边积分一次,有

$$v = \frac{\mathrm{d}s}{\mathrm{d}t} = -4t + c_1$$

两边再次积分,有

$$S = -2t^2 + c_1 t + c_2$$

由 $t=0, v=10$,有

$$c_1 = 10$$

由 $t=0, s=0$,有

$$c_2 = 0$$

即

$$s = -2t^2 + 10t$$

再由 $v=0$,求出 $\qquad\qquad t = 2.5$

得到刹车后位移是 $\qquad\qquad s = 12.5(\mathrm{m})$

即汽车不会撞到小孩。

例3 自由落体在不计空气阻力的情况下,t 时刻下落的距离为 x,加速度 g 是常数,则有 $\frac{\mathrm{d}^2 x}{\mathrm{d}t^2} = g$,其中 x 是未知函数,t 是自变量。

回顾上面过程,在实际问题中,经常利用几何、物理、药学、化学等学科中的规律建立常微分方程,要注意在实际问题中导数经常会以其他名称出现,如斜率(几何学中),速度、加速度(物理学中),变化率,衰变率(在放射性问题中),边际(经济学中),增长率(生物学以及药学中)等,只有找到实际问题中的导数才能建立微分方程。

二、常微分方程与偏微分方程

定义6.1 称含有自变量、未知函数以及未知函数的导数(或微分)的方程为**微分方程**。若微分方程中出现的未知函数只含 1 个自变量,则称这个方程为**常微分方程**。常微分方程的一般形式为 $F[x, y, y', \cdots, y^{(n)}] = 0$,在这个方程里 x 是自变量,y 是 x 的未知函数。

上面例子中 $\frac{\mathrm{d}^2 x}{\mathrm{d}t^2} = g$ 与 $\frac{\mathrm{d}y}{\mathrm{d}x} = 3x$ 均为常微分方程。

当微分方程中的未知函数的自变量多于 1 个时,称该方程为**偏微分方程**。

如 $\frac{\partial^2 T}{\partial x^2} = 4\frac{\partial T}{\partial t}$ 与 $\frac{\partial^2 T}{\partial x^2} + \frac{\partial^2 T}{\partial y^2} + \frac{\partial^2 T}{\partial z^2} = 0$ 均为偏微分方程,这里 T 是未知函数,x, y, z, t 都是自变量。

注 (1)微分方程的实质是联系自变量,未知函数以及未知函数的某些导数(或微分)之间的关系式,其中未知函数的导数一定要出现,如方程 $y'=2$ 中,除 y' 外其他变量并没有出现。

(2)在一阶微分方程中,根据需要也可将 x 看成未知函数,y 看作自变量,如方程 $(y^2 + x)$

$\mathrm{d}y+x\mathrm{d}x=0$ 中,既可以把 y 看成未知函数, x 看作自变量;也可以把 x 看成未知函数, y 看作自变量。

本章只讨论常微分方程,下面简称微分方程(不引起混淆的地方也简称方程)。

微分方程可以根据它所含导数或微分的阶数来分类。

定义 6.2 微分方程中出现的未知函数最高阶导数的阶数称为**微分方程的阶**。

如:$y''+y'+xy=1$ 是二阶微分方程;$(y')^2+xy=0$ 是一阶微分方程;

$5y^3\dfrac{\mathrm{d}y}{\mathrm{d}x}=2x$ 是一阶微分方程;$(y^2+x)\mathrm{d}y+x\mathrm{d}x=0$ 是一阶微分方程。

三、微分方程的解

定义 6.3 满足微分方程的函数称为**微分方程的解**。

如上面例 1 中的 $y=\dfrac{3}{2}x^2+C$,$y=\dfrac{3}{2}x^2+2$ 都是方程 $\dfrac{\mathrm{d}y}{\mathrm{d}x}=3x$ 的解。

定义 6.4 若微分方程的解中含有相互独立的任意常数,且任意常数的个数恰好等于方程的阶数,则称此解为**微分方程的通解**;称不含任意常数的解为**微分方程的特解**。

例如 对于微分方程 $y'''=x$,方程两边积分 3 次,得方程的解

$$y=\frac{1}{24}x^4+\frac{1}{2}C_1x^2+C_2x+C_3 \quad (C_1,C_2,C_3\ \text{为任意常数})$$

其中 C_1,C_2,C_3 不能合并,称为微分方程的通解。

当 $C_1=C_2=C_3=0$ 时,$y=\dfrac{1}{24}x^4$ 满足方程,称为方程的特解。

思考 上面例 2 中方程为 $\dfrac{\mathrm{d}^2s}{\mathrm{d}t^2}=-4$,下面函数为方程通解吗?为什么?

(1) $S=-2t^2+c_1t+c_2$　　　(2) $S=-2t^2+c_1t$　　　(3) $S=-2t^2+c_1t+c_2t$

(4) $S=-2t^2+5t$　　　(5) $S=-2t^3+c_1t+c_2$

解 (1)是方程的通解;(2)是方程的解,但不是通解,因为常数只有 1 个;(3)不是通解,尽管有两个常数,但可以合并成一个任意常数;(4)不是通解,因为没有常数;(5)不是通解,该函数代入方程中不满足方程,故不是方程的解。

微分方程的通解必须满足以下 4 个条件:

(1)成为方程的解;

(2)含有任意常数;

(3)任意常数个数等于方程的阶;

(4)常数相互独立。

定义 6.5 用于确定特解的条件称**初始条件**,称带有初始条件的微分方程求解问题为**初值问题**。

如上面例 1 中, $x=2$ 时,$y=8$ 为微分方程 $\dfrac{\mathrm{d}y}{\mathrm{d}x}=3x$ 的初始条件,求初始条件下的曲线方程的问题即为初值问题。

定义 6.6 微分方程的通解图形一般来说是一族曲线,称为微分方程的**积分曲线族**,特解是其中的一条曲线,称为**积分曲线**。

方程 $\dfrac{\mathrm{d}y}{\mathrm{d}x}=3x$ 的解的图像,如图 6-1 所示。

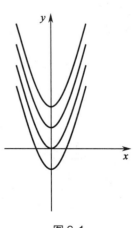

图 6-1

微分方程求通解在历史上曾作为微分方程的主要目标,一旦求出通解的表达式,就容易从中得到问题所需要的特解。后来的发展表明,能够求出通解的情况不多,在实际应用中所需要的多是求满足某种指定条件的特解,我们本章将研究能够求出通解的情况。

第二节　一阶微分方程

一阶微分方程的一般形式为 $F(x,y,y')=0$,很多一阶方程没有初等解法。本节将介绍一阶方程的基本类型的解法,尽管这些类型有限,但它们却反映了实际问题中出现的微分方程的相当部分,因此掌握这些类型方程的解法有重要的实际意义。

一、可分离变量的方程

1. 可分离变量的方程

定义 6.7　若一阶微分方程能改写为形如: $f(y)\mathrm{d}y=g(x)\mathrm{d}x$,称它为**可分离变量的微分方程**。

求解方法:若 $f(y)\mathrm{d}y=g(x)\mathrm{d}x$,两边积分,有

$$\int f(y)\mathrm{d}y=\int g(x)\mathrm{d}x$$

又 $F(y)$ 是 $f(y)$ 的一个原函数, $G(x)$ 是 $g(x)$ 的一个原函数,则

$$F(y)=G(x)+C \quad (C\text{ 是任意常数})$$

为所求的通解。

例 4　求微分方程 $y'=\mathrm{e}^{x+y}$ 的通解。

解　由已知 $\qquad\qquad y'=\mathrm{e}^{x+y}=\mathrm{e}^x\mathrm{e}^y$

即

$$\frac{\mathrm{d}y}{\mathrm{d}x}=\mathrm{e}^x\mathrm{e}^y$$

分离变量,有

$$\frac{\mathrm{d}y}{\mathrm{e}^y}=\mathrm{e}^x\mathrm{d}x$$

两边积分,有

$$-\mathrm{e}^{-y}=\mathrm{e}^x+C \quad (C\text{ 是任意常数})$$

为所求方程的通解。

例 5　求微分方程 $\dfrac{\mathrm{d}y}{\mathrm{d}x}=-\dfrac{2y}{x}$ 的通解。

解　分离变量,有

$$\frac{\mathrm{d}y}{y}=-\frac{2}{x}\mathrm{d}x$$

两边积分,有

$$\int\frac{\mathrm{d}y}{y}=-\int\frac{2}{x}\mathrm{d}x$$

即

$$\ln y=-2\ln x+\ln C$$

化简得到 $y = \dfrac{C}{x^2}$ （C 是任意常数）

注 通解中的 C 是任意常数，解题时可根据需要表达成不同的形式，如 $3C, C^2, \ln C$ 等。

例 6 求 $\sin x \cos y \mathrm{d}x - \cos x \sin y \mathrm{d}y = 0$ 的通解，并求满足初始条件 $y(0) = \dfrac{\pi}{4}$ 的特解。

解 因为 $\cos x = 0, \cos y = 0$ 不是所求特解，方程两边同时除以 $\cos x \cos y$ 得

$$\frac{\sin y}{\cos y}\mathrm{d}y = \frac{\sin x}{\cos x}\mathrm{d}x$$

两边积分，有

$$-\ln\cos x = -\ln\cos y + \ln C$$

即方程的通解为

$$\cos y = C\cos x \quad （C \text{ 是任意常数}）$$

又 $y(0) = \dfrac{\pi}{4}$，代入上式有

$$\cos\frac{\pi}{4} = C\cos 0, \text{即 } C = \frac{\sqrt{2}}{2}$$

即满足初始条件的特解为

$$\cos y = \frac{\sqrt{2}}{2}\cos x$$

例 7 放射性碘^{131}I 广泛用来研究甲状腺的功能。^{131}I 的瞬时放射速率与它当时所存在的量成正比，已知^{131}I 原有的质量为 5.55×10^8Bq，其半衰期 $T_{\frac{1}{2}} = 8$ 天，问 12 天后还剩多少？

解 设 t 时刻^{131}I 的质量为 $N(t)$。由于放射速率与它当时所存在的质量成正比，可列出微分方程：

$$\frac{\mathrm{d}N(t)}{\mathrm{d}t} = -kN(t)$$

其中 $k>0$ 为比例系数（称衰变常数）。

初始条件为：当 $t=0$ 时，$N(t) = N(0) = 5.55\times10^8$。

分离变量，有

$$\frac{\mathrm{d}N(t)}{N(t)} = -k\mathrm{d}t$$

两边积分，有

$$N(t) = Ce^{-kt} \quad （C \text{ 是任意常数}）$$

代入初始条件，有

$$5.55\times10^8 = Ce^0 = C$$

所以衰变规律为

$$N(t) = 5.55\times10^8 e^{-kt}$$

因为^{131}I 的半衰期 $T_{\frac{1}{2}} = 8$，即 $t=8$ 时，有

$$N(8) = \frac{N(0)}{2} = 2.775\times10^8 = 5.55\times10^8 e^{-8k}$$

解之，有

$$k = \frac{\ln 2}{8} \approx 0.086\,6$$

$$N(12) = 5.55 \times 10^8 \mathrm{e}^{-0.0866 \times 12} \approx 1.96 \times 10^8 (\mathrm{Bq})$$

所以 12 天后还剩 $1.96 \times 10^8 \mathrm{Bq}$。

由前面讨论可知,可分离变量方程的解法步骤是:先分离变量,再两边同时积分,即得通解。将初始条件代入到通解中,确定任意常数可得到方程的特解。

2. 齐次方程　有些微分方程不能直接分离变量,可以用变量代换的方法,使其转化为可分离变量的方程求解。

定义 6.8　形如 $\dfrac{\mathrm{d}y}{\mathrm{d}x} = f\left(\dfrac{y}{x}\right)$ 的方程称为**齐次微分方程**。

如 $\dfrac{\mathrm{d}y}{\mathrm{d}x} = \dfrac{y^2}{xy - x^2}$,可化为 $\dfrac{\mathrm{d}y}{\mathrm{d}x} = \dfrac{\left(\dfrac{y}{x}\right)^2}{\dfrac{y}{x} - 1}$

又如 $x^2 y' + xy = y^2$,可化为 $y' = \left(\dfrac{y}{x}\right)^2 - \dfrac{y}{x}$,所以它们都是齐次微分方程。

齐次方程解法:

(1)作变量代换 $u = \dfrac{y}{x}$,注意 $u = u(x)$,即 u 为 x 的函数,所以 $y = u \cdot x$;

(2)计算 $\dfrac{\mathrm{d}y}{\mathrm{d}x} = \dfrac{\mathrm{d}[u \cdot x]}{\mathrm{d}x} = u' \cdot x + u$;

(3)把 $y = u \cdot x$,$y' = u' \cdot x + u$ 代入原方程,有 $u' \cdot x + u = f(u)$;分离变量 $\dfrac{\mathrm{d}u}{f(u) - u} = \dfrac{\mathrm{d}x}{x}$,两边积分,解出 $u = u(x)$;

(4)再将 $u = \dfrac{y}{x}$ 回代即得通解 $y = y(x)$。

例 8　求微分方程 $y' - \dfrac{y}{x} = 2\tan\dfrac{y}{x}$ 的通解。

解　此方程为齐次方程。令 $u = \dfrac{y}{x}$,有

$$u'x + u - u = 2\tan u$$

代入原方程,有

$$u' \cdot x = 2\tan u$$

分离变量,有

$$\frac{\mathrm{d}u}{\tan u} = 2\frac{\mathrm{d}x}{x}$$

两边积分,有

$$\ln\sin u = 2\ln x + \ln C = \ln C x^2$$

$$\sin u = C x^2$$

将变量 $u = \dfrac{y}{x}$ 代回,有

$$\sin\frac{y}{x} = C x^2 \qquad (C \text{ 是任意常数})$$

例 9　求方程 $(y + \sqrt{x^2 + y^2})\mathrm{d}x - x\mathrm{d}y = 0$ 的通解($x > 0$)。

解　原方程可化为

$$\frac{\mathrm{d}y}{\mathrm{d}x}=\frac{y}{x}+\sqrt{1+\left(\frac{y}{x}\right)^2}$$

这是齐次方程,故令

$$u=\frac{y}{x},\ \text{即}\ y=ux$$

代入方程,有

$$u+x\frac{\mathrm{d}u}{\mathrm{d}x}=u+\sqrt{1+u^2}$$

分离变量,有

$$\frac{\mathrm{d}u}{\sqrt{1+u^2}}=\frac{\mathrm{d}x}{x}$$

两边积分,有

$$u+\sqrt{1+u^2}=Cx$$

将 $u=\dfrac{y}{x}$ 回代,得通解为

$$y+\sqrt{x^2+y^2}=Cx^2 \qquad (C\ \text{是任意常数})$$

二、一阶线性微分方程

定义 6.9 形如 $\dfrac{\mathrm{d}y}{\mathrm{d}x}+P(x)y=Q(x)$ 的方程称为一阶线性微分方程;若 $Q(x)\equiv0$,则称 $\dfrac{\mathrm{d}y}{\mathrm{d}x}+P(x)y=0$ 为**一阶线性齐次微分方程**;$Q(x)\not\equiv0$,称 $\dfrac{\mathrm{d}y}{\mathrm{d}x}+P(x)y=Q(x)$ 为**一阶线性非齐次微分方程**。

如:$\dfrac{\mathrm{d}y}{\mathrm{d}x}=y+x^2$ 与 $\dfrac{\mathrm{d}x}{\mathrm{d}t}=x\sin t+t^2$ 是一阶线性微分方程;$yy'-2x=1$ 与 $y'-\cos y=x$ 是一阶非线性微分方程。

注 对于方程 $y\mathrm{d}x+(x-y^3)\mathrm{d}y=0$ 而言,若化成 $\dfrac{\mathrm{d}y}{\mathrm{d}x}=\dfrac{y}{y^3-x}$,则显然不是关于未知函数 y 的线性微分方程;若将原方程改写为 $\dfrac{\mathrm{d}x}{\mathrm{d}y}=\dfrac{y^3-x}{y}$,将 x 看作未知函数,y 看作自变量,则它是线性微分方程。

先来求一阶线性齐次微分方程 $\dfrac{\mathrm{d}y}{\mathrm{d}x}+P(x)y=0$ 的解,分离变量,有

$$\frac{\mathrm{d}y}{y}=-P(x)\mathrm{d}x$$

两边积分,有

$$y=c\mathrm{e}^{-\int P(x)\mathrm{d}x} \qquad (c\ \text{为任意常数})$$

上式为一阶线性齐次微分方程的通解。

下面我们求一阶线性非齐次微分方程 $\dfrac{\mathrm{d}y}{\mathrm{d}x}+P(x)y=Q(x)$ 的通解。

讨论:假设方程的解是 $y=f(x)$

则代入方程$\dfrac{\mathrm{d}f(x)}{\mathrm{d}x}+P(x)f(x)=Q(x)$，将使方程两边恒等，变形有

$$\frac{\mathrm{d}f(x)}{f(x)}=\left[\frac{Q(x)}{f(x)}-P(x)\right]\mathrm{d}x$$

两边积分

$$\ln f(x)=\int\frac{Q(x)}{f(x)}\mathrm{d}x-\int P(x)\mathrm{d}x$$

所以

$$f(x)=\mathrm{e}^{\int\frac{Q(x)}{f(x)}\mathrm{d}x}\mathrm{e}^{-\int P(x)\mathrm{d}x}$$

为所求解。

若记$c(x)=\mathrm{e}^{\int\frac{Q(x)}{f(x)}\mathrm{d}x}$，则

$$y=f(x)=c(x)\mathrm{e}^{-\int P(x)\mathrm{d}x}$$

该解与方程$\dfrac{\mathrm{d}y}{\mathrm{d}x}+P(x)y=0$解的形式有相似性，我们用常数变易法来求其解，步骤为：

（1）用分离变量方法，求对应的齐次方程$\dfrac{\mathrm{d}y}{\mathrm{d}x}+P(x)y=0$的通解

$$y=c\mathrm{e}^{-\int P(x)\mathrm{d}x}$$

（2）变易常数，令$y=c(x)\mathrm{e}^{-\int P(x)\mathrm{d}x}$为非齐次方程$\dfrac{\mathrm{d}y}{\mathrm{d}x}+P(x)y=Q(x)$的解

（3）将$y=c(x)\mathrm{e}^{-\int P(x)\mathrm{d}x}$，代入方程$\dfrac{\mathrm{d}y}{\mathrm{d}x}+P(x)y=Q(x)$，有

$$c'(x)\mathrm{e}^{-\int P(x)\mathrm{d}x}-P(x)c(x)\mathrm{e}^{-\int P(x)\mathrm{d}x}+P(x)c(x)\mathrm{e}^{-\int P(x)\mathrm{d}x}=Q(x)$$

化简有

$$c'(x)\mathrm{e}^{-\int P(x)\mathrm{d}x}=Q(x)$$

即

$$c'(x)=\mathrm{e}^{\int P(x)\mathrm{d}x}Q(x)$$

两边积分，有

$$c(x)=\int Q(x)\mathrm{e}^{\int P(x)\mathrm{d}x}\mathrm{d}x+C$$

（4）把$c(x)=\int Q(x)\mathrm{e}^{\int P(x)\mathrm{d}x}\mathrm{d}x+C$代回$y=c(x)\mathrm{e}^{-\int P(x)\mathrm{d}x}$中，有

$$y=\left(\int Q(x)\mathrm{e}^{\int P(x)\mathrm{d}x}\mathrm{d}x+C\right)\mathrm{e}^{-\int P(x)\mathrm{d}x}\qquad（C\text{是任意常数}）$$

即为所求非齐次微分方程的通解。

求一阶非齐次线性方程的通解可以直接代入上面的公式，但要注意方程一定先化成定义中的标准形式，对应写出$P(x)$，$Q(x)$，再代入公式中求解（公式法），也可以用常数变易的推导方法求解。

例10 求$y'-y\tan x=\sec x$的通解。

解 $y'-y\tan x=\sec x$为一阶线性非齐次方程，故用常数变易法求解。

（1）先求齐次方程$y'-y\tan x=0$的通解

分离变量，有

$$\frac{dy}{y} = \tan x dx$$

两边积分,有

$$\ln y = -\ln\cos x + \ln c$$

于是,方程 $y' - y\tan x = 0$ 的通解为

$$y = \frac{c}{\cos x}(c \text{ 为任意常数})$$

(2)常数变易,令 $y = \frac{c(x)}{\cos x}$ 为 $y' - y\tan x = \sec x$ 的解

(3)将 $y = \frac{c(x)}{\cos x}$ 代入方程 $y' - y\tan x = \sec x$ 中,有

$$c'(x) = \sec x \cdot \cos x = 1$$

解之,有

$$c(x) = x + C$$

(4)将 $c(x) = x + C$ 代回 $y = \frac{c(x)}{\cos x}$ 中,有

$$y = (x + C)\sec x = x\sec x + C\sec x \quad (C \text{ 是任意常数})$$

为所求通解。

例 11　求 $\frac{dy}{dx} + 3y = e^{2x}$ 的通解。

解　$\frac{dy}{dx} + 3y = e^{2x}$ 为一阶线性非齐次方程,故用常数变易法求解。

(1)先求 $\frac{dy}{dx} + 3y = 0$ 的通解

分离变量,有

$$\frac{dy}{y} = -3dx$$

两边积分,有

$$\ln y = -3x + \ln c$$

通解为

$$y = ce^{-3x}$$

(2)常数变易,令 $y = c(x)e^{-3x}$ 为 $\frac{dy}{dx} + 3y = e^{2x}$ 的解

(3)将 $y = c(x)e^{-3x}$ 代入方程 $\frac{dy}{dx} + 3y = e^{2x}$ 中,有

$$c'(x)e^{-3x} + c(x)(-3e^{-3x}) + 3c(x)e^{-3x} = e^{2x}$$

解之,有

$$c'(x) = e^{5x}$$

即

$$c(x) = \frac{1}{5}e^{5x} + C$$

(4)将 $c(x) = \frac{1}{5}e^{5x} + C$ 代回 $y = c(x)e^{-3x}$ 中,有

$$y=\left(\frac{1}{5}e^{5x}+C\right)e^{-3x}=\frac{1}{5}e^{2x}+Ce^{-3x} \quad (C\text{ 是任意常数})$$

为所求通解。

观察上面例题解的构成情况,不难看出,ce^{-3x} 为 $\frac{dy}{dx}+3y=0$ 的通解,$\frac{1}{5}e^{2x}$ 为当 $c=0$ 时 $\frac{dy}{dx}+3y=e^{2x}$ 的特解,即一阶线性非齐次方程的通解,等于对应齐次方程的通解加上非齐次方程的一个特解,后面二阶线性方程的解也有上面结论。

例 12 求 $\frac{dy}{dx}=\frac{y}{2x-y^2}$ 的通解。

解 若将 y 看成未知函数,x 作为自变量,此方程不是一阶线性方程。故将 x 看成未知函数,y 作为自变量,则原方程化为:

$$\frac{dx}{dy}=\frac{2x-y^2}{y}$$

进一步化简,有

$$\frac{dx}{dy}-\frac{2}{y}x=-y$$

为一阶线性非齐次方程,用常数变易法求解。

(1)求对应的方程 $\frac{dx}{dy}-\frac{2}{y}x=0$ 的通解

这是可分离变量的方程,解之,有

$$x=C\cdot y^2$$

(2)常数变易法,令 $x=C(y)\cdot y^2$

(3)将 $x=C(y)\cdot y^2$ 代入非齐次方程中,有

$$C'(y)=-y^{-1}$$

解之,有

$$C(y)=-\ln y+c$$

(4)将 $C(y)=-\ln y+C$ 代回,得方程的通解为

$$x=y^2(c-\ln y) \quad (c\text{ 是任意常数})$$

三、伯努利方程

定义 6.10 形如 $\frac{dy}{dx}+P(x)y=Q(x)y^n$ 的方程称为**一阶伯努利方程**,这里 $P(x)$,$Q(x)$ 为 x 的函数,$n\neq 0,1$ 是常数。

利用变量代换可以将伯努利方程化为线性方程,下面讨论伯努利方程解的情形。

对于 $y\neq 0$,用 y^{-n} 乘方程两边,将方程变形为

$$y^{-n}\frac{dy}{dx}+P(x)y^{1-n}=Q(x)$$

即

$$\frac{1}{1-n}\frac{d(y^{1-n})}{dx}+P(x)y^{1-n}=Q(x)$$

令 $z=y^{1-n}$,则方程化为

$$\frac{dz}{dx}+(1-n)P(x)z=(1-n)Q(x)$$

这是关于 z 的一阶线性非齐次方程,故可用常数变易法求得它的通解 $z=z(x)$,最后将 $z=y^{1-n}$ 代回,即得原方程的通解 $y=y(x)$。

例 13　求 $\dfrac{\mathrm{d}y}{\mathrm{d}x}=6\dfrac{y}{x}-xy^2$ 的通解。

解　这是 $n=2$ 时的伯努利方程。

两边同时除以 y^2,有

$$y^{-2}\frac{\mathrm{d}y}{\mathrm{d}x}=6\frac{1}{xy}-x$$

化简为伯努利方程标准形式

$$\frac{\mathrm{d}(y^{-1})}{\mathrm{d}x}+6\frac{1}{x}y^{-1}=x$$

令 $z=y^{-1}$,有

$$\frac{\mathrm{d}z}{\mathrm{d}x}+\frac{6}{x}z=x$$

这是一阶线性方程,按照常数变易法的步骤求解。

(1)求 $\dfrac{\mathrm{d}z}{\mathrm{d}x}+\dfrac{6}{x}z=0$ 的通解。这是可分离变量的方程,解之,有

$$z=Cx^{-6}$$

(2)常数变易,令 $z=C(x)x^{-6}$

(3)将 $z=C(x)x^{-6}$,代入 $\dfrac{\mathrm{d}z}{\mathrm{d}x}=-\dfrac{6}{x}z+x$ 中,有

$$C(x)=\frac{x^8}{8}+c$$

(4)代回 $z=C(x)x^{-6}$ 得到

$$z=\frac{c}{x^6}+\frac{x^2}{8}$$

又因为 $z=y^{-1}$,所以

$$\frac{x^6}{y}-\frac{x^8}{8}=c$$

为原方程的通解。

例 14　求 $xy'+y-xy^2\ln x=0$ 的通解。

解　将方程两边同时除以 xy^2,有

$$y^{-2}y'+\frac{1}{x}y^{-1}=\ln x$$

此方程为伯努利方程。

令 $z=y^{-1}$,代入得

$$\frac{\mathrm{d}z}{\mathrm{d}x}-\frac{1}{x}z=-\ln x$$

(1)求 $\dfrac{\mathrm{d}z}{\mathrm{d}x}-\dfrac{1}{x}z=0$ 的通解,得到 $z=Cx$

(2)常数变易,令 $z=C(x)\cdot x$

(3)将 $z=C(x)\cdot x$ 代入 $\dfrac{\mathrm{d}z}{\mathrm{d}x}-\dfrac{1}{x}z=-\ln x$ 中,解之得

$$C(x) = -\frac{(\ln x)^2}{2} + c$$

（4）代回 $z = C(x) \cdot x$ 得到

$$z = -\frac{(\ln x)^2}{2} x + cx$$

又因为 $z = y^{-1}$，所以

$$y = \frac{2}{-(\ln x)^2 x + 2cx}$$

为原方程的通解。

第三节　二阶微分方程

一、可降阶的二阶微分方程

二阶微分方程的一般形式为 $F(x, y, y', y'') = 0$，其求解一般不是很容易。这里介绍几种简单类型的二阶微分方程，它的解法有一个共同特点，即作适当变换能使方程降阶为一阶方程再求解，即可降阶的二阶微分方程。

1. $y'' = f(x)$ 型的二阶微分方程　这类方程的特点是不显含 y, y'，只要逐层积分即可求出解。

例 15　求微分方程 $y'' = e^x$ 的通解。

解　两边积分一次，有

$$y' = e^x + c_1$$

两边再积分一次，有

$$y = e^x + c_1 x + c_2 \quad (c_1, c_2 \text{ 为任意常数})$$

2. $y'' = f(x, y')$ 型的二阶微分方程　此类方程的特点是方程中不显含 y，可作变量代换。

令 $y' = p(x)$，则 $y'' = p'$，原二阶方程可以降阶为 p' 和 x 的一阶方程，即可求通解。

例 16　求 $y'' + y' = x^2$ 的通解。

解　令 $p = y'$，则 $p' = y''$，原方程变为 $p' + p = x^2$ （一阶线性非齐次方程）

利用常数变易，得通解

$$p = x^2 - 2x + 2 + c_1 e^{-x}$$

又 $p = y'$，所以

$$y' = x^2 - 2x + 2 + c_1 e^{-x}$$

两边积分得通解

$$y = \frac{1}{3}x^3 - x^2 + 2x - c_1 e^{-x} + c_2 (c_1, c_2 \text{ 为任意常数})$$

3. $y'' = f(y, y')$ 型的二阶微分方程　此类方程的特点是方程中不显含 x。若用上面方法令 $y' = p(x)$，则

$$y'' = p'(x)$$

方程 $y'' = f(y, y')$ 化为

$$p' = f[y, p(x)]$$

此方程中含有 p,y,x 三个变量,无法求解。

故令 $y'=p(y)$,则

$$y''=\frac{\mathrm{d}p}{\mathrm{d}x}=\frac{\mathrm{d}p}{\mathrm{d}y}\frac{\mathrm{d}y}{\mathrm{d}x}=p\frac{\mathrm{d}p}{\mathrm{d}y}$$

代入方程,原方程可以降阶为 p' 和 y 的一阶方程 $p'=f(y,p)$,即可求通解 $p=p(y)$,再将其代入 $y'=p(y)$ 中,可求 $y=y(x)$。

例 17 求微分方程 $y''=2y^3$,当 $y(0)=y'(0)=1$ 时的特解。

解 令 $y'=p(y)$,则 $y''=p\dfrac{\mathrm{d}p}{\mathrm{d}y}$,从而

$$p\frac{\mathrm{d}p}{\mathrm{d}y}=2y^3,$$

即

$$p\mathrm{d}p=2y^3\mathrm{d}y$$

两边积分,得

$$\frac{1}{2}p^2=\frac{1}{2}y^4+\frac{c_1}{2}$$

由 $y(0)=y'(0)=1$,得 $x=0$ 时,$p=1$,代入上式,有

$$c_1=0$$

所以

$$p=\pm y^2$$

由 $y'(0)=1$ 知 $p>0$,故

$$p=y^2$$

即

$$\frac{\mathrm{d}y}{\mathrm{d}x}=y^2$$

分离变量 $\dfrac{\mathrm{d}y}{y^2}=\mathrm{d}x$,两边积分

$$\int\frac{\mathrm{d}y}{y^2}=\int\mathrm{d}x$$

所以

$$-\frac{1}{y}=x+c_2$$

由 $y(0)=1$ 知

$$c_2=-1$$

所求方程特解为

$$y=\frac{1}{1-x}$$

二、二阶微分方程解的结构

上面介绍了几种可降阶的特殊类型的二阶微分方程的解法,本节介绍另外一类常用的二阶常系数线性方程的解法。

二阶线性微分方程的一般形式为

$$A(x)y''+B(x)y'+C(x)y=f(x),\text{其中}A(x)\neq0$$

笔记栏

定义 6.11 形如 $A(x)y''+B(x)y'+C(x)y=f(x)$ 的方程中,若 $f(x)\equiv0$ 称为**二阶线性齐次方程**;若 $f(x)$ 不恒为 0,则称方程为**非齐次线性方程**,$f(x)$ 称为非齐次项或自由项;若 $A(x),B(x),C(x)$ 均为常数,则称为**二阶常系数线性方程**。

二阶线性微分方程的解的结构如何对求解二阶线性微分方程有指导意义,为此,先来讨论二阶线性微分方程解的结构。

定理 6.1(叠加原理) 设 $y_1(x),y_2(x)$ 是 $A(x)y''+B(x)y'+C(x)y=0$ 的两个解,则它们的任意线性组合 $y=c_1y_1(x)+c_2y_2(x)$ 也是方程的解(其中 c_1,c_2 为任意常数)。

证 $y_1(x),y_2(x)$ 是 $A(x)y''+B(x)y'+C(x)y=0$ 的解,必满足方程,

代入有

$$A(x)y_1''+B(x)y_1'+C(x)y_1=0$$
$$A(x)y_2''+B(x)y_2'+C(x)y_2=0$$

对于 $y=c_1y_1(x)+c_2y_2(x)$,因为

$$A(x)(y_1''+y_2'')+B(x)(y_1'+y_2')+C(x)(y_1+y_2)=0$$

故结论成立。

上面结论可以推广为:若 $y_1(x),y_2(x),\cdots,y_n(x)$ 是方程 $A(x)y''+B(x)y'+C(x)y=0$ 的 n 个解,则它们的任意线性组合 $y=c_1y_1(x)+c_2y_2(x)+\cdots+c_ny_n(x)$ 仍为方程的解。

已知齐次线性方程 $x^2y''+4xy'-4y=0$ 的两个特解为 $y_1=x$,$y_2=x^{-4}$,由上述定理可知

$$y=2x,\ y=x+x^{-4},\ y=2x+3x^{-4},\ y=c_1x+c_2x^{-4}$$

也是原方程的解。

考虑 $y=c_1x+c_2x^{-4}$,会不会成为方程的通解?因为它含有两个常数,且常数 c_1,c_2 不能合并,相互独立,故 $y=c_1x+c_2x^{-4}$ 是原方程的通解。

对于 $y=c_1y_1(x)+c_2y_2(x)$ 是否会成为 $A(x)y''+B(x)y'+C(x)y=0$ 的通解,取决于 $y_1(x)$,$y_2(x)$ 之间的关系。为此需要我们引入函数线性相关与线性无关的概念。

定义 6.12 设 $y_1(x),y_2(x),\cdots,y_n(x)$ 是定义在某个区间 I 上的函数,若存在不全为零的常数 $k_1,k_2,\cdots k_n$,使得

$$k_1y_1+k_2y_2+\cdots+k_ny_n\equiv0$$

则称 $y_1(x),y_2(x),\cdots,y_n(x)$ 在区间 I 上**线性相关**。若 $k_1y_1+k_2y_2+\cdots+k_ny_n\equiv0$ 当且仅当 $k_1=k_2=\cdots=k_n=0$ 才成立,称 $y_1(x),y_2(x),\cdots,y_n(x)$ 在区间 I 上**线性无关**。

特别地,若 $y_1(x),y_2(x)$ 是定义在 I 上的函数,则

(1)$y_1(x),y_2(x)$ 线性无关 $\Leftrightarrow\dfrac{y_1(x)}{y_2(x)}$ 不恒为常数;

(2)$y_1(x),y_2(x)$ 线性相关 $\Leftrightarrow\dfrac{y_1(x)}{y_2(x)}$ 恒为常数。

如:函数 $\cos x$ 与 $\sin x$,因为 $\dfrac{\cos x}{\sin x}=\cot x\neq$ 常数,所以 $\cos x$ 与 $\sin x$ 线性无关。

又如:$\cos^2x$ 与 $\sin^2x-1$,因为 $\dfrac{\cos^2x}{\sin^2x-1}=-1$ 为常数,所以 $\cos^2x$ 与 $\sin^2x-1$ 线性相关。

上面例子中 $\dfrac{y_1(x)}{y_2(x)}=\dfrac{x}{x^{-4}}=x^5\neq$ 常数,所以 $y_1(x),y_2(x)$ 线性无关。

例 18 下面哪组函数之间线性相关?

A. $\sin x,\sin 2x$ B. $\sin^2x,\cos^2x$ C. $e^x,\ e^{2x}$ D. $\ln x,\ln\sqrt{x}$

解 因为 $\dfrac{\ln\sqrt{x}}{\ln x}=\dfrac{1}{2}$，故选答案 D。

注 两个函数 $y_1(x),y_2(x)$ 之间要么线性相关，要么线性无关，二者必居其一。若 $y_1(x),y_2(x)$ 线性无关，则 $k_1y_1(x)+k_2y_2(x)$ 无法合并成 $ky(x)$，但当 $y_1(x),y_2(x)$ 线性相关时可以合并。

定理 6.2 设 $y_1(x),y_2(x)$ 是齐次方程 $A(x)y''+B(x)y'+C(x)y=0$ 的两个线性无关的特解，则方程的通解可以表示为

$$y=c_1y_1(x)+c_2y_2(x) \quad （其中 c_1,c_2 为任意常数）$$

上面定理给出了求二阶齐次线性方程的通解方法：可先求出它的两个线性无关的特解 $y_1(x),y_2(x)$，再各乘以任意常数 c_1,c_2 后相加即可。

推论 1 设 $y_1(x),y_2(x)$ 是 $A(x)y''+B(x)y'+C(x)y=f(x)$ 的两个特解，则 $y=y_1(x)-y_2(x)$ 为对应齐次方程 $A(x)y''+B(x)y'+C(x)y=0$ 的一个解。

证 $y_1(x),y_2(x)$ 是方程的解，代入方程 $A(x)y''+B(x)y'+C(x)y=f(x)$

$$A(x)y_1''+B(x)y_1'+C(x)y_1=f(x)$$
$$A(x)y_2''+B(x)y_2'+C(x)y_2=f(x)$$

两式相减得到

$$A(x)(y_1''-y_2'')+B(x)(y_1'-y_2')+C(x)(y_1-y_2)=0$$

即

$$A(x)(y_1-y_2)''+B(x)(y_1-y_2)'+C(x)(y_1-y_2)=0$$

所以 $y=y_1(x)-y_2(x)$ 为对应齐次方程 $A(x)y''+B(x)y'+C(x)y=0$ 的一个解。

推论 2 设 y^* 是 $A(x)y''+B(x)y'+C(x)y=f(x)$ 的一个特解，$y(x)$ 是对应齐次方程 $A(x)y''+B(x)y'+C(x)y=0$ 的一个特解，则 $y=y^*+y(x)$ 为非齐次方程 $A(x)y''+B(x)y'+C(x)y=f(x)$ 的一个解。

证 因 y^* 是 $A(x)y''+B(x)y'+C(x)y=f(x)$ 的一个特解，则

$$A(x)(y^*)''+B(x)(y^*)'+C(x)y^*=f(x)；$$

又因 $y(x)$ 满足方程 $A(x)y''+B(x)y'+C(x)y=0$，有

$$A(x)(y^*+y)''+B(x)(y^*+y)'+C(x)(y^*+y)=f(x)$$

则 $y=y^*+y(x)$ 为非齐次方程 $A(x)y''+B(x)y'+C(x)y=f(x)$ 的一个解。

上面的推论为我们求二阶线性非齐次方程的通解提供了方法。

定理 6.3 设 y^* 是 $A(x)y''+B(x)y'+C(x)y=f(x)$ 的特解，$Y=c_1y_1(x)+c_2y_2(x)$ 是对应的齐次方程的通解，则

$$y=y^*+Y$$

即 $y=y^*+c_1y_1(x)+c_2y_2(x)$ 是 $A(x)y''+B(x)y'+C(x)y=f(x)$ 的通解。

证 由 $y=y^*+Y$，知 $y'=(y^*)'+y'$，$y''=(y^*)''+Y''$，代入方程 $A(x)y''+B(x)y'+C(x)y=f(x)$ 中，有

$$A(x)[(y^*)''+Y'']+B(x)[(y^*)'+Y']+C(x)(y^*+Y)$$
$$=[A(x)(y^*)''+B(x)(y^*)'+C(x)y^*]+[A(x)Y''+B(x)Y'+C(x)Y]$$
$$=f(x)+0=f(x)$$

定理得证。

例 19 设 $y_1=xe^x+e^{2x}$，$y_2=xe^x+e^{-x}$，$y_3=xe^x+e^{2x}-e^{-x}$ 是某二阶线性非齐次方程的解，求该方程的通解。

解 令 $Y_1=y_1-y_2$，$Y_2=y_1-y_3$，

又因为

$$\frac{Y_1}{Y_2} = \frac{e^{2x} - e^{-x}}{e^{-x}} \quad 不恒为常数,$$

所以, Y_1, Y_2 线性无关。

故通解为

$$y = c_1 e^{-x} + c_2 (e^{2x} - e^{-x}) + xe^x + e^{2x}$$

二阶线性方程解的结构问题已经解决了,但对一般的二阶线性方程来说,求通解并没有普遍的解法,下面将介绍二阶常系数线性方程的解法。

三、二阶常系数线性齐次微分方程

定义 6.13 称形如 $ay'' + by' + cy = 0$(其中 a, b, c 为常数)的方程为**二阶常系数线性齐次方程**。

由定理 6.2 知道,只要找到它的两个线性无关的特解即可求出它的通解,下面我们来讨论其特解的情况。

根据常系数线性齐次方程的特点,注意到形如 e^{rx} 的指数函数,其导数为原来函数的倍数,猜想 $y = e^{rx}$ 可能为方程的一个解,易求出

$$y' = re^{rx}, y'' = r^2 e^{rx}$$

代入方程并整理,有

$$e^{rx}(ar^2 + br + c) = 0$$

又因为 $e^{rx} \neq 0$,故

$$ar^2 + br + c = 0$$

由一元二次方程根 r 的不同情况,可以讨论对应微分方程的解。

定义 6.14 方程 $ar^2 + br + c = 0$ 称为对应的微分方程 $ay'' + by' + cy = 0$ 的**特征方程**;r 叫微分方程的**特征根**。

特征方程的根有以下 3 种情况:

(1)特征方程有两个不同的实根 r_1, r_2 时,则 $y_1 = e^{r_1 x}$,$y_2 = e^{r_2 x}$,为对应微分方程的两个解,且 $\frac{y_1}{y_2}$ 不恒为常数,从而微分方程的通解为

$$y = c_1 e^{r_1 x} + c_2 e^{r_2 x} \quad (c_1, c_2 为任意常数)$$

(2)特征方程有两个相同的实根,即当 $r_1 = r_2 = r$ 时,则 $y_1 = e^{r_1 x}$ 是微分的一个解,现在求另一个与 $y_1 = e^{r_1 x}$ 线性无关的解 y_2。

设 $\frac{y_2}{e^{rx}} = u(x)$,$u(x)$ 是待定函数,则 $y_2 = u(x) \cdot e^{rx}$,且

$$y_2' = u'(x) e^{rx} + ru(x) e^{rx}$$
$$y_2'' = u''(x) e^{rx} + 2ru'(x) e^{rx} + r^2 u(x) e^{rx}$$

将上式代入方程中,有

$$e^{rx}[au''(x) + (2ar + b)u'(x) + (ar^2 + br + c)u(x)] = 0$$

因为 $e^{rx} \neq 0$,且 $2ar + b = 0$,$ar^2 + br + c = 0$

所以 $$u'' = 0$$

解之,有 $$u(x) = k_1 x + k_2$$

为方便,取 $k_1 = 1, k_2 = 0$,有 $$u(x) = x$$

则
$$y_2 = x\mathrm{e}^{rx}$$

通解为
$$y = c_1\mathrm{e}^{rx} + c_2 x\mathrm{e}^{rx} \quad (c_1, c_2 \text{ 为任意常数})$$

（3）若特征方程有一对共轭复数根时，即 $r_1 = \alpha + \beta i$，$r_2 = \alpha - \beta i$，则 $y_1 = \mathrm{e}^{r_1 x}$，$y_2 = \mathrm{e}^{r_2 x}$，应用欧拉公式 $\mathrm{e}^{i\theta} = \cos\theta + i\sin\theta$，有

$$y_1 = \mathrm{e}^{\alpha x}(\cos\beta x + i\sin\beta x), \quad y_2 = \mathrm{e}^{\alpha x}(\cos\beta x - i\sin\beta x)$$

由解的叠加原理知道

$$Y_1 = \frac{1}{2}(y_1 + y_2) = \mathrm{e}^{\alpha x}\cos\beta x \qquad Y_2 = \frac{1}{2i}(y_1 - y_2) = \mathrm{e}^{\alpha x}\sin\beta x$$

显然 Y_1, Y_2 线性无关，故通解为

$$y = c_1\mathrm{e}^{\alpha x}\cos\beta x + c_2\mathrm{e}^{\alpha x}\sin\beta x \quad (c_1, c_2 \text{ 为任意常数})$$

现将上面求解过程归纳如下：

（1）写出微分方程对应的特征方程：$ar^2 + br + c = 0$。

（2）计算特征方程的两个根。

（3）根据根的不同情况，按照表6-1写出通解。

表6-1

特征方程 $ar^2 + br + c = 0$ 的两个根	微分方程 $ay'' + by' + cy = 0$ 的通解
两个不等实根 r_1, r_2	$y = c_1\mathrm{e}^{r_1 x} + c_2\mathrm{e}^{r_2 x}$
两个相等的实根 $r_1 = r_2 = r$	$y = c_1\mathrm{e}^{rx} + c_2 x\mathrm{e}^{rx}$
一对共轭复根 $r_{1,2} = \alpha \pm \beta i$	$y = \mathrm{e}^{\alpha x}(c_1\cos\beta x + c_2\sin\beta x)$

例20 求下列方程通解：

（1）$y'' - 8y' + 16y = 0$　（2）$y'' + 2y' - 3y = 0$　（3）$y'' + y = 0$

解　（1）特征方程为 $r^2 - 8r + 16 = 0$，则 $r_1 = r_2 = 4$，从而通解为
$$y = c_1\mathrm{e}^{4x} + c_2 x\mathrm{e}^{4x} \quad (c_1, c_2 \text{ 为任意常数})$$

（2）特征方程为 $r^2 + 2r - 3 = 0$，则 $r_1 = -3, r_2 = 1$，从而通解为
$$y = c_1\mathrm{e}^{-3x} + c_2\mathrm{e}^{x} \quad (c_1, c_2 \text{ 为任意常数})$$

（3）特征方程为 $r^2 + 1 = 0$，则 $r_1 = i, r_2 = -i$，知 $\alpha = 0, \beta = 1$，从而通解为
$$y = c_1\cos x + c_2\sin x \quad (c_1, c_2 \text{ 为任意常数})$$

四、二阶常系数线性非齐次微分方程

由解的结构定理知道二阶常系数线性非齐次方程 $ay'' + by' + cy = f(x) \neq 0$ 的通解由 $ay'' + by' + cy = 0$ 的通解与 $ay'' + by' + cy = f(x) \neq 0$ 的一个特解构成。$ay'' + by' + cy = 0$ 的通解可用特征根法求出，因此只需要求出 $ay'' + by' + cy = f(x) [f(x) \neq 0]$ 的一个特解即可，这个特解的求法与 $f(x)$ 的具体形式有关，基本思路就是根据 $f(x)$ 的特点，猜测方程有某种形式的特解，代入方程，确定某些常数，从而求出特解。下面讨论 $f(x)$ 的几种特殊情况。

1. $f(x) = \mathrm{e}^{\lambda x} P_m(x)$ 型　方程 $ay'' + by' + cy = \mathrm{e}^{\lambda x} P_m(x)$，其中 a, b, c, λ 为常数，$P_m(x)$ 为 m 次多项式。假设其特解结构为：$y^* = \mathrm{e}^{\lambda x} x^k Q_m(x)$，$Q_m(x)$ 为 m 次多项式，讨论 λ 与特征方程 $ar^2 + br + c = 0$ 的特征根的关系：

（1）当 λ 不是特征根时，则 $k = 0$，特解为
$$y^* = \mathrm{e}^{\lambda x} Q_m(x)$$

(2)当 λ 是特征单根时(一重特征根),则 $k=1$,特解为
$$y^* = \mathrm{e}^{\lambda x} x Q_m(x)$$

(3)当 λ 是特征重根时(二重特征根),则 $k=2$,特解为
$$y^* = \mathrm{e}^{\lambda x} x^2 Q_m(x)$$

例 21 求 $y''+y'=x^2$ 的通解。

解 (1)求 $y''+y'=0$ 的通解。

$y''+y'=0$ 对应的特征方程为 $r^2+r=0$,求出
$$r_1=0, r_2=-1$$

则齐次方程的通解为
$$y=c_1+c_2\mathrm{e}^{-x} \qquad (c_1,c_2 \text{ 为任意常数})$$

(2)求 $y''+y'=x^2$ 的特解。

由于 $\lambda=0$ 是特征单根,则 $k=1$,故设特解为
$$y^* = xQ_2(x) = x(ax^2+bx+c)$$

故
$$(y^*)' = 3ax^2+2bx+c$$
$$(y^*)'' = 6ax+2b$$

代入方程,比较系数,有
$$3ax^2+(6a+2b)x+2b+c=x^2$$

所以
$$a=\frac{1}{3}, b=-1, c=2$$

特解为
$$y^* = x\left(\frac{1}{3}x^2-x+2\right)$$

于是,所求方程通解为
$$y=c_1+c_2\mathrm{e}^{-x}+x\left(\frac{1}{3}x^2-x+2\right) \qquad (c_1,c_2 \text{ 为任意常数})$$

2. $f(x)=\mathrm{e}^{\lambda x}[P_L(x)\cos\omega x+R_n(x)\sin\omega x]$ 型 令 $m=\max\{L,n\}$,则特解设为 $y^*=x^k\mathrm{e}^{\lambda x}$ $[R_m(x)\cos\omega x+S_m(x)\sin\omega x]$,其中 $R_m(x)$,$S_m(x)$ 为两个待定的带实系数的次数不高于 m 的的多项式。

讨论 $\lambda+\omega i$ 与特征方程 $ar^2+br+c=0$ 的关系:

(1)若 $\lambda+\omega i$ 不是特征方程的根,则 $k=0$,特解为
$$y^* = \mathrm{e}^{\lambda x}[R_m(x)\cos\omega x+S_m(x)\sin\omega x]$$

(2)若 $\lambda+\omega i$ 是特征方程的根,则 $k=1$,特解为
$$y^* = x\mathrm{e}^{\lambda x}[R_m(x)\cos\omega x+S_m(x)\sin\omega x]$$

例 22 求 $y''-2y'+5y=\mathrm{e}^x\sin x$ 的一个特解。

解 特征方程: $r^2-2r+5=0$,则 $r_1=1+2i$,$r_2=1-2i$

由题意知
$$\lambda=1, \omega=1$$

故 $\lambda+\omega i=1+i$ 不是特征方程的根。

所以
$$k=0$$

从而特解设为
$$y^* = \mathrm{e}^x(A\cos x+B\sin x)$$

代入方程比较系数,有

$$3A\cos x + 3B\sin x = \sin x$$

所以

$$A = 0, B = \frac{1}{3}$$

故所求特解为

$$y^* = \frac{1}{3}e^x\sin x$$

第四节 拉普拉斯变换求解微分方程

拉普拉斯变换是一种积分变换,它能将积分运算转化为代数计算,方法十分简单方便,在工程技术和医药研究等很多领域中被广泛采用。下面简单介绍拉普拉斯变换在解常系数的微分方程初值问题中的应用。

一、拉普拉斯变换的概念

定义 6.15 设函数 $f(t)$ 在 $t \geq 0$ 时有定义,且积分

$$F(s) = \int_0^{+\infty} e^{-st}f(t)\,dt$$

在 s 的某一区间存在,则称 $F(s)$ 为 $f(t)$ 的一个**拉普拉斯变换**(简称**拉氏变换**),记作

$$F(s) = L\{f(t)\}$$

即

$$F(s) = L\{f(t)\} = \int_0^{+\infty} e^{-st}f(t)\,dt$$

其中 $F(s)$ 称作**象函数**,$f(t)$ 叫**象原函数**,式子中的符号"L"称为**拉氏变换算子**。

拉氏变换是从象原函数 $f(t)$,求出象函数 $F(s)$,在实际问题中常常是已知象函数 $F(s)$,要求象原函数 $f(t)$,因此要用到拉普拉斯逆变换。

定义 6.16 若已知象函数 $F(s)$,求象原函数 $f(t)$,称为**拉普拉斯逆变换**。记作

$$L^{-1}\{F(s)\} = f(t)$$

例 23 求常值函数 $f(t) = c$ 的拉氏变换 $F(s) = L\{c\}$。

解 $F(s) = L\{f(t)\} = \int_0^{+\infty} ce^{-st}\,dt = c\int_0^{+\infty} e^{-st}\,dt = -\left.\frac{c}{s}e^{-st}\right|_0^{+\infty} = \frac{c}{s}(s > 0)$

例 24 求指数函数 $f(t) = e^{at}$ 的拉氏变换 $F(s) = L\{e^{at}\}$。

解

$$F(s) = L\{f(t)\} = \int_0^{+\infty} e^{at}e^{-st}\,dt = c\int_0^{+\infty} e^{(a-s)t}\,dt$$

$$= \left.\frac{1}{a-s}e^{(a-s)t}\right|_0^{+\infty} = \frac{c}{s-a}(s > a)$$

例 25 求函数 $f(t) = 2x^2$ 的拉氏变换 $F(s) = L\{2x^2\}$

解 $F(s) = L\{2x^2\} = \int_0^{+\infty} 2x^2 e^{-st}\,dt = \frac{4}{s^3}$

实际应用中,往往无须按定义计算拉氏变换,可通过查现成的拉普拉斯变换表得到结果。下面给出常用函数的拉普拉斯变换表(表6-2)。

表6-2 拉普拉斯变换表

序号	象原函数 $f(t)$	象函数 $F(s)=L\{f(t)\}$	s 取值范围
1	c(c 为常数)	$\dfrac{c}{s}$	$s>0$
2	t	$\dfrac{1}{s^2}$	$s>0$
3	$\dfrac{t^n}{n!}$	$\dfrac{1}{s^{n+1}}$	$s>0$
4	e^{at}	$\dfrac{1}{s-a}$	$s>a$
5	$t^n e^{at}$	$\dfrac{n!}{(s-a)^{n+1}}$	$s>a$
6	$\sin at$	$\dfrac{a}{s^2+a^2}$	$s>0$
7	$\cos at$	$\dfrac{s}{s^2+a^2}$	$s>0$
8	$t\sin at$	$\dfrac{2as}{(s^2+a^2)^2}$	$s>0$
9	$t\cos at$	$\dfrac{s^2-a^2}{(s^2+a^2)^2}$	$s>0$
10	$e^{at}\sin\omega t$	$\dfrac{\omega}{(s-a)^2+\omega^2}$	$s>a$
11	$e^{at}\cos\omega t$	$\dfrac{s-a}{(s-a)^2+\omega^2}$	$s>a$
12	$\sin^2 t$	$\dfrac{1}{2}\left(\dfrac{1}{s}-\dfrac{s}{s^2+4}\right)$	$s>0$
13	$\cos^2 t$	$\dfrac{1}{2}\left(\dfrac{1}{s}+\dfrac{s}{s^2+4}\right)$	$s>0$
14	$\sin at\sin bt$	$\dfrac{2abs}{[s^2+(a+b)^2][s^2-(a-b)^2]}$	$s>0$
15	$te^{at}\sin\omega t$	$\dfrac{2\omega(s-a)}{[(s-a)^2+\omega^2]^2}$	$s>a$
16	$te^{at}\cos\omega t$	$\dfrac{(s-a)^2-\omega^2}{[(s-a)^2+\omega^2]^2}$	$s>a$

通过表6-2也可以求拉普拉斯逆变换。

例26 若 $F(s)=\dfrac{s}{s^2+1}(s>0)$,求 $L^{-1}\{F(s)\}$。

解 $L^{-1}\{F(s)\}=L^{-1}\left\{\dfrac{s}{s^2+1}\right\}=\cos t$

二、拉普拉斯变换的性质

性质1(线性性质) 若$L\{f_1(t)\}$和$L\{f_2(t)\}$都存在,对任意常数c_1,c_2,$L\{c_1f(t)+c_2f(t)\}$也存在,则

$$L\{c_1f(t)+c_2f(t)\}=c_1L\{f_1(t)\}+c_2L\{f_2(t)\}$$

此性质可以推广到:几个函数线性组合的拉氏变换等于各函数拉氏变换的线性组合。

如:$L\{2e^{-3t}+5e^t\}=2L\{e^{-3t}\}+5L\{e^t\}=\dfrac{2}{s+3}+\dfrac{5}{s-1}$

性质2(微分性质) 若$f(t)$和$f'(t)$在$[0,+\infty)$上连续,且$f(t)$是指数级函数,即存在常数$A>0$和k,对于一切充分大的t,有$|f(t)|\leqslant Ae^{kt}$,当$s>k$时,$L\{f(t)\}$存在,且$F(s)=L\{f(t)\}$,则有

(1)$L\{f'(t)\}=sL\{f(t)\}-f(0)=sF(s)-f(0)$

(2)$L\{f''(t)\}=s^2L\{f(t)\}-sf(0)-f'(0)=s^2F(s)-sf(0)-f'(0)$

(3)$L\{f^{(n)}(t)\}=s^nF(s)-[s^{n-1}f(0)+s^{n-2}f'(0)+\cdots+sf^{(n-2)}(0)+f^{(n-1)}(0)]$

证 (1) $L\{f'(t)\}=\displaystyle\int_0^{+\infty}e^{-st}f'(t)\,dt=\int_0^{+\infty}e^{-st}\,df(t)$

$\qquad\qquad=e^{-st}f(t)\,\big|_0^{+\infty}+s\displaystyle\int_0^{+\infty}e^{-st}f(t)\,dt$

因为 $\qquad\qquad\qquad\qquad\qquad |f(t)|\leqslant Ae^{kt}$

所以

$$|e^{-st}f(t)|\leqslant Ae^{-st}e^{kt}=Ae^{-(s-k)t}$$
$$\lim_{t\to+\infty}Ae^{-(s-k)t}=0(s>k)$$

故

$$\lim_{t\to+\infty}e^{-st}f(t)=0$$

于是

$$L\{f'(t)\}=0-f(0)+sL\{f(t)\}=sF(s)-f(0)$$

(2)$L\{f''(t)\}=sL\{f'(t)\}-f'(0)=s[sL\{f(t)\}-f(0)]-f'(0)$

$\qquad\qquad=s^2L\{f(t)\}-sf(0)-f'(0)=s^2F(s)-sf(0)-f'(0)$

(3)由数学归纳法可得,此处证明省略。

特殊地,当各阶导数初值$f(0)=f'(0)=\cdots=f^{(n)}(0)=0$时,有

$$L\{f^{(n)}(t)\}=s^nF(s)\quad(n\text{ 为自然数},s>0)$$

性质3(积分性质) 设$F(s)=L\{f(t)\}$,则$L\left\{\displaystyle\int_0^t f(u)\,du\right\}=\dfrac{F(s)}{s}$,这是关于原函数积分的拉氏变换。

性质4(平移性质) 设$F(s)=L\{f(t)\}$,则$L\{e^{at}f(t)\}=F(s-a)$。

此性质指出象原函数乘上e^{at}等于其象函数作位移a。

拉普拉斯变换还有其他几条性质,如延迟性质、初值定理和终值定理等,在医药学研究中运用不多,故在此从略。

三、拉普拉斯变换解微分方程的初值问题

拉普拉斯变换是解常系数线性微分方程中经常采用的一种较简便的方法。其基本思想是,先通过拉普拉斯变换将已知微分方程化成关于象函数的代数方程,求出代数方程的解,

再通过拉普拉斯逆变换,得到所求数值问题的解。

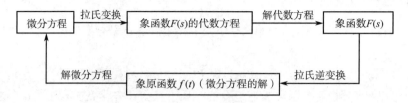

例 27 求方程 $\dfrac{\mathrm{d}y}{\mathrm{d}t}-y=\mathrm{e}^{2t}$ 满足初始条件 $y(0)=0$ 的解。

解 对方程两边同时进行拉氏变换,得到象函数 $F(s)$ 满足的方程

$$sF(s)-y(0)-F(s)=\frac{1}{s-2}$$

因为 $y(0)=0$,所以

$$F(s)=\frac{1}{(s-1)(s-2)}=\frac{1}{s-2}-\frac{1}{s-1}$$

查拉氏变换表得到 $\dfrac{1}{s-2}$ 和 $\dfrac{1}{s-1}$ 的象原函数分别为 e^{2t} 和 e^{t},于是利用线性性质得到 $F(s)$ 的象原函数为

$$y(t)=\mathrm{e}^{2t}-\mathrm{e}^{t}$$

即为所求方程特解。

例 28 求方程 $y''+y'-12y=0$ 满足初始条件 $y(0)=-7,y'(0)=0$ 的解。

解 对方程两边同时进行拉氏变换

$$L\{y''+y'-12y\}=L\{0\}$$

即

$$L\{y''\}+L\{y'\}-12L\{y\}=L\{0\}$$

求象函数 $F(s)$ 的代数方程。利用拉氏变换的微分性质并查表,有

$$L\{y''\}=s^2L\{y\}-sy(0)-y'(0)$$
$$L\{y'\}=sL\{y\}-y(0) \text{ 且 } L\{0\}=0$$

代入得到

$$L\{y''\}=[s^2L\{y\}-sy(0)-y'(0)]+[sL\{y\}-y(0)]-12L\{y\}=0$$

设 $L\{y\}=F(s)$,有

$$(s^2+s-12)F(s)-(1+s)y(0)-y'(0)=0$$

求象函数 $F(s)$,代入初始条件 $y(0)=-7,y'(0)=0$,有

$$F(s)=\frac{-7(s+1)}{s^2+s-12}=\frac{-7(s+1)}{(s+4)(s-3)}$$

利用待定系数法将上面分式拆项得到

$$F(s)=\frac{-3}{s+4}+\frac{-4}{s-3}$$

对 $F(s)$ 作拉氏逆变换,求象原函数 $y=y(t)$

$$L^{-1}\{F(s)\}=L^{-1}\left\{\frac{-3}{s+4}\right\}+L^{-1}\left\{\frac{-4}{s-3}\right\}$$

查表得到

$$y(t)=-3\mathrm{e}^{-4t}-4\mathrm{e}^{3t}$$

即为所求方程特解。

例 29　求方程组 $\begin{cases} \dfrac{\mathrm{d}y}{\mathrm{d}t}=2y+x \\[2mm] \dfrac{\mathrm{d}x}{\mathrm{d}t}=4x-y \end{cases}$ 满足初始条件 $x\big|_{t=0}=1$，$y\big|_{t=0}=0$ 的解。

解　记 $L\{y\}=F(s)$，$L\{x\}=G(s)$ 对方程组作拉氏变换，有

$$\begin{cases} sF(s)=2F(s)+G(s) \\ sG(s)-1=-F(s)+4G(s) \end{cases}$$

化简后

$$\begin{cases} (s-2)F(s)-G(s)=0 \\ F(s)+(s-4)G(s)=1 \end{cases}$$

解出

$$\begin{cases} F(s)=\dfrac{1}{(s-3)^2} \\[3mm] G(s)=\dfrac{s-2}{(s-3)^2} \end{cases}$$

对上式取拉氏逆变换，有

$$\begin{cases} y=t\mathrm{e}^{3t} \\ x=(1+t)\mathrm{e}^{3t} \end{cases} \quad \text{为所求解。}$$

第五节　微分方程的简单应用

微分方程是研究函数变化规律的有力工具，在医药学等很多领域有着广泛的应用。下面以医学与药学上的几个常用情况为例，说明微分方程的简单应用。

一、传染病的（SI）模型

例 30　自 2002 年底至 2003 年 6 月，我国发生了严重急性呼吸综合征（SARS），这是一种传染性很强的疾病，同历史上的霍乱、天花等曾经肆虐全球的传染性疾病一样，人们要研究它，建立传染病的数学模型来描述传染病的传播过程，分析受感染人数的变化规律，预报传染病高峰的到来等成为必要。为简单起见，本例假定，在疾病传播期内所考察地区的总人数 N 不变，既不考虑生死，也不考虑迁移（即实行全面隔离状态），并且时间以天为计量单位。假设条件为：每个患者每天有效接触的平均人数是常数 k_0，k_0 称为日接触率。当患者与健康者有效接触时，使健康者受感染变为患者，试分析随着时间 t 的变化，受感染人数 $y(t)$ 的变化情况。

解　设 t 时刻受感染的人数为 $y(t)$，$y(t)$ 是 t 的连续可微函数。由假设单位时间内一个患者能传染的患者人数是常数 k_0，可知

$$y(t+\Delta t)-y(t)=k_0 y(t)\Delta t$$

即

$$\frac{\mathrm{d}y(t)}{\mathrm{d}t}=k_0 y(t)$$

分离变量后，两边积分，有

$$y(t)=C\mathrm{e}^{k_0 t}$$

设开始观察时有 y_0 个患者,即 $y(t)\big|_{t=0}=y_0$

所以有

$$y(t)=y_0 e^{k_0 t}$$

上面函数当时间 t 无限增加时,受感染的人数将无限增加,与实际情况不符。因为随着患者周围受感染人数的增加,健康人数在减少,k_0 也会变小,所以将模型改为下面情况。

例31 假设条件改为

(1)人群分为易感染者和已感染者两类,以下简称健康者和患者。时刻 t 这两类人在总人数中所占的比例分别记作 $s(t)$ 和 $i(t)$。

(2)每个患者每天有效接触的平均人数是常数 λ,λ 称日接触率。当患者与健康者有效接触时,健康者受感染变为患者。

解 根据假设,每个患者每天可使 $\lambda s(t)$ 个健康人变成患者,患者总数为 $N\cdot i(t)$,所以每天共有 $\lambda N\cdot s(t)\cdot i(t)$,于是有

$$N\frac{\mathrm{d}i(t)}{\mathrm{d}t}=\lambda N\cdot s(t)\cdot i(t)$$

且

$$s(t)+i(t)=1$$

记设开始观察时有 i_0 个患者,即 $i(t)\big|_{t=0}=i_0$

解上面方程,分离变量,两边积分,得到解

$$i(t)=\frac{1}{1+\left(\dfrac{1}{i_0}-1\right)e^{-\lambda t}}$$

传染病早期发展情况与上面模型结果一致,但随着 $t\to\infty$,$i(t)\to1$,即最终所有人将被传染上,与实际情况不符,因此可以继续考虑:人群中患者可以治愈,患者只能传染给健康人,疾病是否具有愈后免疫力等情况,来修改上面模型,有兴趣的同学可以课下尝试解决。

二、药学模型

例32 快速静脉滴注模型

一次快速静脉滴注后,药物随体液循环到全身,达到动态平衡。如图6-2所示的模型中,假定药物消除是一级速率过程。若用药剂量为 D,试建立口服药物的一室微分方程模型,即找出 t 时刻,药量(浓度)与时间 t 的函数关系。

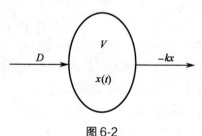

图6-2

解 设在时刻 t 体内的药量为 $x(t)$,建立方程

$$\frac{\mathrm{d}x}{\mathrm{d}t}=-kx, \quad x\big|_{t=0}=D$$

将微分方程分离变量并积分,有

$$\int\frac{\mathrm{d}x}{x}=-k\int\mathrm{d}t$$

$$\ln x=-kt+\ln c$$

微分方程通解为

$$x=c e^{-kt}$$

代入初始条件 $x\big|_{t=0}=D$,有 $c=D$

特解为

$$x = De^{-kt}$$

上式两边同时除以表观分布容积 V，得到血药浓度

$$C(t) = \frac{x}{V} = \frac{De^{-kt}}{V} = Ae^{-kt} \quad \left(记 A = \frac{D}{V}\right)$$

例 33 口服药物在体内吸收与消除的微分方程模型

设一次口服某种药物剂量为 D，如图 6-3 所示的模型中，假定药物的吸收和消除都是一级速率过程，速率常数为 k_1，k_2，在 t 时刻吸收部位的药量为 $x_1(t)$，体内药量为 $x_2(t)$，其数学模型为下列微分方程组

$$\begin{cases} \dfrac{dx_1(t)}{dt} = -k_1 x_1 \\[2mm] \dfrac{dx_2(t)}{dt} = k_1 x_1 - k_2 x_2 \end{cases}$$

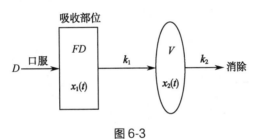

图 6-3

初始条件为 $x_1(0) = FD$（药物的吸收量），$x_2(0) = 0$。其中 F 为所给剂量 D 中被吸收到循环中去的分数，称为生物利用度，试用拉氏变换来解此方程组。

解 设 $L\{x_1\} = F(s)$，$L\{x_2\} = G(s)$

对上面方程组两边作拉氏变换，有

$$\begin{cases} sF(s) - x_1(0) = -k_1 F(s) \\ sG(s) - x_2(0) = k_1 F(s) - k_2 G(s) \end{cases}$$

代入初始条件，整理有

$$\begin{cases} (s + k_1) F(s) = x_1(0) \\ k_1 F(s) = (s + k_2) G(s) \end{cases}$$

解此方程组，有

$$\begin{cases} F(s) = \dfrac{x_1(0)}{s + k_1} \\[3mm] G(s) = \dfrac{k_1 x_1(0)}{k_1 - k_2} \left(\dfrac{1}{s + k_2} - \dfrac{1}{s + k_1} \right) \end{cases}$$

取拉氏逆变换，有

$$\begin{cases} x_1 = FD e^{-k_1 t} \\[3mm] x_2 = \dfrac{k_1 FD}{k_1 - k_2} (e^{-k_2 t} - e^{-k_1 t}) \end{cases}$$

对 x_2 两边同时除以表观分布容积 V，得到血药浓度

$$C(t) = \frac{x_2}{V} = \frac{k_1 FD}{(k_1 - k_2) V} (e^{-k_2 t} - e^{-k_1 t})$$

笔记栏

🔍 知识链接

拉 普 拉 斯

拉普拉斯(Laplace,Pierre-Simon)(1749—1827)是法国数学家、天文学家、物理学家。拉普拉斯的研究领域是多方面的,有天体力学、概率论、微分方程、复变函数、势函数理论、代数、测地学、毛细现象理论等,并有卓越的创见。他是一位分析学的大师,把分析学应用到力学,特别是天体力学,获得了划时代的结果。

拉普拉斯幼年时家境贫寒,靠邻居的周济才得到读书的机会。他 16 岁时进入开恩大学,并在学习期间写了一篇关于有限差分的论文。在完成学业之后去巴黎陆军学校任教授,1773 年被选为法国科学院副院士;1783 年任军事考试委员,并于 1785 年主持对一个 16 岁的唯一考生进行考试,这个考生就是后来成为皇帝的拿破仑;1785 年当选为法国科学院正式院士;自 1795 年以后,拉普拉斯先后任巴黎综合工科学校和高等师范学校教授;1816 年被选为法兰西学院院士,一年后任该院主席。他还被拿破仑任命为内政部长,元老议员并加封伯爵。拿破仑下台后,路易十八(Louis XVIII)重登王位,拉普拉斯又被晋升为侯爵。

拉普拉斯才华横溢,著作如林,其代表作有:《宇宙体系论》《分析概率论》《天体力学》。

👤 学习小结

1. 学习内容

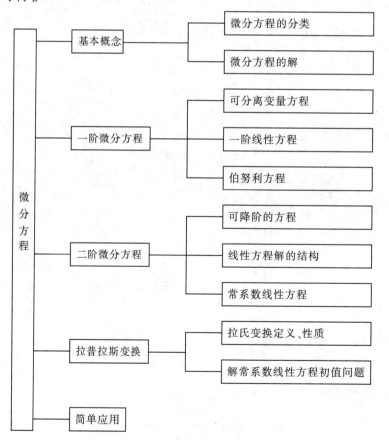

2. 学习方法 微分方程是一元函数微积分知识的综合应用,也是微积分与实际问题结合的典范,学习本章知识要准确理解微分方程的基本概念,例如,微分方程的定义、阶、解、特解、通解、初始条件;函数的线性相关性,线性微分方程解的结构;方程的特征根等,这些概念是解微分方程的基础。

解微分方程的关键是分清方程的类型,在判断微分方程的类型时,要注意方程的阶数;是否为齐次的;其系数是否为常数等。

对一阶线性微分方程的解法可以用常数变易法,也可以用公式法。

微分方程的应用主要是列方程解决实际问题。列微分方程首先要善于把具体问题变为一个数学问题(建立数学模型);其次是把问题中的关系联系起来,找到函数的变化率与未知函数的联系。要仔细分析已知条件与未知函数的关系,并借助其他学科的知识,解决问题。

（尹立群）

习题六

1. 求一条曲线,使其上任一点处切线斜率等于该点横坐标加1,且曲线过$(0,1)$点。

2. 验证下列各题中函数(或方程)是否为微分方程的解:

(1) $xy'=2y$, $y=5x^2$

(2) $(x-2y)y'=2x-y$, $x^2-xy+y^2=C$

(3) $y''+y=0$, $y=3\sin x-4\cos x$

(4) $y''-y'+y=0$, $y=x^2 e^x$

3. 给下列微分方程命名(写出方程阶数与是否是线性):

(1) $A(x)y''+B(x)y'+C(x)y-f(x)=0$

(2) $xy'+y-x^2+3x+2=0$

(3) $\dfrac{d^2 y}{dx^2}=-ay^2$

(4) $(y^2+x)dy+xdx=0$

(5) $\dfrac{d^2 y}{dx^2}-2x-\sin y=0$

(6) $x\left(\dfrac{dy}{dx}\right)^2+2y\dfrac{dy}{dx}+3x=0$

4. 求下列可分离变量的微分方程的解:

(1) $(\tan x)y'+\sec y=0$

(2) $(x+xy^2)dx-(x^2y+y)dy=0$

(3) $2dy+y\tan xdx=0$

(4) $3x^2+5x-5y'=0$

(5) $\dfrac{dy}{dx}+\dfrac{e^{y^2+3x}}{y}=0$

(6) $ydx+(x^2-4x)dy=0$

(7) $y'-xy'=2(y^2+y')$

(8) $(e^{x+y}-e^x)dx+(e^{x+y}-e^y)dy=0$

(9) $e^x dx=dx+\sin 2ydy$

(10) $y'=xye^{x^2}\ln y$

(11) $xy'-y=\sqrt{y^2-x^2}$

(12) $x\dfrac{dy}{dx}=y\ln\dfrac{y}{x}$

(13) $(x^2+y^2)dx-xydy=0$

(14) $(x^3+y^3)dx-3xy^2dy=0$

(15) $y'=e^{2x-y}$, $y\big|_{x=0}=0$

(16) $(y^2-3x^2)dy+2xydx=0$, $y\big|_{x=0}=1$

(17) $xdy+2ydx=0$, $y\big|_{x=2}=1$

(18) $xy'+1=4e^{-y}$, $y\big|_{x=-2}=0$

5. 求下列一阶线性微分方程的解:

(1) $xy'+y=xe^x$

(2) $y'+y\cos x=e^{-\sin x}$

(3) $(x^2-1)y'+2xy=\cos x$

(4) $y\ln ydx+(x-\ln y)dy=0$

$(5)\ \dfrac{\mathrm{d}y}{\mathrm{d}x}+2xy=4x$　　　　$(6)\ (y^2-6x)\dfrac{\mathrm{d}y}{\mathrm{d}x}+2y=0$

$(7)\ \dfrac{\mathrm{d}y}{\mathrm{d}x}+\dfrac{y}{x}=\dfrac{\sin x}{x},\ y\big|_{x=\pi}=1$　　$(8)\ \dfrac{\mathrm{d}y}{\mathrm{d}x}+3y=8,\ y\big|_{x=0}=2$

6. 求下面伯努利方程的解：

$(1)\ \dfrac{\mathrm{d}y}{\mathrm{d}x}-3xy=xy^2$　　　　$(2)\ \dfrac{\mathrm{d}y}{\mathrm{d}x}+y=y^2(\cos x-\sin x)$

$(3)\ \dfrac{\mathrm{d}y}{\mathrm{d}x}-y=xy^5$　　　　$(4)\ \dfrac{\mathrm{d}y}{\mathrm{d}x}-y=y^2\mathrm{e}^{-x}\quad y\big|_{x=0}=-2$

7. 求下列可降阶的二阶微分方程的解：

$(1)\ y''=x+\sin x$　　　　　$(2)\ y''=\dfrac{1}{1+x^2}$

$(3)\ y''=1+(y')^2$　　　　　$(4)\ xy''+y'=0$

$(5)\ y^3y''-1=0$　　　　　$(6)\ y''=y'+x,\ y\big|_{x=0}=1,\ y'\big|_{x=0}=0$

$(7)\ y''=3\sqrt{y},\ y\big|_{x=0}=1,\ y'\big|_{x=0}=2$　　$(8)\ y''-a(y')^2=0,\ y\big|_{x=0}=0,\ y'\big|_{x=0}=-1$

8. 下列函数组在其定义区间上哪些是线性无关的？

$(1)\ \sin x\cos x,\ \sin 2x$　　$(2)\ \mathrm{e}^{-x},\mathrm{e}^x$　　$(3)\ x,x^2$　　$(4)\ \ln x,\ \ln x^x$

9. 求下列二阶常系数线性微分方程的解：

$(1)\ y''+y'-2y=0$　　　　　$(2)\ y''-4y'=0$

$(3)\ y''+4y=0$　　　　　　$(4)\ y''+6y'+13y=0$

$(5)\ y''+3y'+2y=3x\mathrm{e}^{-x}$　　　$(6)\ y''-6y'+9y=(x+1)\mathrm{e}^{3x}$

$(7)\ y''-y'+3y=0,\ y\big|_{x=0}=6,\ y'\big|_{x=0}=10$　　$(8)\ 4y''+y'+y=0,\ y\big|_{x=0}=2,\ y'\big|_{x=0}=0$

$(9)\ y''+y+\sin 2x=0,\ y\big|_{x=\pi}=1,\ y'\big|_{x=\pi}=1$　　$(10)\ y''-y=4x\mathrm{e}^x,\ y\big|_{x=0}=0,\ y'\big|_{x=0}=1$

10. 查表求下面函数的拉氏变换：

$(1)\ f(t)=2\mathrm{e}^t$　　　　　　$(2)\ f(t)=5\sin 2t-2\cos 3t$

$(3)\ f(t)=\mathrm{e}^{3t}+\sin 2t+1$　　　$(4)\ f(t)=x^2-3x+1$

11. 查表求下面函数的拉氏逆变换：

$(1)\ F(s)=\dfrac{1}{s^2(s+1)}$　　　　$(2)\ F(s)=\dfrac{s+1}{s(s+2)}$

$(3)\ F(s)=\dfrac{4}{(s+2)^3}$　　　　　$(4)\ F(s)=\dfrac{s+1}{s^2+s-6}$

12. 用拉氏变换求下列方程（方程组）解：

$(1)\ y''-2y'+y=30t\mathrm{e}^t,\ y\big|_{t=0}=y'\big|_{t=0}=0$　　$(2)\ y''-4y'+3y=\sin t,\ y\big|_{t=0}=y'\big|_{t=0}=0$

(3) 求方程组 $\begin{cases}\dfrac{\mathrm{d}y}{\mathrm{d}t}=3x-2y\\[2mm]\dfrac{\mathrm{d}x}{\mathrm{d}t}=2x-y\end{cases}$ 满足初始条件 $x\big|_{t=0}=1,\ y\big|_{t=0}=0$ 的解。

13. 一种细菌按这样的方式繁殖生长：在每个时刻，它按小时计算的增长率等于它现有总量的 2 倍。问 1 小时后这种细菌的总量是多少？

14. 心理学家发现，在一定条件下，一个人回忆一个给定专题的事物的速率正比于他记忆中信息的储存量。某大学作了这样一个实验：让一组大学男生回忆他们认得的女孩的名字。结果证明上面的推断是正确的。

现在假定有一个男生,他一共知道 64 个女孩的名字。他在前 90 秒内回忆出 16 个名字。问他回忆出 48 个名字需要多长时间?

15. 衰变问题:衰变速度与未衰变原子含量 M 成正比,已知 $M\big|_{t=0}=M_0$,求衰变过程中铀含量 $M(t)$ 随时间 t 变化的规律。

16. 某物体开始时温度为 100℃,空气温度为 20℃,经 20 分钟此物体温度降为 60℃(注意:物体自身不能发热),问:该物体温度随时间变化的规律如何?(提示:Newton 冷却定律,指在一定的温度范围内,物体的温度变化速度与这个物体的温度和其所在介质温度的差值成比例。)

◇◇◇ **第七章** ◇◇◇

多元函数的微分

学习目标

1. 掌握二元函数的偏导数与全微分的计算,高阶偏导数、多元复合函数的偏导数和隐函数的偏导数的计算方法,二元函数的极值和简单的条件极值。

2. 熟悉二元函数的偏导数与全微分的概念,二元函数极值的概念。

3. 了解空间直角坐标系和简单的空间曲面,多元函数的概念。

第一节　空间解析几何基础知识

一、空间直角坐标系

1. 空间直角坐标系的建立　设点 O 为空间的固定点,过点 O 作三条互相垂直的数轴(一般具有相同的单位长度)。点 O 称为坐标**原点**,三条数轴分别称为 x 轴(横轴)、y 轴(纵轴)、z 轴(竖轴),统称**坐标轴**。三条坐标轴的正向符合右手法则,即用右手握住 z 轴,当右手的四个手指从 x 轴正向逆时针转动 $\dfrac{\pi}{2}$ 角转向 y 轴正向时,大拇指的指向就是 z 轴的正向(图 7-1)。坐标原点和坐标轴构成空间直角(右手)坐标系。每两条坐标轴确定一个平面,三条坐标轴可以确定三个两两相互垂直的平面,分别为 xOy 平面、yOz 平面、zOx 平面,统称**坐标面**。三个坐标面将空间分为八部分,称为八个**卦限**(图 7-2)。

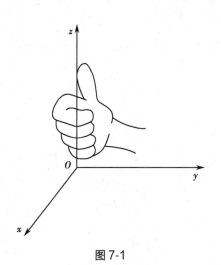

图 7-1

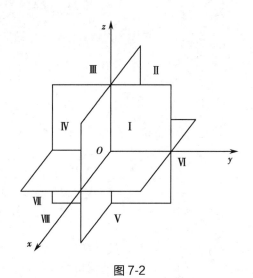

图 7-2

建立空间直角坐标系后,对空间中的任意一点 M,过点 M 分别作垂直于三个坐标轴的平面,它们与三条坐标轴分别相交于 A,B,C 三点(图 7-3)。设 $OA=x$,$OB=y$,$OC=z$,则点 M 唯一确定了一个三元有序数组 x,y,z;反之,三元有序数组 x,y,z 可以确定唯一的一点 M。于是,空间中的任意一点 M 与三元有序数组 x,y,z 之间建立了一一对应的关系,三元有序数组 x,y,z 称为点 M 的坐标,记为 $M(x,y,z)$,其中 x,y,z 依次称为点 M 的横坐标、纵坐标、竖坐标。

显然,原点的坐标为 $(0,0,0)$,坐标轴上的点至少有两个坐标为 0,例如 x 轴上点的坐标为 $(x,0,0)$;坐标面上的点至少有一个坐标为 0,例如 xOy 面上点的坐标为 $(x,y,0)$。读者可以类似给出其他坐标轴、坐标面上点的坐标。

2. 空间中两点间的距离公式　设 $P_1(x_1,y_1,z_1)$ 与 $P_2(x_2,y_2,z_2)$ 为空间中任意两点,过两点各作三个平面分别垂直于三个坐标轴,这六个平面构成一个以线段 P_1P_2 为对角线的长方体(图 7-4)。由于长方体的三个棱长分别是

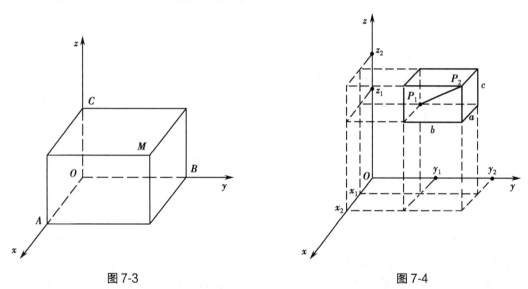

图 7-3　　　　　　　　　　　图 7-4

$$a=|x_2-x_1|,b=|y_2-y_1|,c=|z_2-z_1|$$

于是,两点间的距离公式为

$$|P_1P_2|=\sqrt{a^2+b^2+c^2}=\sqrt{(x_2-x_1)^2+(y_2-y_1)^2+(z_2-z_1)^2}$$

特别地,点 $P(x,y,z)$ 与 $O(0,0,0)$ 的距离为

$$|OP|=\sqrt{x^2+y^2+z^2}$$

例 1　求 $P_1(3,2,1)$ 与 $P_2(1,-2,3)$ 间的距离。

解　将 $P_1(3,2,1)$ 与 $P_2(1,-2,3)$ 代入两点间的距离公式,有

$$|P_1P_2|=\sqrt{(3-1)^2+(2+2)^2+(1-3)^2}=2\sqrt{6}$$

二、平面与二次曲面

与平面解析几何一样,在空间解析几何中,任何曲面都看作点的几何轨迹,在这样的意义下,若曲面 S 与三元方程

$$F(x,y,z)=0$$

有下述关系:

(1)曲面 S 上任一点的坐标都满足方程;

（2）不在曲面 S 上的点的坐标都不满足方程；

则此方程称为曲面 S 的方程，曲面 S 称为该方程的图形。

下面给出几种常见曲面的方程。

1. 平面方程

（1）平面方程的一般式：$Ax+By+Cz+D=0$；其中 A,B,C 不同时为零，$\{A,B,C\}$ 为平面的法线向量。

由上式可知，一个平面方程是关于 x,y,z 的一次方程；反之，任何一个三元一次方程都表示一个平面。

（2）平面的截距式方程：$\dfrac{x}{a}+\dfrac{y}{b}+\dfrac{z}{c}=1$ （$abc\neq0$）；其中 a,b,c 分别为平面在 x,y,z 轴上的截距。

（3）点法式方程：$A(x-x_0)+B(y-y_0)+C(z-z_0)=0$；其中 (x_0,y_0,z_0) 为平面上一定点，$\{A,B,C\}$ 为平面的法线向量。

（4）过原点的平面方程：$Ax+By+Cz=0$。

（5）平行于坐标轴的平面方程：$Ax+By+D=0$ 表示平行于 z 轴的平面。

$\qquad\qquad\qquad\qquad Ax+Cz+D=0$ 表示平行于 y 轴的平面。

$\qquad\qquad\qquad\qquad By+Cz+D=0$ 表示平行于 x 轴的平面。

（6）平行于坐标面的平面方程：$Ax+D=0$ 表示平行于 yoz 坐标面的平面。

$\qquad\qquad\qquad\qquad By+D=0$ 表示平行于 zox 坐标面的平面。

$\qquad\qquad\qquad\qquad Cz+D=0$ 表示平行于 xoy 坐标面的平面。

（7）坐标面的方程：$x=0$ 表示 yoz 坐标面。

$\qquad\qquad\qquad y=0$ 表示 zox 坐标面。

$\qquad\qquad\qquad z=0$ 表示 xoy 坐标面。

2. 二次曲面方程　　在直角坐标系下，三元二次方程 $F(x,y,z)=0$ 所表示的曲面称为二次曲面。而把平面称为一次曲面。对于一般的二次曲面，适当选取空间直角坐标系，可得到它们的标准方程，用截痕法可得到相应的图形。所谓截痕法指的是用平行于坐标面的一组平面与曲面相截，然后考察其截痕（即交线），再加以综合，从而了解曲线全貌的方法。下面首先建立球面方程，然后对椭球面进行讨论，其他曲面仅给出标准方程与图形。

（1）**球面**

例2　建立球心在点 $M_0(x_0,y_0,z_0)$，半径为 R 的球面方程。

解　设点 $M(x,y,z)$ 是球面上的任意一点，则

$$|M_0M|=R$$

由于

$$|M_0M|=\sqrt{(x-x_0)^2+(y-y_0)^2+(z-z_0)^2},$$

所以

$$\sqrt{(x-x_0)^2+(y-y_0)^2+(z-z_0)^2}=R$$

即

$$(x-x_0)^2+(y-y_0)^2+(z-z_0)^2=R^2$$

这就是球心在点 $M_0(x_0,y_0,z_0)$，半径为 R 的球面方程（图 7-5）。

特别地，球心在原点 $O(0,0,0)$ 时，相应的球面方程为

$$x^2+y^2+z^2=R^2$$

（2）**椭球面**：在直角坐标系下，三元二次方程 $\dfrac{x^2}{a^2}+\dfrac{y^2}{b^2}+\dfrac{z^2}{c^2}=1$（$a,b,c$ 为正的常数）所表示的曲面，称为**椭球面**（或**椭圆面**）。

椭球面有如下性质：

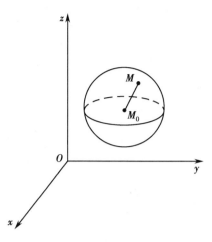

图 7-5

1)**对称性**:因为方程含有变量 x,y,z 的平方项,所以若点 (x,y,z) 在椭球面上,则当 $xyz \neq 0$ 时,点 $(\pm x,\pm y,\pm z)$ 都是椭球面上的点,这样的点一共有 8 个。因此,椭球面对于 3 个坐标面、3 个坐标轴及原点都对称。

2)**有界性**:由方程可知,$\dfrac{x^2}{a^2} \leq 1, \dfrac{y^2}{b^2} \leq 1, \dfrac{z^2}{c^2} \leq 1$,即 $|x| \leq a, |y| \leq b, |z| \leq c$,亦即椭球面在由 6 个平面 $x = \pm a, y = \pm b, z = \pm c$ 所围的长方体内,因此椭球面是有界的曲面。

3)**椭球面的形状**:为了分析曲面的形状,考察它的对称平面。

椭球面与 3 个坐标面的交线分别为

$$\begin{cases} \dfrac{x^2}{a^2}+\dfrac{y^2}{b^2}=1 \\ z=0 \end{cases}, \begin{cases} \dfrac{y^2}{b^2}+\dfrac{z^2}{c^2}=1 \\ x=0 \end{cases}, \begin{cases} \dfrac{x^2}{a^2}+\dfrac{z^2}{c^2}=1 \\ y=0 \end{cases}$$

它们分别是 3 个坐标面上的椭圆曲线。

椭球面与平行于 xoy 坐标面的平面 $z=k$ 的交线

$$\begin{cases} \dfrac{x^2}{a^2}+\dfrac{y^2}{b^2}+\dfrac{z^2}{c^2}=1 \\ z=k \end{cases}$$

当 $|k|<c$ 时,交线是平面 $z=k$ 上的椭圆曲线

$$\frac{x^2}{\left(a\sqrt{1-\dfrac{k^2}{c^2}}\right)^2}+\frac{y^2}{\left(b\sqrt{1-\dfrac{k^2}{c^2}}\right)^2}=1$$

因此,当 $k=0$ 时,椭圆最大。当 $|k|$ 逐渐增大时,椭圆半轴逐渐缩小,直到 $|k|=c$ 时,平面 $z=\pm c$ 截椭球面于一点,即平面 $z=\pm c$ 与椭球面相切。当 $|k|>c$ 时,平面 $z=k$ 与椭球面不相交。用平行于 yoz、zox 坐标面的平面截椭球面,所得结果和上面的类似。由此可知,椭球面是由三族与坐标面平行的椭圆组成,从椭圆的变化可以认识到椭球面的形状。

4)**椭球面的顶点和半轴**:因为点 $(\pm a,0,0)$,$(0,\pm b,0)$,$(0,0,\pm c)$ 满足椭球面的方程,所以在椭球面上,它们也分别在上述长方体的六个面 $x = \pm a, y = \pm b, z = \pm c$ 上,这六个点称为椭球面的顶点。当 $a \geq b \geq c$ 时,a,b,c 分别称为椭球面的长半轴、中半轴、短半轴,统称半轴。

5)**椭球面作图**:通过上述分析,作图如下:先画坐标系,然后在 xoy 平面上画该平面和椭

球面相交的椭圆,即以 $A(a,0,0)$, $B(0,b,0)$, $A'(-a,0,0)$, $B'(0,-b,0)$ 为顶点的椭圆。再在 yoz, zox 坐标面上画出相应的椭圆,这三个椭圆在椭球面顶点处相交,最后在三个椭圆的外缘描出轮廓线,这样曲面图形基本完成(图7-6)。

特别地,若在半轴 a,b,c 中有两个相等,例如 $a=b$,方程变为

$$\frac{x^2}{a^2}+\frac{y^2}{a^2}+\frac{z^2}{c^2}=1$$

这时椭球面与平面 $z=k$ 的交线变为圆,这种椭球面可以看作是半轴为 a,c 的椭圆绕 z 轴旋转而成的,所以称为旋转椭球面。当 $a=b=c$ 时椭球面变为球面 $x^2+y^2+z^2=a^2$。

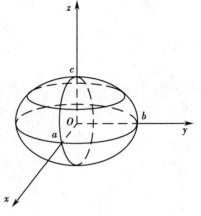

图 7-6

(3)**双曲面**

1)单叶双曲面:直角坐标系下,三元二次方程 $\frac{x^2}{a^2}+\frac{y^2}{b^2}-\frac{z^2}{c^2}=1$ (a,b,c 为正的常数)所表示的曲面称为**单叶双曲面**(图7-7)。

2)双叶双曲面: $\frac{x^2}{a^2}+\frac{y^2}{b^2}-\frac{z^2}{c^2}=-1$ (a,b,c 为正的常数)(图7-8)。

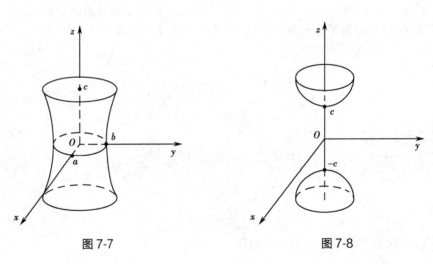

图 7-7　　　　　　　　　　　图 7-8

(4)**锥面:**在直角坐标系下,三元二次方程 $\frac{x^2}{a^2}+\frac{y^2}{b^2}-\frac{z^2}{c^2}=0$ (a,b,c 为正的常数)所表示的曲面,称为**锥面**(图7-9)。

注　当单叶双曲面、双叶双曲面、锥面的标准方程中,a,b,c 相同时,它们有密切的关系,即锥面为双曲面的渐进锥面。

(5)**抛物面**

1)椭圆抛物面:直角坐标系下,三元二次方程 $\frac{x^2}{a^2}+\frac{y^2}{b^2}=z$ (a,b 为正的常数)所表示的曲面称为椭圆抛物面(图7-10)。

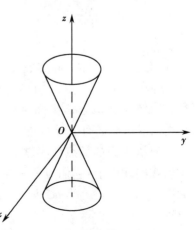

图 7-9

2）双曲抛物面：直角坐标系下，三元二次方程 $\dfrac{x^2}{a^2}-\dfrac{y^2}{b^2}=z$（$a,b$ 为正的常数）所表示的曲面称为双曲抛物面（图 7-11）。

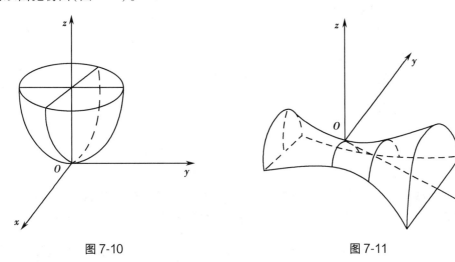

图 7-10　　　　　　　　　　　　　　图 7-11

（6）**柱面：**通常将直线 L 沿定曲线 Γ 平行移动形成的轨迹称为**柱面**，定曲线 Γ 称为柱面的**准线**，动直线 L 称为柱面的**母线**。下面主要考虑母线平行于坐标轴的柱面。

对于方程 $f(x,y)=0$，若在平面直角坐标系中，它表示平面上的一条曲线，而在空间直角坐标中，它表示的是母线平行于 z 轴的柱面。例如，方程 $x^2+y^2=R^2$ 在空间表示以 xoy 平面上的圆 $x^2+y^2=R^2$ 为准线，母线平行于 z 轴的柱面（图 7-12），称为**圆柱面**。

类似地，$f(y,z)=0$ 和 $f(x,z)=0$ 分别表示母线平行于 x 轴和 y 轴的柱面。常见的有**双曲柱面** $\dfrac{x^2}{a^2}-\dfrac{y^2}{b^2}=1$　（$a>0,b>0$）（图 7-13），**抛物柱面** $y^2=2px$（图 7-14）。另外，$x-y=0$（图 7-15）在空间表示的是平面，平面也是柱面。总之，在空间直角坐标系下，二元方程表示母线平行于坐标轴的柱面。

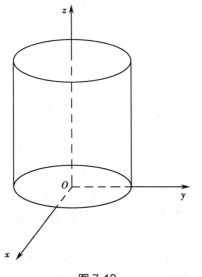

图 7-12

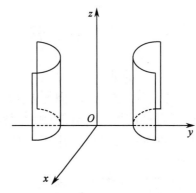

图 7-13

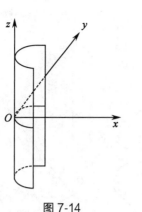

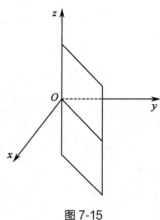

图 7-14   图 7-15

3. 空间曲线 空间中的曲线可以看作两个曲面的交线。一般来说,给定空间中的两个曲面 $S_1:F(x,y,z)=0$, $S_2:G(x,y,z)=0$,设它们的交线是 Γ,则 Γ 上的点 $P(x,y,z)$ 既在曲面 S_1 上又在曲面 S_2 上,从而点 $P(x,y,z)$ 的坐标满足方程组 $\begin{cases}F(x,y,z)=0\\G(x,y,z)=0\end{cases}$;反之,方程组的任意一个解所对应的点 $P(x,y,z)$ 既在曲面 S_1 上又在曲面 S_2 上,从而在交线 Γ 上。于是方程组 $\begin{cases}F(x,y,z)=0\\G(x,y,z)=0\end{cases}$ 就是空间曲线的一般方程。记为 $\Gamma:\begin{cases}F(x,y,z)=0\\G(x,y,z)=0\end{cases}$。

为应用方便,空间曲线也有参数方程表达式,$\Gamma:\begin{cases}x=\phi(t)\\y=\psi(t)\\z=\eta(t)\end{cases}(a\leqslant t\leqslant b)$。

其中 $x=\phi(t)$, $y=\psi(t)$, $z=\eta(t)$ 都是 t 的函数,当 t 在 $[a,b]$ 中变化时,相应的 $P(x,y,z)$ 也在空间中变化,其变化的轨迹就是曲线 Γ。参数 t 往往有一定的几何或物理意义。

4. 空间曲线在坐标面上的投影 在空间曲线 $\Gamma:\begin{cases}F(x,y,z)=0\\G(x,y,z)=0\end{cases}$ 的方程中经过同解变形,分别消去变量 x,y,z,则可以得到曲线 Γ 在 yoz, zox, xoy 坐标面上的投影曲线,分别形如

$$\begin{cases}H_1(y,z)=0\\x=0\end{cases},\begin{cases}H_2(x,z)=0\\y=0\end{cases},\begin{cases}H_3(x,y)=0\\z=0\end{cases}$$

第二节 多元函数与极限

一元函数讨论的是一个自变量与因变量的关系,它研究的是因变量受到一个自变量因素的影响问题。但在许多实际问题中,因变量往往受到多个自变量因素的影响。

例 3 圆柱体的体积 V 与它的底半径 r、高 h 之间具有关系 $V=\pi r^2 h$,当 r、h 在一定范围内($r>0, h>0$)取定一对数值时,体积 V 的对应值就随之确定。我们称体积 V 是半径 r 与高 h 的二元函数。

例 4 患者在进行补液时,补液量 N 与正常血容量 v、正常红细胞比容 a(单位容积血液中红细胞所占容积百分比)、患者红细胞比容 b 的关系为:

$$N=v\left(1-\frac{a}{b}\right)$$

我们称补液量 N 是正常血容量 v、正常红细胞比容 a、患者红细胞比容 b 的三元函数。

上面两例的具体意义虽各不相同,但它们却有共同的性质,即所求量受到多个变量因素的影响,因此引出了多元函数的概念,本节主要研究的是二元函数。

一、多元函数的定义

1. 二元函数的定义

定义 7.1 设某一变化过程中有三个变量 x,y,z。若变量 x,y 在允许的范围 D 内变化时,变量 z 按照某个对应法则 f 总有唯一确定的值与之对应,则称 f 是定义在 D 上的**二元函数**。

与一元函数类似,我们称变量 x,y 为二元函数的**自变量**,变量 z 为**因变量**。自变量 x,y 的变化范围 D 称为二元函数的**定义域**,通常我们把变化的 x,y 记为 (x,y),将它看作是平面上的点 $P(x,y)$,则 D 为平面上的点集。对于 D 内任意一点 (x,y) 所对应的函数值记为

$$z=f(x,y) \text{ 或 } z=z(x,y)$$

所有函数值的集合称为二元函数的**值域**,记为 R_f,即

$$R_f=\{z=f(x,y) \mid (x,y) \in D\}。$$

为今后研究时方便,习惯上把 $z=f(x,y)$ 或 $z=z(x,y)$ 也称为函数。依此可以定义三元函数,$\cdots$,n 元函数 $u=f(x_1,x_2,\cdots,x_n)$。二元及二元以上的函数统称为多元函数。

二元函数的定义域 D 与对应法则 f 是确定一个二元函数的两个基本要素。但对于一些常用的函数有时并不给出定义域,其定义域 D 被默认为使得二元函数有意义的点的集合。一般情况下定义域 D 是一个**平面区域**,所谓平面区域是指由一条或几条曲线所围成的平面上的一部分,这些曲线称为区域的边界,包括边界的区域称为**闭区域**,不包含边界的区域称为**开区域**,只包含部分边界的区域即非开域也非闭域。若区域延伸到无穷远处,则称为无界区域,否则称为有界区域,有界区域总可以包含在一个以原点为圆心的圆域内。

若 D 内任意一闭曲线所围的部分都属于 D,则称 D 为平面**单连通区域**,否则称为**复连通区域**。

常见的三元函数的定义域为一个或几个曲面所围成的三维空间中的区域,但更多元函数的定义域就无法给出普通的几何直观描述了。

例 5 求二元函数 $z=\sqrt{1-\dfrac{x^2}{a^2}-\dfrac{y^2}{b^2}}\ (a>0,b>0)$ 的定义域。

解 要使函数有意义,只需满足 $1-\dfrac{x^2}{a^2}-\dfrac{y^2}{b^2} \geq 0$

即

$$\frac{x^2}{a^2}+\frac{y^2}{b^2} \leq 1$$

所以,函数 z 的定义域 D 是 xoy 平面上以原点为中心的椭圆曲线及其内部点的全体(图 7-16)。记为 $D=\left\{(x,y) \mid \dfrac{x^2}{a^2}+\dfrac{y^2}{b^2} \leq 1\right\}$。此时的定义域 D 是一个有界闭区域。

例 6 求二元函数 $z=\ln(x+y)-\ln x$ 的定义域。

解 要使函数有意义,只需同时满足 $\begin{cases} x+y>0 \\ x>0 \end{cases}$

所以,函数 z 的定义域 $D=\{(x,y) \mid x+y>0,x>0\}$

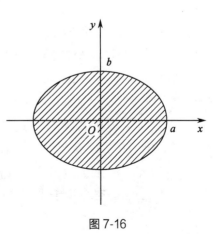

图 7-16

（图 7-17）。此时的定义域 D 为开区域且无界。

例 7 已知函数 $f(x,y)=\dfrac{xy}{x^2+y^2}$，求 $f\left(2,\dfrac{x}{y}\right)$。

解 由已知 $f(x,y)=\dfrac{xy}{x^2+y^2}$，只需将表达式 $f(x,y)$

中的 x 换为 2，y 换为 $\dfrac{x}{y}$，则

$$f\left(2,\frac{x}{y}\right)=\frac{2\cdot\dfrac{x}{y}}{2^2+\left(\dfrac{x}{y}\right)^2}=\frac{2xy}{x^2+4y^2}$$

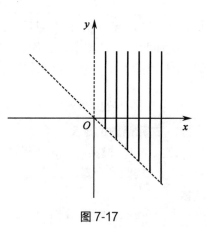

图 7-17

注 这里函数 $z=f\left(2,\dfrac{x}{y}\right)$ 相当于 $z=f(u,v)$，$u=2$，$v=\dfrac{x}{y}$ 所构成的，与一元函数类似，我们把 $z=f\left(2,\dfrac{x}{y}\right)$ 看作是由 $z=f(u,v)$，$u=2$，$v=\dfrac{x}{y}$ 构成的复合函数。

一般地，设 $z=f(u,v)$ 定义域为 D_1；$u=\varphi(x,y)$，$v=\psi(x,y)(x,y)\in D$，若对于任意 (x,y) $\in D$，相应的 $(u,v)\in D_1$，则称函数 $z=f[\varphi(x,y),\psi(x,y)]$ 是 x,y 的二元复合函数，这里 u,v 称为中间变量。

2. 二元函数的几何意义 设函数 $z=f(x,y)$ 的定义域为 D。对于任意取定的点 $P(x,y)\in D$，对应的函数值为 $z=f(x,y)$。这样，以 x 为横坐标、y 为纵坐标、$z=f(x,y)$ 为竖坐标，在空间就确定一点 $M(x,y,z)$。当点 $P(x,y)$ 取遍 D 上的一切点时，点 $M(x,y,z)$ 的轨迹就形成一张空间曲面。因此，$z=f(x,y)$ 在空间直角坐标中一般表示一张曲面（图 7-18）。例如 $z=2x+y+1$ 表示一张平面，$z=\dfrac{x^2}{4}+\dfrac{y^2}{9}$ 表示椭圆抛物面。

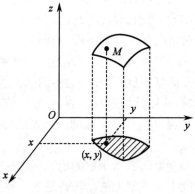

图 7-18

二、多元函数的极限

对于一元函数极限的概念，尽管各种类型的极限不尽相同，但它们有共同的特点：自变量的变化趋势引起了因变量的变化趋势。多元函数的极限也是如此。这里只讨论二元函数的极限。

在一元函数中，由集合 $\{x\mid|x-x_0|<\delta,\delta>0\}$ 所确定的数轴上的开区间，定义了以点 x_0 为中心、δ 为半径的邻域，从而定义了函数 $f(x)$ 当 $x\to x_0$ 时的极限。

对于二元函数，称由集合 $\{(x,y)\mid\rho=\sqrt{(x-x_0)^2+(y-y_0)^2}<\delta,\delta>0\}$ 所确定的平面上的开圆域（图 7-19）为以点 $P_0(x_0,y_0)$ 为中心、δ 为半径的**邻域**，记为 $N(P_0,\delta)$，即

$$N(P_0,\delta)=\{(x,y)\mid\rho=\sqrt{(x-x_0)^2+(y-y_0)^2}<\delta,\delta>0\}$$

在 $N(P_0,\delta)$ 中去掉点 P_0 后的集合

$$N(\hat{P}_0,\delta)=\{(x,y)\mid 0<\sqrt{(x-x_0)^2+(y-y_0)^2}<\delta,\delta>0\}$$

称为点 $P_0(x_0,y_0)$ 的**空心邻域**（图 7-20）。

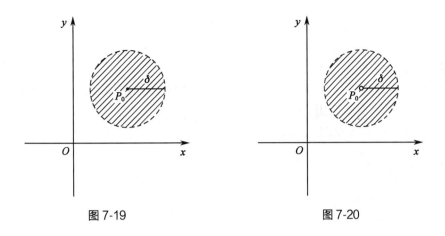

图 7-19   图 7-20

于是,可以定义二元函数 $z=f(x,y)$ 当点 $P(x,y)$ 趋于 $P_0(x_0,y_0)$ 时的极限。

定义 7.2 设函数 $z=f(x,y)$ 在点 $P_0(x_0,y_0)$ 的某空心邻域 $N(\hat{P}_0,\delta)$ 内有定义,若当点 $P(x,y)\in N(\hat{P}_0,\delta)$ 以任意方式无限趋近于点 $P_0(x_0,y_0)$ 时,函数 $f(x,y)$ 都无限趋近于常数 A,则称常数 A 是函数 $f(x,y)$ 当点 $P(x,y)\to P_0(x_0,y_0)$ 的**极限**,记为

$$\lim_{\substack{x\to x_0\\y\to y_0}}f(x,y)=A \quad 或 \quad \lim_{(x,y)\to(x_0,y_0)}f(x,y)=A$$

这是从直观上给出的二元函数极限的定义。类似于一元函数也可以给出二元函数极限的**精确描述**:设函数 $z=f(x,y)$ 在点 $P_0(x_0,y_0)$ 的某去心邻域 $N(\hat{P}_0,\delta)$ 内有定义,若存在常数 A,对于任意给定的正数 ε(不论它多么小),总存在正数 δ,使得当 $P(x,y)\in N(\hat{P}_0,\delta)$ 时,都有 $|f(x)-A|<\varepsilon$ 成立,则称常数 A 为函数 $z=f(x,y)$ 当点 $P(x,y)\to P_0(x_0,y_0)$ 时的极限,记作

$$\lim_{\substack{x\to x_0\\y\to y_0}}f(x,y)=A \quad 或 \quad \lim_{P(x,y)\to P_0(x_0,y_0)}f(x,y)=A$$

注(1)为了区别于一元函数的极限,我们把二元函数的极限也称为二重极限。从形式上看,一元函数的极限与二元函数的极限类似,但从实质上看,二元函数的极限要复杂得多。

(2)定义中要求在 $N(\hat{P}_0,\delta)$ 内有定义,这表明 $P(x,y)$ 趋于点 $P_0(x_0,y_0)$ 时,点 P 永远不等于点 P_0,也表明极限值 A 与函数在点 P_0 是否有定义无关。

(3)$P\to P_0$ 的方式要求是任意方式(路径)。若点 P 以某一特殊方式,如沿着一条定直线或定曲线趋近于点 P_0 时,即使 $f(x,y)$ 无限趋近于某一确定值,我们还不能由此断定函数的极限存在。但是反过来,若点 P 以不同方式趋近于点 P_0 时,$f(x,y)$ 趋于不同的值,则可以断定函数的极限不存在。例如

$$f(x,y)=\begin{cases}\dfrac{xy}{x^2+y^2}, & x^2+y^2\neq 0\\[2mm] 0, & x^2+y^2=0\end{cases}$$

在 $(0,0)$ 点极限不存在。

虽然当 $P(x,y)$ 沿 x 轴趋于点 $(0,0)$ 时,$\lim\limits_{\substack{x\to 0\\y\to 0}}f(x,y)=\lim\limits_{y=0}f(x,0)=0$

当 $P(x,y)$ 沿 y 轴趋于点 $(0,0)$ 时,$\lim\limits_{\substack{x\to 0\\y\to 0}}f(x,y)=\lim\limits_{x=0}f(x,0)=0$

但是 $\lim\limits_{\substack{x\to 0\\y\to 0}}f(x,y)$ 不存在,这是因为当点 P 沿着 $y=kx$ 趋于点 $(0,0)$ 时,

$$\lim_{\substack{x\to 0 \\ y\to 0}} f(x,y) = \lim_{\substack{x\to 0 \\ y=kx}} f(x,kx) = \lim_{\substack{x\to 0 \\ y=kx}} \frac{kx^2}{x^2+k^2x^2} = \frac{k}{1+k^2}$$

显然它随着 k 值的不同而改变。

(4)二元函数极限的性质与一元函数极限类似,如极限的四则运算法则,极限的保号性等。在后面讨论中可直接使用有关公式和性质。

(5)二元函数的极限概念可相应地推广到 n 元函数 $u=f(x_1,x_2,\cdots,x_n)$ 上去。

例 8　求 $\lim\limits_{\substack{x\to 2 \\ y\to 0}} \dfrac{\sin xy}{y}$。

解　因为　$\lim\limits_{\substack{x\to 2 \\ y\to 0}} \dfrac{\sin xy}{y} = \lim\limits_{\substack{x\to 2 \\ y\to 0}} \dfrac{\sin xy}{xy} \cdot x$，令 $xy=u$，当 $x\to 2$，$y\to 0$ 时，$u\to 0$，

所以

$$\lim_{\substack{x\to 2 \\ y\to 0}} \frac{\sin(xy)}{y} = \lim_{\substack{x\to 2 \\ y\to 0}} \left[\frac{\sin(xy)}{xy} \cdot x\right] = \lim_{xy\to 0} \frac{\sin(xy)}{xy} \cdot \lim_{x\to 2} x$$

$$= \lim_{u\to 0} \frac{\sin u}{u} \cdot \lim_{x\to 2} x = 1 \cdot 2 = 2$$

三、多元函数的连续

有了函数极限的定义以后,函数的连续定义就容易了,它类似于一元函数连续的定义。

定义 7.3　设二元函数 $z=f(x,y)$ 在点 $P_0(x_0,y_0)$ 的某邻域 $N(P_0,\delta)$ 内有定义,若

$$\lim_{\substack{x\to x_0 \\ y\to y_0}} f(x,y) = f(x_0,y_0)$$

则称函数 $z=f(x,y)$ 在点 $P_0(x_0,y_0)$ **连续**。

若函数 $z=f(x,y)$ 在区域 D 上的每点都连续,则称函数 $z=f(x,y)$ 在区域 D 上连续。

在区域 D 上连续的二元函数 $z=f(x,y)$ 的图形是一张"无孔隙、无裂痕"的曲面。

若要求区域 D 上连续点处的极限,则可以直接求出该点的函数值。例如

$$\lim_{\substack{x\to 0 \\ y\to 1}} \frac{1-xy}{x^2-y^2} = \frac{1-0\times 1}{0^2-1^2} = -1$$

使函数不连续的点称为**间断点**。二元函数的间断点可以是平面上的一些孤立点,也可以是一条或几条曲线。如 $z=\dfrac{1}{x^4+y^4}$ 的间断点为 $(0,0)$；$z=\dfrac{x^2+y^2}{y^2-2x}$ 的间断点为 $y^2=2x$ 抛物线上的所有点。

二元连续函数具有下列性质:

性质 1　有限个连续的二元函数的和、差、积、商(分母不为零)均为连续函数。

性质 2　二元连续函数的复合函数也是连续函数。

性质 3　在有界闭区域 D 上的二元连续函数,一定在 D 上有界,且能取得它的最大值和最小值。

性质 4　在有界闭区域 D 上的二元连续函数必取得介于最大值和最小值之间的任何值。

与一元初等函数类似,**二元初等函数**是指由不同自变量的一元基本初等函数经过有限次的四则运算和有限次的复合步骤所构成,并可由一个解析式表示的函数。

如 y^2-2x+1，$\arcsin\sqrt{x+y}$，$\cdots$ 都是二元初等函数。

可以证明,二元初等函数在其定义区域内是连续的,所谓定义区域可以是定义域,也可以是定义域上的一部分。

上述二元函数连续的概念、性质及运算可推广到二元以上的多元函数。

第三节　偏导数与全微分

一、偏导数

对一元函数,我们从研究变化率引入了导数的概念。对于多元函数同样需要讨论变化率问题。例如,在热力学中,一定量理想气体的体积 V 与压强 P 及热力学温度 T 之间有如下关系

$$V = \frac{RT}{P} \quad (\text{其中 } R \text{ 为常数})$$

这时体积 V 是压强 P 与热力学温度 T 的二元函数。若在等温($T=$常数)条件下压缩气体,就要考虑体积 V 关于压强 P 的变化率;在等压($P=$常数)过程中,要研究体积 V 关于温度 T 的变化率。由于多元函数的自变量不止一个,因变量与自变量的关系比较复杂。因此,我们需要分别考虑它对每一个自变量的函数变化率。这就引入了偏导数的概念。

1. 偏导数的定义

定义 7.4　设二元函数 $z=f(x,y)$ 在点 $P_0(x_0,y_0)$ 的某邻域 $N(P_0,\delta)$ 内有定义,当 y 固定在 y_0,而 x 在 x_0 处有改变量 Δx 时,相应的函数改变量(称为对 x 的偏改变量)为

$$\Delta_x z = f(x_0+\Delta x,y_0) - f(x_0,y_0)$$

若极限

$$\lim_{\Delta x \to 0}\frac{\Delta_x z}{\Delta x} = \lim_{\Delta x \to 0}\frac{f(x_0+\Delta x,y_0)-f(x_0,y_0)}{\Delta x}$$

存在,则称此极限值为函数 $z=f(x,y)$ 在点 $P_0(x_0,y_0)$ 对 x 的偏导数,记为

$$f'_x(x_0,y_0),\ \frac{\partial z}{\partial x}\Big|_{\substack{x=x_0\\y=y_0}},\ \frac{\partial f}{\partial x}\Big|_{\substack{x=x_0\\y=y_0}} \text{ 或 } z'_x\Big|_{\substack{x=x_0\\y=y_0}}$$

类似地,可以定义函数 $z=f(x,y)$ 在点 $P_0(x_0,y_0)$ 对 y 的偏导数

$$\lim_{\Delta y \to 0}\frac{\Delta_y z}{\Delta y} = \lim_{\Delta y \to 0}\frac{f(x_0,y_0+\Delta y)-f(x_0,y_0)}{\Delta y}$$

并记为

$$f'_y(x_0,y_0),\ \frac{\partial z}{\partial y}\Big|_{\substack{x=x_0\\y=y_0}},\ \frac{\partial f}{\partial y}\Big|_{\substack{x=x_0\\y=y_0}} \text{ 或 } z'_y\Big|_{\substack{x=x_0\\y=y_0}}$$

显然,偏导数 $f'_x(x_0,y_0)f'_y(x_0,y_0)$ 就是 $z=f(x,y)$ 在点 $P_0(x_0,y_0)$ 沿平行于 x 轴或 y 轴的直线变化时的变化率。

若函数 $z=f(x,y)$ 在区域 D 内每一点 $P(x,y)$ 处 $f'_x(x,y)$ 与 $f'_y(x,y)$ 都存在,则函数 $z=f(x,y)$ 在区域 D 内偏导数存在。由于两个偏导数在区域 D 内也是 x,y 的函数,分别称为函数对自变量 x,y 的偏导函数,记为

$$f'_x(x,y),\ \frac{\partial z}{\partial x},\ \frac{\partial f}{\partial x} \text{ 或 } z'_x$$

$$f'_y(x,y),\ \frac{\partial z}{\partial y},\ \frac{\partial f}{\partial y} \text{ 或 } z'_y$$

有了偏导函数以后,函数 $z=f(x,y)$ 在点 $P_0(x_0,y_0)$ 处的偏导数 $f'_x(x_0,y_0)$, $f'_y(x_0,y_0)$ 就是偏导函数 $f'_x(x,y)$, $f'_y(x,y)$ 在点 $P_0(x_0,y_0)$ 处的函数值。在不致混淆的情况下,也把偏导函数简称为偏导数。

偏导数的概念可以推广到二元以上的多元函数。例如,三元函数 $u=f(x,y,z)$ 对 x 的偏导函数定义为

$$\frac{\partial u}{\partial x}=\lim_{\Delta x\to 0}\frac{\Delta_x u}{\Delta x}=\lim_{\Delta x\to 0}\frac{f(x+\Delta x,y,z)-f(x,y,z)}{\Delta x}$$

同理可以定义 $u=f(x,y,z)$ 对变量 y,z 的偏导函数:

$$\frac{\partial u}{\partial y}=\lim_{\Delta y\to 0}\frac{\Delta_y u}{\Delta y}=\lim_{\Delta y\to 0}\frac{f(x,y+\Delta y,z)-f(x,y,z)}{\Delta y}$$

$$\frac{\partial u}{\partial z}=\lim_{\Delta z\to 0}\frac{\Delta_z u}{\Delta z}=\lim_{\Delta z\to 0}\frac{f(x,y,z+\Delta z)-f(x,y,z)}{\Delta z}$$

2. 偏导数的计算 由偏导数的定义可知,求多元函数的偏导数并不需要新的方法,对某个自变量求偏导数时,只有这个自变量在变化,将其余的自变量视为常数,相当于对这个自变量所确定的一元函数求导数,此时可运用一元函数的求导公式和求导法则。

例9 求函数 $z=x^3y-xy^3$ 在点 $(1,2)$ 处的偏导数。

解 对 x 求偏导,把 y 视为常数,则

$$\frac{\partial z}{\partial x}=(x^3y)'_x-(xy^3)'_x=y(x^3)'_x-y^3(x)'_x=3x^2y-y^3$$

$$\frac{\partial z}{\partial x}\bigg|_{\substack{x=1\\y=2}}=(3x^2y-y^3)\bigg|_{\substack{x=1\\y=2}}=6-8=-2$$

对 y 求偏导,把 x 视为常数,则

$$\frac{\partial z}{\partial y}=(x^3y)'_y-(xy^3)'_y=x^3(y)'_y-x(y^3)'_y=x^3-3xy^2$$

$$\frac{\partial z}{\partial y}\bigg|_{\substack{x=1\\y=2}}=(x^3-3xy^2)\bigg|_{\substack{x=1\\y=2}}=1-12=-11$$

例10 求函数 $z=\ln\cos(xy)$ 的偏导数。

解 此函数是复合函数,中间变量是 $\cos(xy)$ 与 xy。

先对 x 求偏导,把 y 视为常数,则

$$\frac{\partial z}{\partial x}=[\ln\cos(xy)]'_x=\frac{1}{\cos(xy)}\cdot[-\sin(xy)]\cdot y=-y\tan(xy)$$

对 y 求偏导,把 x 视为常数,则

$$\frac{\partial z}{\partial y}=[\ln\cos(xy)]'_y=\frac{1}{\cos(xy)}\cdot[-\sin(xy)]\cdot x=-x\tan(xy)$$

例11 求函数 $u=x^{yz}$ $(x>0,x\neq 1)$ 的偏导数。

解 先对 x 求偏导,把 y,z 视为常数,则

$$\frac{\partial u}{\partial x}=(x^{yz})'_x=yzx^{yz-1}$$

同理 $\dfrac{\partial u}{\partial y}=(x^{yz})'_y=zx^{yz}\ln x$, $\dfrac{\partial u}{\partial z}=(x^{yz})'_z=yx^{yz}\ln x$

例12 已知理想气体的状态方程为 $PV=RT$ (R 为常数),求证

$$\frac{\partial P}{\partial V}\cdot\frac{\partial V}{\partial T}\cdot\frac{\partial T}{\partial P}=-1$$

证 因为 $PV=RT$，即 $P=\dfrac{RT}{V}, V=\dfrac{RT}{P}, T=\dfrac{PV}{R}$

$$\frac{\partial P}{\partial V}=-\frac{RT}{V^2}, \frac{\partial V}{\partial T}=\frac{R}{P}, \frac{\partial T}{\partial P}=\frac{V}{R}$$

所以

$$\frac{\partial P}{\partial V}\cdot\frac{\partial V}{\partial T}\cdot\frac{\partial T}{\partial P}=\left(-\frac{RT}{V^2}\right)\left(\frac{R}{P}\right)\left(\frac{V}{R}\right)=-\frac{RT}{PV}=-1$$

由例 12 可知，偏导数 $\dfrac{\partial P}{\partial V}, \dfrac{\partial V}{\partial T}, \dfrac{\partial T}{\partial P}$ 等是一个完整的记号，不能像一元函数的导数记号看作分子与分母之商。

例 13 设函数 $f(x,y)=\begin{cases}\dfrac{xy}{x^2+y^2}, & x^2+y^2\neq 0\\[2mm] 0, & x^2+y^2=0\end{cases}$，求 $f(x,y)$ 在点 $(0,0)$ 处的偏导数。

解 因为

$$\frac{f(0+\Delta x,0)-f(0,0)}{\Delta x}=\frac{\dfrac{\Delta x\cdot 0}{(\Delta x)^2+0^2}-0}{\Delta x}=0$$

所以，由偏导数定义可知

$$f'_x(0,0)=\lim_{\Delta x\to 0}\frac{f(0+\Delta x,0)-f(0,0)}{\Delta x}=0$$

同理 $f'_y(0,0)=0$

注 在本题中，$f(x,y)$ 在整个定义域上已经不是初等函数了，在点 $(0,0)$ 处不能用前面例题的方法直接求偏导数，只能用偏导数的定义来求。此外，我们知道这个函数在点 $(0,0)$ 处的二重极限 $\lim\limits_{\substack{x\to 0\\ y\to 0}}\dfrac{xy}{x^2+y^2}$ 不存在，从而在点 $(0,0)$ 处不连续。本题还说明了，尽管 $f(x,y)$ 在点 $(0,0)$ 处两个偏导数存在，但在此点不连续。由此可以看到，一元函数中"可导必连续"的关系在多元函数中不再成立了，即在多元函数中可偏导不一定连续，这是因为偏导数反映的仅仅是函数沿平行于 x 轴或 y 轴的直线上的变化情况，不能全面反映函数在其他方向上的变化情况。

3. 偏导数的几何意义 我们已经知道，二元函数 $z=f(x,y)$ 在空间直角坐标系中表示一张曲面。设点 $M_0(x_0,y_0,z_0)$ 是曲面上一点，过点 M_0 作平面 $y=y_0$，截此曲面得一曲线，此曲线在平面 $y=y_0$ 上的方程为 $z=f(x,y_0)$，则偏导数 $f'_x(x_0,y_0)$ 就是此曲线在点 M_0 处的切线 M_0T_x 对 x 的斜率。偏导数 $f'_y(x_0,y_0)$ 是曲面被平面 $x=x_0$ 所截得的曲线 $z=f(x_0,y)$ 在点 M_0 处的切线 M_0T_y 对 y 的斜率（图 7-21）。

4. 高阶偏导数 若二元函数 $z=f(x,y)$ 在区域 D 内偏导数 $\dfrac{\partial z}{\partial x}, \dfrac{\partial z}{\partial y}$ 存在，则偏导数 $\dfrac{\partial z}{\partial x}, \dfrac{\partial z}{\partial y}$ 称为 $z=f(x,y)$ 的

一阶偏导数。由于在区域 D 内 $\dfrac{\partial z}{\partial x}, \dfrac{\partial z}{\partial y}$ 都是 x 和 y 的函数，对这两个偏导数再求偏导数（若存在的话），则称它们是函数 $z=f(x,y)$ 的**二阶偏导数**。这样的二阶偏导数共有 4 个：

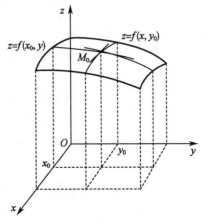

图 7-21

$$\left(\frac{\partial z}{\partial x}\right)'_x=\frac{\partial\left(\frac{\partial z}{\partial x}\right)}{\partial x}=\frac{\partial^2 z}{\partial x^2}=f''_{xx}(x,y)$$

$$\left(\frac{\partial z}{\partial x}\right)'_y=\frac{\partial\left(\frac{\partial z}{\partial x}\right)}{\partial y}=\frac{\partial^2 z}{\partial x\partial y}=f''_{xy}(x,y)$$

$$\left(\frac{\partial z}{\partial y}\right)'_x=\frac{\partial\left(\frac{\partial z}{\partial y}\right)}{\partial x}=\frac{\partial^2 z}{\partial y\partial x}=f''_{yx}(x,y)$$

$$\left(\frac{\partial z}{\partial y}\right)'_y=\frac{\partial\left(\frac{\partial z}{\partial y}\right)}{\partial y}=\frac{\partial^2 z}{\partial y^2}=f''_{yy}(x,y)$$

其中第一和第四个偏导数称为纯的偏导数,第二和第三个二阶偏导数称为混合偏导数。类似地,可以定义三阶、…、n 阶偏导数,二阶及二阶以上的偏导数统称为**高阶偏导数**。

例 14 设函数 $z=x^4+y^4-4xy^2+1$,求二阶偏导数及 $\dfrac{\partial^3 z}{\partial x^3}$。

解 $\dfrac{\partial z}{\partial x}=4x^3-4y^2$ $\dfrac{\partial^2 z}{\partial x^2}=12x^2$ $\dfrac{\partial^2 z}{\partial x\partial y}=-8y$

$\dfrac{\partial z}{\partial y}=4y^3-8xy$ $\dfrac{\partial^2 z}{\partial y^2}=12y^2-8x$ $\dfrac{\partial^2 z}{\partial y\partial x}=-8y$

$\dfrac{\partial^3 z}{\partial x^3}=24x$

在例 14 中,$\dfrac{\partial^2 z}{\partial x\partial y}=\dfrac{\partial^2 z}{\partial y\partial x}$。但这个结论并不是对所有可求二阶偏导数的二元函数都成立。可以证明,若 $\dfrac{\partial^2 z}{\partial x\partial y}$,$\dfrac{\partial^2 z}{\partial y\partial x}$ 在区域 D 内连续,则在该区域内它们必相等。换句话说,二阶混合偏导数在连续的条件下与求导次序无关。在实际应用中,我们通常都认为二阶混合偏导数是相等的。

例 15 设函数 $z=\ln(x^2+y^2)$,证明此函数满足等式 $\dfrac{\partial^2 z}{\partial x^2}+\dfrac{\partial^2 z}{\partial y^2}=0$。

证 因为 $\dfrac{\partial z}{\partial x}=\dfrac{2x}{x^2+y^2},\ \dfrac{\partial z}{\partial y}=\dfrac{2y}{x^2+y^2}$

故 $\dfrac{\partial^2 z}{\partial x^2}=2\cdot\dfrac{(x^2+y^2)-x\cdot 2x}{(x^2+y^2)^2}=\dfrac{2(y^2-x^2)}{(x^2+y^2)^2}$

$\dfrac{\partial^2 z}{\partial y^2}=2\cdot\dfrac{(x^2+y^2)-y\cdot 2y}{(x^2+y^2)^2}=\dfrac{2(x^2-y^2)}{(x^2+y^2)^2}$

于是 $\dfrac{\partial^2 z}{\partial x^2}+\dfrac{\partial^2 z}{\partial y^2}=\dfrac{2(y^2-x^2)}{(x^2+y^2)^2}+\dfrac{2(x^2-y^2)}{(x^2+y^2)^2}=0$

二、全微分

在一元函数讨论中,已经看到函数的改变量无论在理论上或实际应用中都有重要的作用,并且由此引入了微分的定义。一元函数的微分是当自变量的改变量趋于零时,函数改变量中的线性主要部分,反映了函数变化的主要趋势。在实际问题中,也常常需要计算多元函数的全改变量问题。下面以二元函数为例进行讨论。

1. 全改变量 设二元函数 $z=f(x,y)$ 在点 $P(x,y)$ 的某邻域 $N(P,\delta)$ 内有定义，$Q(x+\Delta x,y+\Delta y)$ 为邻域内的任意一点，则称这两点的函数值之差

$$f(x+\Delta x,y+\Delta y)-f(x,y)$$

为函数 $z=f(x,y)$ 在点 $P(x,y)$ 对应于自变量改变量 $\Delta x,\Delta y$ 的**全改变量**，记作 Δz，即

$$\Delta z=f(x+\Delta x,y+\Delta y)-f(x,y)$$

一般来说，计算全改变量是比较复杂的，因此与一元函数类似，希望找到一个关于自变量改变量 $\Delta x,\Delta y$ 的线性函数 $A\Delta x+B\Delta y$（A,B 为常数）来近似代替全改变量 Δz，使计算既简便又具有一定的精确度，在此基础上推广到一般多元函数的情形。下面给出全微分的定义。

2. 全微分的定义

定义 7.5 设二元函数 $z=f(x,y)$ 在点 $P(x,y)$ 的某个邻域 $N(P,\delta)$ 内有定义，若全改变量 Δz 可表示为

$$\Delta z=A\Delta x+B\Delta y+o(\rho)$$

[其中 A,B 不依赖于 $\Delta x,\Delta y$ 而仅与 x,y 有关，$\rho=\sqrt{\Delta x^2+\Delta y^2}$，当 $\rho\to0$ 时，$o(\rho)$ 是比 ρ 高阶的无穷小量]，则称函数 $z=f(x,y)$ 在点 $P(x,y)$ 可微，而 $A\Delta x+B\Delta y$ 称为函数 $z=f(x,y)$ 在点 $P(x,y)$ 的**全微分**，记作 $\mathrm{d}z$，即

$$\mathrm{d}z=A\Delta x+B\Delta y$$

注 由可微的定义，$\Delta z-\mathrm{d}z=o(\rho)$。当 ρ 很小时，差 $\Delta z-\mathrm{d}z$ 比 ρ 小得多，此时 $\Delta z\approx\mathrm{d}z$。这说明全改变量也可以用一个简单的线性主要部分来近似表示。

若函数 $z=f(x,y)$ 在区域 D 内各点处都可微，则称函数 $z=f(x,y)$ 在区域 D 内可微。

当函数 $z=f(x,y)$ 在点 $P(x,y)$ 可微时，由全微分的定义

$$\Delta z=A\Delta x+B\Delta y+o(\rho)$$

由于 $\Delta x\to0,\Delta y\to0$ 时，$\rho\to0$，所以 $\Delta z\to0$，即

$$f(x+\Delta x,y+\Delta y)-f(x,y)\to0$$

因此，若函数 $z=f(x,y)$ 在点 $P(x,y)$ 可微，则在该点一定连续。

下面关键的问题是确定常数 A,B。

因为对一切 $\Delta x,\Delta y$，$\Delta z=A\Delta x+B\Delta y+o(\rho)$ 成立，显然 $\Delta y=0$ 时也成立。于是全改变量转化为偏改变量

$$\Delta_x z=A\Delta x+o(\rho) \quad (\rho=|\Delta x|)$$

两边同除 Δx，再令 $\Delta x\to0$，得

$$\lim_{\Delta x\to0}\frac{\Delta_x z}{\Delta x}=\lim_{\Delta x\to0}\left[\frac{A\Delta x+o(\rho)}{\Delta x}\right]=\lim_{\Delta x\to0}\left[A+\frac{o(\rho)}{\Delta x}\right]=A$$

即 $\dfrac{\partial z}{\partial x}=A$，同理 $\dfrac{\partial z}{\partial y}=B$。

这就是说，若函数 $z=f(x,y)$ 在点 $P(x,y)$ 可微，则偏导数 $\dfrac{\partial z}{\partial x},\dfrac{\partial z}{\partial y}$ 存在，且

$$\frac{\partial z}{\partial x}=A,\ \frac{\partial z}{\partial y}=B$$

通常将自变量的改变量称为自变量的微分，并记作 $\Delta x=\mathrm{d}x,\Delta y=\mathrm{d}y$，从而函数 $z=f(x,y)$ 在点 $P(x,y)$ 的微分为

$$\mathrm{d}z=\frac{\partial z}{\partial x}\mathrm{d}x+\frac{\partial z}{\partial y}\mathrm{d}y$$

其中 $\dfrac{\partial z}{\partial x}\mathrm{d}x,\dfrac{\partial z}{\partial y}\mathrm{d}y$ 分别称为函数 $z=f(x,y)$ 对 x,y 的**偏微分**。

注 一元函数在某点的导数存在是微分存在的充要条件,但对于二元函数来说,这个结论不再成立。例如 $f(x,y)=\begin{cases}\dfrac{xy}{x^2+y^2}, & x^2+y^2\neq0 \\ 0, & x^2+y^2=0\end{cases}$ 在点 $(0,0)$ 不连续;$f'_x(0,0)=0,f'_y(0,0)=0$,即点 $(0,0)$ 偏导数存在,但在点 $(0,0)$ 不可微。这就是说当函数的各阶偏导数都存在时,虽然能从形式上写出 $\dfrac{\partial z}{\partial x}\Delta x+\dfrac{\partial z}{\partial y}\Delta y$,但它与 Δz 之差不一定是较 ρ 高阶的无穷小,因此不一定是函数的全微分。由此可知,二元函数偏导数存在是它可微的必要条件,而不是充分条件。可以证明,偏导数存在且连续是全微分存在的充分条件。

以上结论可以推广到二元以上的多元函数。例如,三元函数 $u=f(x,y,z)$ 在点 $P(x,y,z)$ 的全微分 $\mathrm{d}u=\dfrac{\partial u}{\partial x}\mathrm{d}x+\dfrac{\partial u}{\partial y}\mathrm{d}y+\dfrac{\partial u}{\partial z}\mathrm{d}z$。

例16 求函数 $z=x^y$ $(x>0,x\neq1)$ 的全微分。

解 因为
$$\frac{\partial z}{\partial x}=yx^{y-1},\frac{\partial z}{\partial y}=x^y\ln x$$

所以
$$\mathrm{d}z=\frac{\partial z}{\partial x}\mathrm{d}x+\frac{\partial z}{\partial y}\mathrm{d}y=x^{y-1}\left[y\mathrm{d}x+x\ln x\mathrm{d}y\right]$$

例17 求函数 $z=x^2y+x+y$ 在 $(1,2)$ 处的全微分。

解 因为
$$\frac{\partial z}{\partial x}=2xy+1,\frac{\partial z}{\partial x}\Big|_{\substack{x=1\\y=2}}=5$$

$$\frac{\partial z}{\partial y}=x^2+1,\frac{\partial z}{\partial y}\Big|_{\substack{x=1\\y=2}}=2$$

所以
$$\mathrm{d}z=\frac{\partial z}{\partial x}\Big|_{\substack{x=1\\y=2}}\mathrm{d}x+\frac{\partial z}{\partial y}\Big|_{\substack{x=1\\y=2}}\mathrm{d}y=5\mathrm{d}x+2\mathrm{d}y$$

例18 求函数 $u=\sin(x^2+y^2+z^2)$ 的全微分。

解 因为
$$\frac{\partial u}{\partial x}=2x\cos(x^2+y^2+z^2),\frac{\partial u}{\partial y}=2y\cos(x^2+y^2+z^2)$$

$$\frac{\partial u}{\partial z}=2z\cos(x^2+y^2+z^2)$$

所以
$$\mathrm{d}u=\frac{\partial u}{\partial x}\mathrm{d}x+\frac{\partial u}{\partial y}\mathrm{d}y+\frac{\partial u}{\partial z}\mathrm{d}z=2\cos(x^2+y^2+z^2)(x\mathrm{d}x+y\mathrm{d}y+z\mathrm{d}z)$$

3. 全微分的近似计算与误差估计 在实际问题中,若自变量的改变量 $\Delta x,\Delta y$ 都很小时,常用函数的全微分近似代替函数的全改变量,即

$$\Delta z\approx\mathrm{d}z=\frac{\partial z}{\partial x}\mathrm{d}x+\frac{\partial z}{\partial y}\mathrm{d}y$$

上式也可以写为 $f(x+\Delta x,y+\Delta y)\approx f(x,y)+f'_x(x,y)\mathrm{d}x+f'_y(x,y)\mathrm{d}y$。

例19 要造一个无盖的圆柱形水槽,其半径 3m,高为 5m,厚度 0.02m,求需用材料多少立方米?

解 因为圆柱体的体积为 $V=\pi r^2h$(其中 r,h 分别为底半径和高),而

$$\frac{\partial V}{\partial r}=2\pi rh,\frac{\partial V}{\partial h}=\pi r^2$$

所以 $$\Delta V \approx \mathrm{d}V = \frac{\partial V}{\partial r}\mathrm{d}r + \frac{\partial V}{\partial h}\mathrm{d}h = 2\pi r h \mathrm{d}r + \pi r^2 \mathrm{d}h$$

将 $r=3,h=5,\Delta r=\Delta h=0.02$ 代入,有

$$\Delta V \approx 2\pi \times 3 \times 5 \times 0.02 + \pi \times 3^3 \times 0.02 = 0.78\pi(\mathrm{m}^3)$$

即需用材料约为 $0.78\pi \mathrm{m}^3$。与直接计算的值相当接近。

例 20　计算 $\sqrt[3]{2.02^2 + 1.97^2}$ 的近似值。

解　设 $f(x,y) = \sqrt[3]{x^2+y^2}$,分别取 $x_0=2,\Delta x=0.02,y_0=2,\Delta y=-0.03$

因为 $f'_x(x,y) = \frac{2}{3}x(x^2+y^2)^{-\frac{2}{3}}$,$f'_y(x,y) = \frac{2}{3}y(x^2+y^2)^{-\frac{2}{3}}$,所以

$$f(2,2) = \sqrt[3]{2^2+2^2} = 2,\quad f'_x(2,2) = \frac{1}{3},\quad f'_y(2,2) = \frac{1}{3}$$

代入公式 $$f(x+\Delta x, y+\Delta y) \approx f(x,y) + f'_x(x,y)\mathrm{d}x + f'_y(x,y)\mathrm{d}y$$

得 $$\sqrt[3]{2.02^2+1.97^2} \approx 2 + \frac{1}{3} \times 0.02 + \frac{1}{3} \times (-0.03) \approx 1.997$$

对于一般的二元函数 $z=f(x,y)$,若自变量 x,y 的绝对误差分别为 δ_x,δ_y,即

$$|\Delta x| \leq \delta_x,\quad |\Delta y| \leq \delta_y$$

则函数 z 的误差

$$|\Delta z| \approx |\mathrm{d}z| = \left|\frac{\partial z}{\partial x}\Delta x + \frac{\partial z}{\partial y}\Delta y\right|$$

$$\leq \left|\frac{\partial z}{\partial x}\right| \cdot |\Delta x| + \left|\frac{\partial z}{\partial y}\right| \cdot |\Delta y| \leq \left|\frac{\partial z}{\partial x}\right| \cdot \delta_x + \left|\frac{\partial z}{\partial y}\right| \cdot \delta_y$$

从而得到 z 的绝对误差约为

$$\delta_z = \left|\frac{\partial z}{\partial x}\right| \cdot \delta_x + \left|\frac{\partial z}{\partial y}\right| \cdot \delta_y$$

z 的相对误差约为

$$\frac{\delta_z}{|z|} = \left|\frac{\frac{\partial z}{\partial x}}{z}\right| \cdot \delta_x + \left|\frac{\frac{\partial z}{\partial y}}{z}\right| \cdot \delta_y$$

特别地,若 $z=xy$,则 $\frac{\partial z}{\partial x}=y$,$\frac{\partial z}{\partial y}=x$ 代入上式得

$$\frac{\delta_z}{|z|} = \frac{\delta_x}{|x|} + \frac{\delta_y}{|y|}$$

即乘积的相对误差等于各因子的相对误差之和。

同理 $z=\dfrac{x}{y}$ 时,有 $$\frac{\delta_z}{|z|} = \frac{\delta_x}{|x|} + \frac{\delta_y}{|y|}$$

即商的相对误差等于分子与分母的相对误差之和。

例 21　测得一物体的体积 $V=4.45\mathrm{cm}^3$,其绝对误差是 $0.01\mathrm{cm}^3$,重量 $W=30.80\mathrm{g}$,其绝对误差是 $0.01\mathrm{g}$,求由公式 $d=\dfrac{W}{V}$ 算出的比重 d 的相对误差与绝对误差。

解　由公式 $d=\dfrac{W}{V}=\dfrac{30.80}{4.45}=6.92$ $(\mathrm{g/cm}^2)$

根据商的相对误差等于分子与分母的相对误差之和,所求相对误差为

$$\frac{\delta_d}{d} = \frac{\delta_W}{W} + \frac{\delta_V}{V} = \frac{0.01}{30.80} + \frac{0.01}{4.45} = 0.002\ 6 = 0.26\%$$

绝对误差为 $\qquad \delta_d = 0.26 \times d = 0.002\ 6 \times 6.92 \approx 0.02$

即 $\qquad\qquad d = 6.92 \pm 0.02(\,\mathrm{g/cm^2})$

三、复合函数与隐函数的偏导数

1. 复合函数的偏导数 对于可导的一元函数 $y = f(u)$ 和 $u = \phi(x)$,则它们的复合函数 $y = f[\phi(x)]$ 也可导,且 $\dfrac{\mathrm{d}y}{\mathrm{d}x} = \dfrac{\mathrm{d}y}{\mathrm{d}u} \cdot \dfrac{\mathrm{d}u}{\mathrm{d}x}$。我们知道偏导数与一元函数的导数在计算上没有什么区别,因而对于一元函数适用的求导法则,它们在多元函数的求导中仍然适用。

多元复合函数要比一元复合函数复杂得多,有关偏导数问题也难以用同一个公式去表达,这里仅就几种特殊的多元复合函数的偏导数进行讨论,从中归纳出复合函数求偏导数的链式法则。

定理 7.1 若函数 $u = \varphi(x,y)$ 与 $v = \psi(x,y)$ 都在点 (x,y) 有偏导数,函数 $z = f(u,v)$ 在对应点 (u,v) 具有连续偏导数,则复合函数 $z = f[\varphi(x,y),\psi(x,y)]$ 在点 (x,y) 的偏导数存在,且有

$$\begin{aligned}
\frac{\partial z}{\partial x} &= \frac{\partial f}{\partial u} \cdot \frac{\partial u}{\partial x} + \frac{\partial f}{\partial v} \cdot \frac{\partial v}{\partial x} \\
\frac{\partial z}{\partial y} &= \frac{\partial f}{\partial u} \cdot \frac{\partial u}{\partial y} + \frac{\partial f}{\partial v} \cdot \frac{\partial v}{\partial y}
\end{aligned} \qquad (*)$$

证 将中间变量 u, v 在点 (x,y) 处对 x 的偏改变量分别记为 $\Delta_x u, \Delta_x v$,$z = f(u,v)$ 在点 (x,y) 处对 x 的偏改变量

$$\Delta_x z = f(u + \Delta_x u, v + \Delta_x v) - f(u,v)$$

由于 $z = f(u,v)$ 在对应点 (u,v) 具有连续偏导数,则函数 $z = f(u,v)$ 在对应点 (u,v) 可微,即

$$\Delta_x z = \frac{\partial f}{\partial u} \cdot \Delta_x u + \frac{\partial f}{\partial v} \cdot \Delta_x v + o\left(\sqrt{\Delta_x u^2 + \Delta_x v^2}\right)$$

两端同除 $\Delta x (\Delta x \neq 0)$,有

$$\frac{\Delta_x z}{\Delta x} = \frac{\partial f}{\partial u} \cdot \frac{\Delta_x u}{\Delta x} + \frac{\partial f}{\partial v} \cdot \frac{\Delta_x v}{\Delta x} + \frac{o\left(\sqrt{\Delta_x u^2 + \Delta_x v^2}\right)}{\Delta x}$$

由于函数 $u = \varphi(x,y)$ 与 $v = \psi(x,y)$ 在点 (x,y) 有偏导数,所以,当 $\Delta x \to 0$ 时,有 $\Delta_x u \to 0$,$\Delta_x v \to 0$,且有 $\lim\limits_{\Delta x \to 0} \dfrac{\Delta_x u}{\Delta x} = \dfrac{\partial u}{\partial x}$,$\lim\limits_{\Delta x \to 0} \dfrac{\Delta_x v}{\Delta x} = \dfrac{\partial v}{\partial x}$ 及

$$\lim_{\Delta x \to 0} \frac{o\left(\sqrt{\Delta_x u^2 + \Delta_x v^2}\right)}{\Delta x} = \lim_{\Delta x \to 0} \frac{o\left(\sqrt{\Delta_x u^2 + \Delta_x v^2}\right)}{\sqrt{\Delta_x u^2 + \Delta_x v^2}} \cdot \frac{\sqrt{\Delta_x u^2 + \Delta_x v^2}}{\Delta x}$$

$$= 0 \cdot \sqrt{\left(\frac{\partial u}{\partial x}\right)^2 + \left(\frac{\partial v}{\partial x}\right)^2} = 0$$

从而得到

$$\lim_{\Delta x \to 0} \frac{\Delta_x z}{\Delta x} = \lim_{\Delta x \to 0}\left(\frac{\partial f}{\partial u} \cdot \frac{\Delta_x u}{\Delta x}\right) + \lim_{\Delta x \to 0}\left(\frac{\partial f}{\partial v} \cdot \frac{\Delta_x v}{\Delta x}\right) + \lim_{\Delta x \to 0}\left[\frac{o\left(\sqrt{\Delta_x u^2 + \Delta_x v^2}\right)}{\Delta x}\right]$$

即

$$\frac{\partial z}{\partial x} = \frac{\partial f}{\partial u} \cdot \frac{\partial u}{\partial x} + \frac{\partial f}{\partial v} \cdot \frac{\partial v}{\partial x}$$

同理可证
$$\frac{\partial z}{\partial y}=\frac{\partial f}{\partial u}\cdot\frac{\partial u}{\partial y}+\frac{\partial f}{\partial v}\cdot\frac{\partial v}{\partial y}$$

公式（＊）又称为链式法则。为了便于理解，我们用连线表示各变量之间的关系（图 7-22），然后按"分段相乘，分叉相加，单路全导，叉路偏导"的原则写出所求复合函数的偏导数，其规律是：公式中两两乘积项的个数与中间变量的个数相同，而公式的个数等于自变量的个数。

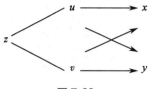

图 7-22

有了复合函数的链式法则，就可以将计算转化为若干个简单函数的偏导数或导数的计算。复合函数的求导法则可以推广到有两个以上自变量或中间变量的情况。

例 22　设函数 $z=u^2\ln v,u=\dfrac{x}{y},v=3x-2y$，求 $\dfrac{\partial z}{\partial x},\dfrac{\partial z}{\partial y}$。

解　变量之间关系参照图 7-22。

因为
$$\frac{\partial z}{\partial u}=2u\ln v,\frac{\partial z}{\partial v}=\frac{u^2}{v}$$
$$\frac{\partial u}{\partial x}=\frac{1}{y},\frac{\partial u}{\partial y}=-\frac{x}{y^2},\frac{\partial v}{\partial x}=3,\frac{\partial v}{\partial y}=-2$$

代入公式，有
$$\frac{\partial z}{\partial x}=\frac{\partial f}{\partial u}\cdot\frac{\partial u}{\partial x}+\frac{\partial f}{\partial v}\cdot\frac{\partial v}{\partial x}$$
$$=2u\ln v\cdot\frac{1}{y}+\frac{u^2}{v}\cdot 3=\frac{2x\ln(3x-2y)}{y^2}+\frac{3x^2}{y^2(3x-2y)}$$
$$\frac{\partial z}{\partial y}=\frac{\partial f}{\partial u}\cdot\frac{\partial u}{\partial y}+\frac{\partial f}{\partial v}\cdot\frac{\partial v}{\partial y}$$
$$=2u\ln v\cdot\left(-\frac{x}{y^2}\right)+\frac{u^2}{v}\cdot(-2)=\frac{-2x^2}{y^2}\left[\frac{\ln(3x-2y)}{y}+\frac{1}{3x-2y}\right]$$

注　此题也可以将 $u=\dfrac{x}{y},v=3x-2y$ 代入 $z=u^2\ln v$ 中，得到二元复合函数 $z=\dfrac{x^2\ln(3x-2y)}{y^2}$，然后直接求各偏导数。

例 23　设函数 $z=f(x^2+\sin y,\mathrm{e}^{xy})$，其中 f 具有一阶连续偏导数，求 $\dfrac{\partial z}{\partial x},\dfrac{\partial z}{\partial y}$。

解　因为 $z=f(x^2+\sin y,\mathrm{e}^{xy})$ 中，f 没有具体给出，用偏导数的定义直接求不出来，一般先引入中间变量，再用链式法则来求。为了便于使用公式，引入中间变量
$$u=x^2+\sin y,v=\mathrm{e}^{xy}$$
则 $z=f(x^2+\sin y,\mathrm{e}^{xy})$ 由 $z=f(u,v)u=x^2+\sin y,v=\mathrm{e}^{xy}$ 复合而成。

因为　$\dfrac{\partial f}{\partial u}=f'_u(u,v),\dfrac{\partial f}{\partial v}=f'_v(u,v),\dfrac{\partial u}{\partial x}=2x$

$\dfrac{\partial u}{\partial y}=\cos y,\dfrac{\partial v}{\partial x}=y\mathrm{e}^{xy},\dfrac{\partial v}{\partial y}=x\mathrm{e}^{xy}$

代入公式，有
$$\frac{\partial z}{\partial x}=\frac{\partial f}{\partial u}\cdot\frac{\partial u}{\partial x}+\frac{\partial f}{\partial v}\cdot\frac{\partial v}{\partial x}$$
$$=2xf'_u(u,v)+y\mathrm{e}^{xy}f'_v(u,v)$$

$$\frac{\partial z}{\partial y} = \frac{\partial f}{\partial u} \cdot \frac{\partial u}{\partial y} + \frac{\partial f}{\partial v} \cdot \frac{\partial v}{\partial y}$$

$$= \cos y f'_u(u,v) + x e^{xy} f'_v(u,v)$$

注　这里 $f'_u(u,v) = f'_u(x^2 + \sin y, e^{xy})$，$f'_v(u,v) = f'_v(x^2 + \sin y, e^{xy})$ 仍然是复合函数。

例 24　设函数 $z = u^v$，$u = \sin x$，$v = \dfrac{1}{x}$，求 $\dfrac{\mathrm{d}z}{\mathrm{d}x}$。

解　变量之间关系如图 7-23 所示。

因为
$$\frac{\partial f}{\partial u} = v u^{v-1}, \frac{\partial f}{\partial v} = u^v \ln u, \frac{\mathrm{d}u}{\mathrm{d}x} = \cos x, \frac{\mathrm{d}v}{\mathrm{d}x} = -\frac{1}{x^2}$$

所以
$$\frac{\mathrm{d}z}{\mathrm{d}x} = \frac{\partial f}{\partial u} \cdot \frac{\mathrm{d}u}{\mathrm{d}x} + \frac{\partial f}{\partial v} \cdot \frac{\mathrm{d}v}{\mathrm{d}x}$$

$$= v u^{v-1} \cdot \cos x + u^v \ln u \cdot \left(-\frac{1}{x^2} \right)$$

$$= \frac{(\sin x)^{\frac{1}{x}-1} \cos x}{x} - \frac{(\sin x)^{\frac{1}{x}} \ln \sin x}{x^2}$$

注　此例中函数 $z = u^v$ 是变量 u, v 的二元函数，但 u, v 都是变量 x 的一元函数，因此，复合后 z 成为变量 x 的一元函数，只存在 z 对 x 的导数。一般说来，若某个变量通过两个以上的中间变量复合成为只有一个自变量的复合函数，则将这个一元函数的导数称为**全导数**。

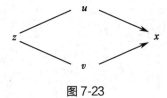

图 7-23

例 25　设函数 $z = f(u, x, y)$，$u = \varphi(x, y)$，写出其偏导数的公式。

解　变量之间关系如图 7-24 所示。

由关系图可得
$$\frac{\partial z}{\partial x} = \frac{\partial f}{\partial u} \cdot \frac{\partial u}{\partial x} + \frac{\partial f}{\partial x}$$

$$\frac{\partial z}{\partial y} = \frac{\partial f}{\partial u} \cdot \frac{\partial u}{\partial y} + \frac{\partial f}{\partial y}$$

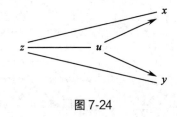

图 7-24

注　在例 25 的表达式中 $\dfrac{\partial f}{\partial u}$ 就是 $\dfrac{\partial z}{\partial u}$；$\dfrac{\partial f}{\partial x}$ 也可以写为 $\dfrac{\partial z}{\partial x}$，但它与等号左边的 $\dfrac{\partial z}{\partial x}$ 的意义不同，等式左边的 $\dfrac{\partial z}{\partial x}$ 是把复合函数 $z = f[\varphi(x,y), x, y]$ 中的 y 看作不变时对 x 的偏导数，而 $\dfrac{\partial f}{\partial x}$ 是把 $z = f(u, x, y)$ 中的 u, y 均看作不变时对 x 的偏导数。同样 $\dfrac{\partial z}{\partial y}$ 与 $\dfrac{\partial f}{\partial y}$ 也有类似的区别。

对于多元复合函数，也可以求高阶偏导数，只要注意到偏导函数仍是原来自变量的函数，并反复使用链式法则即可。这里不再举例说明，见书后习题。

2. 全微分形式的不变性　设二元函数 $z = f(u, v)$ 在点 (u, v) 有连续的偏导数。

（1）若 u, v 是自变量，则由全微分的定义有

$$\mathrm{d}z = \frac{\partial z}{\partial u} \mathrm{d}u + \frac{\partial z}{\partial v} \mathrm{d}v$$

（2）若 u, v 是中间变量，即 $u = \phi(x, y)$，$v = \varphi(x, y)$，且 $u = \phi(x, y)$，$v = \varphi(x, y)$ 在点 (x, y) 偏导数存在，由全微分的定义有

$$\mathrm{d}z = \frac{\partial z}{\partial x} \mathrm{d}x + \frac{\partial z}{\partial y} \mathrm{d}y$$

应用二元复合函数的链式法则：

$$\frac{\partial z}{\partial x}=\frac{\partial f}{\partial u}\cdot\frac{\partial u}{\partial x}+\frac{\partial f}{\partial v}\cdot\frac{\partial v}{\partial x}$$

$$\frac{\partial z}{\partial y}=\frac{\partial f}{\partial u}\cdot\frac{\partial u}{\partial y}+\frac{\partial f}{\partial v}\cdot\frac{\partial v}{\partial y}$$

则

$$dz =\frac{\partial z}{\partial x}dx+\frac{\partial z}{\partial y}dy$$

$$=\left(\frac{\partial f}{\partial u}\cdot\frac{\partial u}{\partial x}+\frac{\partial f}{\partial v}\cdot\frac{\partial v}{\partial x}\right)dx+\left(\frac{\partial f}{\partial u}\cdot\frac{\partial u}{\partial y}+\frac{\partial f}{\partial v}\cdot\frac{\partial v}{\partial y}\right)dy$$

$$=\frac{\partial f}{\partial u}\left(\frac{\partial u}{\partial x}dx+\frac{\partial u}{\partial y}dy\right)+\frac{\partial f}{\partial v}\left(\frac{\partial v}{\partial x}dx+\frac{\partial v}{\partial y}dy\right)$$

$$=\frac{\partial f}{\partial u}du+\frac{\partial f}{\partial v}dv=\frac{\partial z}{\partial u}du+\frac{\partial z}{\partial v}dv$$

以上讨论表明，无论 u,v 是自变量还是中间变量，表达式：$dz=\dfrac{\partial z}{\partial u}du+\dfrac{\partial z}{\partial v}dv$ 总成立。此性质称为二元函数的**全微分形式的不变性**。

利用全微分形式的不变性可以给求偏导数带来方便，也可为积分学中的换元积分法提供理论依据。

例 26　利用全微分形式不变性求解例 22。

解　由全微分形式的不变性　$dz=d(u^2\ln v)=2u\ln v du+\dfrac{u^2}{v}dv$

而　$du=d\left(\dfrac{x}{y}\right)=\dfrac{1}{y}dx+\left(-\dfrac{x}{y^2}\right)dy,dv=3dx+(-2)dy$，所以

$$dz =2u\ln v\left[\frac{1}{y}dx+\left(-\frac{x}{y^2}\right)dy\right]+\frac{u^2}{v}[3dx-2dy]$$

$$=\left[\frac{2x\ln(3x-2y)}{y^2}+\frac{3x^2}{y^2(3x-2y)}\right]dx+\left\{\frac{-2x^2}{y^2}\left[\frac{\ln(3x-2y)}{y}+\frac{1}{3x-2y}\right]\right\}dy$$

比较上式两边 dx,dy 的系数，就得到两个偏导数

$$\frac{\partial z}{\partial x}=\frac{2x\ln(3x-2y)}{y^2}+\frac{3x^2}{y^2(3x-2y)},\frac{\partial z}{\partial y}=\frac{-2x^2}{y^2}\left[\frac{\ln(3x-2y)}{y}+\frac{1}{3x-2y}\right]$$

3. 隐函数的偏导数　在一元函数中，我们给出了由方程 $F(x,y)=0$ 所确定的隐函数 $y=f(x)$ 的导数的求法，在前面的讨论中，关系式 F 是具体给出来的，但是若关系式 F 没有具体给出，则就要用多元复合函数的链式法则来讨论隐函数的导数和偏导数的问题。

定理 7.2（隐函数的导数和偏导数）

（1）设二元函数 $F(x,y)$ 在点 (x_0,y_0) 的某个邻域内有连续的偏导数，且

$$F'_y(x_0,y_0)\neq 0,F(x_0,y_0)=0$$

则方程 $F(x,y)=0$ 在点 (x_0,y_0) 的某个邻域内可唯一确定具有连续导数的隐函数 $y=f(x)$，使得 $y_0=f(x_0)$，并有

$$\frac{dy}{dx}=-\frac{F'_x}{F'_y}$$

（2）设三元函数 $F(x,y,z)$ 在点 (x_0,y_0,z_0) 的某个邻域内有连续的偏导数，且

$$F'_z(x_0,y_0,z_0)\neq 0,F(x_0,y_0,z_0)=0$$

则方程 $F(x,y,z)=0$ 在点 (x_0,y_0,z_0) 的某个邻域内可唯一确定具有连续偏导数的隐函数 $z=f(x,y)$，使得 $z_0=f(x_0,y_0)$，并有

$$\frac{\partial z}{\partial x}=-\frac{F'_x}{F'_z}, \frac{\partial z}{\partial y}=-\frac{F'_y}{F'_z}$$

这里证明略，仅推导公式。

（1）将 $y=f(x)$ 代入 $F(x,y)=0$，得恒等式

$$F[x,f(x)]\equiv0$$

其左端可以看作是 x 的一个复合函数，在等式两端对 x 求导数，由链式法则可得，

$$\frac{\partial F}{\partial x}+\frac{\partial F}{\partial y}\cdot\frac{\mathrm{d}y}{\mathrm{d}x}=0$$

由于 F'_y 连续，且 $F'_y(x_0,y_0)\neq0$ 所以存在 (x_0,y_0) 的一个邻域，在这个邻域内 $F'_y\neq0$，于是

$$\frac{\mathrm{d}y}{\mathrm{d}x}=-\frac{F'_x}{F'_y}$$

（2）将 $z=f(x,y)$ 代入 $F(x,y,z)=0$，得恒等式

$$F[x,y,f(x,y)]\equiv0$$

在等式两端分别对 x 和 y 求偏导数，由链式法则可得，

$$\frac{\partial F}{\partial x}+\frac{\partial F}{\partial z}\cdot\frac{\partial z}{\partial x}=0, \frac{\partial F}{\partial y}+\frac{\partial F}{\partial z}\cdot\frac{\partial z}{\partial y}=0$$

由于 F'_z 连续，且 $F'_z(x_0,y_0,z_0)\neq0$ 所以存在 (x_0,y_0,z_0) 的一个邻域，在这个邻域内 $F'_z\neq0$，于是

$$\frac{\partial z}{\partial x}=-\frac{F'_x}{F'_z}, \frac{\partial z}{\partial y}=-\frac{F'_y}{F'_z}$$

例27 设由方程 $xy+\ln y-\ln x=0$ 确定了 $y=f(x)$，求 $\dfrac{\mathrm{d}y}{\mathrm{d}x}$。

解 令 $F(x,y)=xy+\ln y-\ln x$，则

$$F'_x=y-\frac{1}{x}, F'_y=x+\frac{1}{y}$$

当 $F'_y\neq0$ 时，代入公式有

$$\frac{\mathrm{d}y}{\mathrm{d}x}=-\frac{F'_x}{F'_y}=-\frac{y-\dfrac{1}{x}}{x+\dfrac{1}{y}}=\frac{y(1-xy)}{x(xy+1)}$$

另解 方程两端同时对 x 求导，$(xy+\ln y-\ln x)'_x=0'_x$，则

$$1\cdot y+x\cdot\frac{\mathrm{d}y}{\mathrm{d}x}+\frac{1}{y}\cdot\frac{\mathrm{d}y}{\mathrm{d}x}-\frac{1}{x}=0$$

整理，有

$$\frac{\mathrm{d}y}{\mathrm{d}x}=\frac{y(1-xy)}{x(xy+1)}$$

例28 设由方程 $\mathrm{e}^{-xy}-2z+\mathrm{e}^z=0$ 确定了 $z=f(x,y)$，求 $\dfrac{\partial z}{\partial x},\dfrac{\partial z}{\partial y}$。

解 令 $F(x,y,z)=\mathrm{e}^{-xy}-2z+\mathrm{e}^z$，则

$$F'_x=-y\mathrm{e}^{-xy}, F'_y=-x\mathrm{e}^{-xy}, F'_z=-2+\mathrm{e}^z$$

当 $F'_z\neq0$ 时，代入公式有

$$\frac{\partial z}{\partial x}=-\frac{F'_x}{F'_z}=\frac{-ye^{-xy}}{-2+e^z}=\frac{ye^{-xy}}{e^z-2},\frac{\partial z}{\partial y}=-\frac{F'_y}{F'_z}=\frac{-xe^{-xy}}{-2+e^z}=\frac{xe^{xy}}{e^z-2}$$

注　（1）对隐函数存在的条件,在求隐函数的导数或偏导数时经常被默认是满足的,不再加以讨论。

（2）最后结果允许含有因变量,因为不是所有隐函数都可以显化。

（3）求隐函数的导数或偏导数,即可以用公式法,也可以用推导公式的方法。

例 29　设由方程 $x^2+y^2+z^2=1$ 确定了 $z=f(x,y)$,求 $\dfrac{\partial^2 z}{\partial x^2}$。

解　方程可以变形为 $x^2+y^2+z^2-1=0$。

令 $F(x,y,z)=x^2+y^2+z^2-1$,则

$$F'_x=2x,F'_y=2y,F'_z=2z$$

当 $F'_z\neq 0$ 时,代入公式

$$\frac{\partial z}{\partial x}=-\frac{F'_x}{F'_z}=-\frac{2x}{2z}=-\frac{x}{z},\frac{\partial z}{\partial y}=-\frac{F'_y}{F'_z}=-\frac{2y}{2z}=-\frac{y}{z}$$

求二阶偏导数时注意 z 是 x,y 的函数,则

$$\frac{\partial^2 z}{\partial x^2}=\frac{\partial\left(\frac{\partial z}{\partial x}\right)}{\partial x}=\left(-\frac{x}{z}\right)'_x=-\frac{(x)'_x\cdot z-x\cdot z'_x}{z^2}=-\frac{z^2+x^2}{z^3}$$

第四节　多元函数的极值

一、二元函数的极值

在许多实际问题中,如工程技术、科学研究、经济管理等各领域都提出了最优化问题,有相当一部分可归结为多元函数的极值问题。在一元函数的微分学中,我们曾用导数来求一元函数的极值与最值,现在我们将借助偏导数来讨论多元函数的极值与最值问题。我们以二元函数为例,先来讨论二元函数的极值问题。

1. 二元函数的极值的定义与求法

定义 7.6　设函数 $z=f(x,y)$ 在点 $P_0(x_0,y_0)$ 的某邻域 $N(P_0,\delta)$ 内有定义,对于该邻域内异于 $P_0(x_0,y_0)$ 的任何点 $P(x,y)$,若总有不等式

$$f(x,y)<f(x_0,y_0)$$

成立,则称函数在点 $P_0(x_0,y_0)$ 有**极大值** $f(x_0,y_0)$;若总有不等式

$$f(x,y)>f(x_0,y_0)$$

成立,则称函数在点 $P_0(x_0,y_0)$ 有**极小值** $f(x_0,y_0)$。

极大值与极小值统称为**极值**,使函数取得极值的点称为**极值点**。

例如,函数 $z=\sqrt{1-x^2-y^2}$ 在点 $(0,0)$ 处函数值 $z(0,0)=1$,在点 $(0,0)$ 的某邻域异于 $(0,0)$ 的点处一切函数值 $z(x,y)<1$,所以由定义知,函数 $z=\sqrt{1-x^2-y^2}$ 在点 $(0,0)$ 处取得极大值,其极大值为 $z(0,0)=1$。

又如函数 $z=2x^2+y^2$ 在点 $(0,0)$ 处函数值 $z(0,0)=0$,在点 $(0,0)$ 的某邻域内异于 $(0,0)$ 的点处一切函数值 $z(x,y)>0$,所以由定义知,函数 $z=2x^2+y^2$ 在点 $(0,0)$ 处取得极小值,其极小值为 $z(0,0)=0$。

与一元函数一样,二元函数的极值也是函数的一个局部性质,而二元函数的最值是函数在闭区域上的整体性质,二者不可混淆。

二元函数的极值问题的研究,可以借助于一元函数求极值的方法来进行。若函数 $z=f(x,y)$ 在点 $P_0(x_0,y_0)$ 处取得极值,则我们固定 $y=y_0$ 时,相应的一元函数在 $x=x_0$ 处也取得极值,而由一元函数取得极值的必要条件,有 $f'_x(x_0,y_0)=0$,同理也有 $f'_y(x_0,y_0)=0$。从而我们得到下面定理。

定理 7.3(必要条件)　设函数 $z=f(x,y)$ 在点 $P_0(x_0,y_0)$ 处具有偏导数,且函数在该点处取得极值,则必有

$$f'_x(x_0,y_0)=0,\ f'_y(x_0,y_0)=0$$

我们把使两个偏导数同时为零的点,称为函数的**驻点**。由定理 7.3 可知,具有偏导数的函数的极值点必定是驻点。如函数 $z=2x^2+y^2$ 在点 $(0,0)$ 处取得极小值,对函数求偏导数 $z'_x(x,y)=4x,z'_y(x,y)=2y$,令

$$z'_x(x,y)=4x=0,z'_y(x,y)=2y=0$$

得到唯一的驻点 $(0,0)$,从而验证了定理 7.3 的结论。反之,驻点不一定是极值点。如函数 $z=x^2-y^2$ 点 $(0,0)$ 处有

$$z'_x(0,0)=2x\big|_{(0,0)}=0,z'_y=-2y\big|_{(0,0)}=0$$

即点 $(0,0)$ 是驻点,但是函数在点 $(0,0)$ 处不取得极值。事实上,在点 $(0,0)$ 的任意邻域内,当 $x=0,y\neq0$ 时有 $z<0$,当 $x\neq0,y=0$ 时有 $z>0$,而 $z(0,0)=0$,由定义 7.6 知,点 $(0,0)$ 不是极值点。

因此,驻点只是极值点的必要条件。这样,我们在求一个可偏导函数的极值点时,只需从函数的驻点中去找即可。如何去判定驻点是否为极值点呢？下面我们给出二元函数 $z=f(x,y)$ 在驻点 $P_0(x_0,y_0)$ 处取得极值的充分条件。

定理 7.4(充分条件)　设函数 $z=f(x,y)$ 在点 $P_0(x_0,y_0)$ 的某邻域内有二阶连续偏导数,又 $f'_x(x_0,y_0)=0,f'_y(x_0,y_0)=0$,记

$$f''_{xx}(x_0,y_0)=A,f''_{xy}(x_0,y_0)=B,f''_{yy}(x_0,y_0)=C$$

则 (1) 当 $B^2-AC<0$ 时,函数在点 $P_0(x_0,y_0)$ 有极值,且当 $A<0$ 时有极大值 $f(x_0,y_0)$,当 $A>0$ 时有极小值 $f(x_0,y_0)$。

(2) 当 $B^2-AC>0$ 时,函数在点 $P_0(x_0,y_0)$ 处无极值。

(3) 当 $B^2-AC=0$ 时,函数在点 $P_0(x_0,y_0)$ 处不能确定是否取得极值,需另作讨论。

由上述定理可归纳出求二元函数极值的步骤如下：

第一步　求函数的一阶、二阶偏导数。

第二步　解方程组

$$\begin{cases}f'_x(x,y)=0\\f'_y(x,y)=0\end{cases}$$

求得一切实数解,即可得到函数的所有驻点。

第三步　对每个驻点分别求出二阶偏导数的对应值。

第四步　定出 B^2-AC 的符号,按定理 7.4 判定每一个驻点是否为极值点。

第五步　求出极值点处的函数值。

例 30　求函数 $f(x,y)=x^3-y^3-3x^2+27y$ 的极值。

解　函数的定义域为整个 xoy 平面。

求一阶偏导数有

$$f'_x(x,y)=3x^2-6x,f'_y(x,y)=-3y^2+27$$

令
$$\begin{cases} f'_x(x,y)=3x^2-6x=0 \\ f'_y(x,y)=-3y^2+27=0 \end{cases},$$

即有
$$\begin{cases} x(x-2)=0 \\ (y-3)(y+3)=0 \end{cases}$$

解之,得驻点:$(0,3),(0,-3),(2,3),(2,-3)$。

二阶偏导数为

$$f''_{xx}(x,y)=6x-6,f''_{xy}=0,f''_{yy}=-6y$$

分别计算驻点处的 A,B,C 的值,确定 B^2-AC 的符号并列表进行判别(表7-1):

表7-1

驻点	A	B	C	B^2-AC	$z=f(x,y)$	极值
$(0,3)$	-6	0	-18	-108	有极大值	54
$(0,-3)$	-6	0	18	108	无极值	
$(2,3)$	6	0	-18	108	无极值	
$(2,-3)$	6	0	18	-108	有极小值	-58

综上,函数 $f(x,y)=x^3-y^3-3x^2+27y$ 的极大值为54,极小值为-58。

注 (1)当 $B^2-AC=0$ 时,函数在点 $P_0(x_0,y_0)$ 处不能确定是否取得极值,需要由定义来讨论。例如函数 $z=x^3-y^3$ 与 $z=(x^2+y^2)^2$,显然 $(0,0)$ 是它们的驻点,并且在 $(0,0)$ 点都有 $B^2-AC=0$。由极值的定义可知,函数 $z=x^3-y^3$ 在 $(0,0)$ 点不取得极值,而函数 $z=(x^2+y^2)^2$ 在 $(0,0)$ 点取得极小值。

(2)对于偏导数不存在的点来说,也可能是极值点。例如 $z=\sqrt{x^2+y^2}$ 在点 $(0,0)$ 的两个偏导数都不存在(由偏导数的定义),但由极值定义,该函数在点 $(0,0)$ 处取得极小值。因此二元函数的极值点可能是驻点或偏导数不存在的点,这些点都是可能的极值点。

2. 二元函数的最值 与一元函数类似,我们可以利用函数的极值来求二元函数的最大值和最小值(统称为最值)。函数的最值问题通常包含两方面的内容。首先,需要解决最值的存在性;其次,在函数最值存在的前提下如何求最值。对于多元函数已有的结论是:有界闭区域上的连续函数一定有最值。但是在其他情况下函数是否有最值,往往需要对具体情况作具体分析。这个问题在数学上一直是很困难和复杂的问题,我们一般仅就已有的结论来讨论。

一般来说,求闭区域 D 上的连续函数(假定函数还是可偏导的)$f(x,y)$ 的最大值与最小值的方法是:

第一步 求出函数 $f(x,y)$ 在区域 D 内的所有驻点,并计算出各驻点处的函数值。

第二步 求出函数 $f(x,y)$ 在区域 D 的边界上的最大值和最小值。

第三步 比较所有各值的大小,其中最大者为最大值,最小者为最小值。

因为这种做法要求函数在区域边界上的最大值和最小值,所以往往相当复杂。在实际问题中,若根据问题的性质和条件,能够断定函数 $f(x,y)$ 的最大值(最小值)一定在区域 D 的内部取得,而函数在区域 D 内只有一个驻点,则可以肯定该驻点处的函数值就是所求的最大值(最小值)。

例31 求函数 $z=f(x,y)=x^2y(4-x-y)$ 在直线 $x+y=6$,x 轴和 y 轴所围的闭区域 D 上的最大值和最小值。

解 先求函数在 D 内的驻点与驻点处的函数值。区域 D 如图7-25所示。

解方程组
$$\begin{cases} z'_x = 2xy(4-x-y) - x^2y = 0 \\ z'_y = x^2(4-x-y) - x^2y = 0 \end{cases}$$

得区域 D 内唯一驻点 $(2,1)$；且 $f(2,1)=4$。

再求函数在 D 边界上的最值。

因为在边界 x 轴和 y 轴上，分别有 $y=0$ 和 $x=0$，所以 $f(x,y)=0$。

在边界 $x+y=6$ 上，即 $y=6-x$，代入函数 $f(x,y)$ 中，得到

$$z=f(x,y)=(-2)x^2(6-x)$$

这时函数 z 是 x 的一元函数，可求得在区间 $[0,6]$ 的最大值和最小值分别为 0 和 -64。

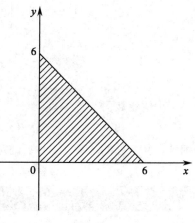

图 7-25

最后比较可得，$z=f(x,y)=x^2y(4-x-y)$ 在闭区间 D 上的最大值为 4，最小值为 -64。

例 32 在 xoy 平面上求一点 $P(x,y)$，使得它到三个点 $P_1(0,0)$，$P_2(1,0)$，$P_3(0,1)$ 的距离的平方和最小，并求最小值。

解 点 $P(x,y)$ 与点 $P_1(0,0)$，$P_2(1,0)$，$P_3(0,1)$ 的距离的平方分别为

$$|PP_1|^2 = x^2+y^2, \quad |PP_2|^2=(x-1)^2+y^2, \quad |PP_3|^2=x^2+(y-1)^2$$

它们的平方和为

$$\begin{aligned} z &= (x^2+y^2)+[(x-1)^2+y^2]+[x^2+(y-1)^2] \\ &= 3x^2+3y^2-2x-2y+2 \end{aligned}$$

问题归结为在开区域 R^2 内求函数 z 的最小值。

解方程组 $\begin{cases} \dfrac{\partial z}{\partial x}=6x-2 \\ \dfrac{\partial z}{\partial y}=6y-2 \end{cases}$，得到驻点 $\left(\dfrac{1}{3},\dfrac{1}{3}\right)$。

由实际问题可知，函数 z 的最小值存在且驻点是唯一的，可以断定在点 $\left(\dfrac{1}{3},\dfrac{1}{3}\right)$ 处函数取得最小值，最小值为 $z\left(\dfrac{1}{3},\dfrac{1}{3}\right)=\dfrac{4}{3}$。

3. 条件极值 在上面所讨论的极值问题中，对于函数的自变量除了定义域的限制外，没有其他附加条件（称为约束条件），一般称为无条件极值。但在一些实际的问题中，会遇到函数的自变量还有约束条件的极值问题，称为条件极值。约束条件有等式和不等式两种，现在只讨论约束条件是等式的极值问题。

有些条件极值问题可以用代入法转化为无条件极值，然后用前面求无条件极值的方法求出极值。但在许多情形下，将条件极值转化为无条件极值比较困难，因此需要一种直接求条件极值的方法，这就是**拉格朗日（Lagrange）乘数法**。这里只给出拉格朗日乘数法的具体步骤。

拉格朗日乘数法：求二元函数 $z=f(x,y)$ 在约束条件 $\varphi(x,y)=0$ 下的极值。

第一步 构造辅助函数

$$L(x,y;\lambda)=f(x,y)+\lambda\varphi(x,y)$$

此函数称为**拉格朗日函数**，其中 λ 为某一待定的常数，称为**拉格朗日常数**。

第二步 求三元函数 $L(x,y;\lambda)$ 的驻点，即求满足方程组

$$\begin{cases} L'_x = f'_x(x,y) + \lambda \varphi'_x(x,y) = 0 \\ L'_y = f'_y(x,y) + \lambda \varphi'_y(x,y) = 0 \\ L'_\lambda = \varphi(x,y) = 0 \end{cases}$$

的所有解 (x_0, y_0, λ)。

第三步 点 (x_0, y_0) 就是函数 $z = f(x,y)$ 在约束条件 $\varphi(x,y) = 0$ 下的可能的极值点。一般地,在实际问题中可以根据问题本身的实际意义来判定点 (x_0, y_0) 是否为极值点。

上述方法可以推广到自变量多于两个,且约束条件多于一个(约束条件一般应少于未知量的个数)的条件极值问题。例如,求三元函数 $u = f(x,y,z)$ 在约束条件 $\varphi(x,y,z) = 0$,$\psi(x,y,z) = 0$ 下的极值。其方法是:构造拉格朗日函数

$$L(x,y,z;\lambda_1,\lambda_2) = f(x,y,z) + \lambda_1 \varphi(x,y,z) + \lambda_2 \psi(x,y,z)$$

其中 λ_1, λ_2 为拉格朗日乘数。

解方程组
$$\begin{cases} L'_x = f'_x(x,y,z) + \lambda_1 \varphi'_x(x,y,z) + \lambda_2 \psi'_x(x,y,z) = 0 \\ L'_y = f'_y(x,y,z) + \lambda_1 \varphi'_y(x,y,z) + \lambda_2 \psi'_y(x,y,z) = 0 \\ L'_z = f'_z(x,y,z) + \lambda_1 \varphi'_z(x,y,z) + \lambda_2 \psi'_z(x,y,z) = 0 \\ L'_{\lambda_1} = \varphi(x,y,z) = 0 \\ L'_{\lambda_2} = \psi(x,y,z) = 0 \end{cases}$$

消去 λ_1, λ_2,求出所有的驻点 (x_0, y_0, z_0),最后判定点 (x_0, y_0, z_0) 是否为极值点。

例 33 欲造一个无盖的长方体容器,已知底部造价为每平方米 3 元,侧面造价为每平方米 1 元,现想用 36 元造一个容积为最大的容器,求它的尺寸。

解 设容器的长为 x m,宽为 y m,高为 z m,则问题就是在条件

$$3xy + 2xz + 2yz = 36$$

即 $\varphi(x,y,z) = 3xy + 2xz + 2yz - 36 = 0$ 下,求函数

$$V = xyz, \quad (x>0, y>0, z>0)$$

的最大值。构造拉格朗日函数

$$L(x,y,z;\lambda) = xyz + \lambda(3xy + 2xz + 2yz - 36)$$

解方程组

$$\begin{cases} L'_x = yz + \lambda(3y + 2z) = 0 & (1) \\ L'_y = xz + \lambda(3x + 2z) = 0 & (2) \\ L'_z = xy + \lambda(2x + 2y) = 0 & (3) \\ 3xy + 2xz + 2yz - 36 = 0 & (4) \end{cases}$$

$(1) \times x - (2) \times y$ 得 $\quad 2\lambda z(x - y) = 0$, 即 $x = y$。

$(1) \times x - (3) \times z$ 得 $\quad \lambda y(3x - 2z) = 0$, 即 $x = \dfrac{2z}{3}$。

将 $x = y$, $x = \dfrac{2z}{3}$ 代入 (4) 得 $z = 3$,所以 $x = y = 2$。

故得驻点 $(2, 2, 3)$,此驻点是开区域 $D: x>0, y>0, z>0$ 内唯一的可能极值点。因为由问题本身可知最大值一定存在,所以最大值就在这个可能的极值点 $(2, 2, 3)$ 处取得。即容积最大的长方体容器的长为 2m,宽为 2m,高为 3m。

注 此题也可以化为无条件极值去求解。由约束条件 $3xy + 2xz + 2yz = 36$ 可以解出 $z = \dfrac{36 - 3xy}{2(x+y)}$,再代入 $V = xyz$ 中有 $V = V(x,y) = \dfrac{xy(36 - 3xy)}{2(x+y)}$,则问题转化为求函数 $V(x,y)$ 在开区

域 $D:x>0,y>0$ 上的最大值。

二、最小二乘法简介

在许多实际问题中,我们常常需要通过科学实验或调查获得实验数据,进而对数据进行分析。为了便于分析,需要寻找变量之间的函数关系式,但一般情况下,往往找不出精确的公式来表达,因此考虑建立两个变量之间函数关系的近似表达式。通常把这样得到的函数的近似表达式称为**经验公式**。

经验公式建立以后,就可以把生产或实验中所累积的某些经验提高到理论上加以分析研究。建立经验公式最常用的方法就是**最小二乘法**。最小二乘法是精度较高的一种方法,这里可作为函数极值的应用引出。

观察变量 x,y,得到 n 对数据 $(x_1,y_1),(x_2,y_2),\cdots,$ (x_n,y_n)。在直角坐标系中,描出各对数据的对应点(称为散点图)。若这 n 个点明显地呈直线趋势分布(图7-26),则可认为 y 是 x 的线性函数,可以用直线型经验公式去拟合,故设直线方程为

$$y=ax+b$$

其中 a 和 b 是待定常数。常数 a 和 b 如何确定呢?

由于同时过这些离散点的直线不存在,但可以作多条与离散点都比较接近的直线,需要从中找出总体上拟合最好的一条直线,记为 $\hat{y}=ax+b$。通常用偏差平方和

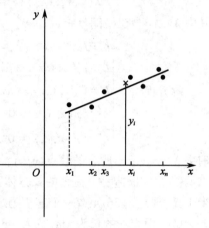

图7-26

$$Q=\sum_{i=1}^{n}(y_i-\hat{y}_i)^2=\sum_{i=1}^{n}[y_i-(ax_i+b)]^2$$

(其中 y_i 是离散点的纵坐标, ax_i+b 是直线上相应点的纵坐标)的大小表示直线与离散点总体上的接近程度。在几何上偏差平方和表示直线与离散点间垂直距离的平方和。因此,当 $\sum_{i=1}^{n}(y_i-\hat{y}_i)^2$ 最小时,直线与离散点总体上的接近程度最好。这种根据偏差的平方和为最小的条件来选择常数 a 和 b 的方法称为最小二乘法。

现在来研究,当 a 和 b 符合什么条件时,偏差平方和 Q 为最小。若把 Q 看成与自变量 a 和 b 相对应的因变量,则问题就归结为求函数 $Q=Q(a,b)$ 在哪点取得最小值。

由二元函数极值存在的必要条件,必须同时满足

$$\frac{\partial Q}{\partial a}=0,\frac{\partial Q}{\partial b}=0$$

即

$$\begin{cases} -2\sum_{i=1}^{n}x_i[y_i-(ax_i+b)]=0 \\ -2\sum_{i=1}^{n}[y_i-(ax_i+b)]=0 \end{cases}$$

将括号内各项进行整理合并,并把未知数 a 和 b 分离出来,便得

$$\begin{cases} a\left(\sum_{i=1}^{n}x_i^2\right)+b\left(\sum_{i=1}^{n}x_i\right)=\sum_{i=1}^{n}x_iy_i \\ a\left(\sum_{i=1}^{n}x_i\right)+nb=\sum_{i=1}^{n}y_i \end{cases}$$

这个方程组称为正规方程组。解方程组,得

$$\begin{cases} a = \dfrac{\sum\limits_{i=1}^{n} x_i y_i - \dfrac{1}{n}\left(\sum\limits_{i=1}^{n} x_i\right)\left(\sum\limits_{i=1}^{n} y_i\right)}{\sum\limits_{i=1}^{n} x_i^2 - \dfrac{1}{n}\left(\sum\limits_{i=1}^{n} x_i\right)^2} \\[4mm] b = \dfrac{1}{n}\left(\sum\limits_{i=1}^{n} y_i - a\sum\limits_{i=1}^{n} x_i\right) \end{cases}$$

例 34 以 10 只小白鼠试验某种食品的营养价值,以 x 表示大白鼠的进食量,y 表示所增加的体重。其观察值见表 7-2:

表 7-2

动物编号	1	2	3	4	5	6	7	8	9	10
进食量 x/g	820	780	720	867	690	787	934	679	639	820
增加体重 y/g	165	158	130	180	134	167	186	145	120	158

试求 y 对 x 的经验公式。

解 先作散点图。即在直角坐标系内描出 10 个观察值的散点图(图 7-27)。结果表明,这些点大致呈直线分布。故设
经验公式为线性型:$y=ax+b$。

由表 7-2 中数据可计算有:

$$\sum_{i=1}^{10} x_i = 7\ 736, \quad \sum_{i=1}^{10} x_i^2 = 6\ 060\ 476$$

$$\sum_{i=1}^{10} y_i = 1\ 543, \quad \sum_{i=1}^{10} x_i y_i = 1\ 210\ 508$$

代入公式有

$$a = \frac{1\ 210\ 508 - \dfrac{1}{10}(7\ 736 \times 1\ 543)}{6\ 060\ 476 - \dfrac{1}{10}(7\ 736)^2} = 0.221\ 9$$

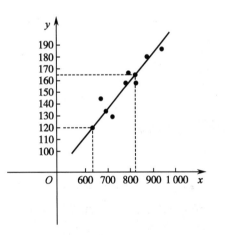

图 7-27

$$b = \frac{1}{10}(1\ 543 - 0.221\ 9 \times 7\ 736) = -17.36$$

因此,所求的经验公式为 $y = 0.221\ 9x - 17.36$。

在例 34 中,按实验数据描出的函数图形接近于一条直线。在这种情形下,就可以认为函数关系是线性函数类型的,从而问题可转化为求解二元一次方程组,计算比较方便。还有一些实际问题,如在医药学中经常会遇到指数函数型 $y = be^{ax}$ 或幂函数型 $y = bx^a$ 的经验公式。此经验公式的类型不是线性函数,但可以设法化成线性函数的类型来讨论。

由于对 $y = be^{ax}$ 取对数后,有

$$\ln y = \ln b + \ln(e^{ax})$$

即

$$\ln y = \ln b + ax$$

记 $Y = \ln y,\ X = x$,则

$$Y = \ln b + aX$$

就是直线方程。同理,对 $y = bx^a$,记 $Y = \ln y,\ X = \ln x$,则

$$Y = \ln b + aX$$

为直线方程。

例 35 静脉推注某种药物后,其血药浓度 c 与时间 t 的关系可以用 $c=c_0\mathrm{e}^{-kt}$ 表示。如给体重 20g 的小白鼠注射此药物 0.32mg,现测得一些时间的血药浓度见表 7-3:

表 7-3

时间 t/min	20	40	60	80	100	120	140	160
血药浓度 c/mg·mL^{-1}	32.75	16.50	9.2	5.00	2.82	1.37	0.76	0.53

试确定经验公式 $c=c(t)$。

解 先作散点图。即在直角坐标系内描出 8 个观察值的散点图,这些点大致接近一条指数曲线。所以令 $y=\ln c$,则 y 与 t 呈直线关系。故设经验公式为线性型: $y=at+b$。

由表 7-3 中数据可计算有: $\sum_{i=1}^{8} t_i = 720$, $\sum_{i=1}^{8} t_i^2 = 81\,600$,

$$\sum_{i=1}^{8} \ln c_i = 10.563\,1, \quad \sum_{i=1}^{8} t_i\ln c_i = 445.269\,0$$

代入公式有

$$a=-0.030\,08, b=4.027\,59$$

所以

$$y=-0.030\,08t+4.027\,59$$

代回原变量有

$$\ln c=-0.030\,08t+4.027\,59$$

即所求经验公式为

$$c=\mathrm{e}^{-0.030\,08t} \cdot \mathrm{e}^{4.027\,59} = 56.13\mathrm{e}^{-0.030\,08t}$$

📖 **知识链接**

欧 拉

欧拉(Euler,Leonhard)(1707—1783),瑞士数学家、物理学家。他一生的论著就有 800 种之多,内容涉及代数、几何、数论、分析、微分方程、变分法、力学、光学、天文学、弹道学、航海科学、建筑学等。在微积分方面,欧拉基于量的代数关系给出了函数概念的新定义,用 $f(x)$ 来表示一个没有明确规定的函数,导出了三角函数和指数函数之间的关系,即著名的欧拉公式 $\mathrm{e}^{i\theta}=\cos\theta+i\sin\theta$。他首先把导数归为微积分的基本概念,给出了二阶偏导数的演算,并提出了关于微分后的结果与微分次序无关的理论,即 $\dfrac{\partial^2 z}{\partial x\partial y}=$ $\dfrac{\partial^2 z}{\partial y\partial x}$ 的条件。他还研究了二元函数的极值,全微分的可积条件;给出了未定式"$\dfrac{\infty}{\infty}$""$\infty-\infty$"的极限运算法则;引出了很多函数的无穷幂级数和无穷积的展式。积分作为原函数的概念也是欧拉创建的,欧拉曾确定了这些方法的使用范围,目前微积分教材中所叙述的方法与技巧,几乎都可以在欧拉的作品中找到。他不仅发展了定积分的理论,还演算了大量的广义积分,给出了累次积分计算二重积分的方法,并讨论了二重积分的变量代换问题。他还研究了函数用三角级数表示的方法,提出了积分因子的概念,并确定了可采用积分因子的方程类型,讨论了求解常系数一般线性方程的问题,以及微分方程的级数解法。总之,欧拉的功绩在于用形式化方法把微积分从几何中解脱出来,使其建立在算术和代数的基础之上,从而为完整的实数系统作为微积分的基本论证打通了渠道。

学习小结

1. 学习内容

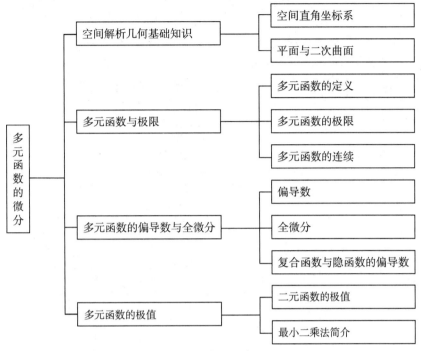

2. 学习方法

（1）学习中用与一元函数类比的方法,多比较一元与多元函数的异同,同时注意它们各自的特殊性。

（2）求偏导数时,若函数可偏导未知,则由定义来讨论;若函数可偏导已知,则由求导法则来求,将求二元函数的偏导数转化为求一元函数的导数。

（3）对于含有抽象函数符号的多元复合函数求导,应注意使用记号。

（4）求由方程所确定的隐函数的导数或偏导数时,既可以用推导公式的方法,也可以用直接代入公式的方法。

（5）关于复合函数全微分的计算,可以先求复合函数的各偏导数,然后代入全微分表达式;也可以利用全微分形式的不变性来求。

（6）二元函数的极值判定定理,只给出了驻点是否为极值点的判定方法,对于偏导数不存在的点及判定定理失效的点,可以由定义来讨论。

（杨 洁）

习题七

1. 研究空间直角坐标系中各卦限内的点的坐标特征,指出下列各点所在的卦限:$A(-2,1,3)$, $B(-2,-4,5)$, $C(-1,-3,-5)$, $D(3,2,6)$。

2. 指出下列各点在哪个坐标面或坐标轴上:
$A(0,1,3)$, $B(-2,0,5)$, $C(-1,-3,0)$, $D(0,2,0)$, $E(0,0,7)$。

3. 指出下列方程所表示的曲面：

（1）$x+y=1$　　　　　（2）$x^2+3y^2=5x$　　　　　（3）$x^2+y^2+z^2=1$

（4）$x^2+y^2-z^2=0$　　　（5）$x^2+y^2-z^2=1$

4. 设函数 $f(u,v)=u^v$ 求 $f(2,3)$，$f(xy,x+y)$。

5. 设函数 $z=\sqrt{y}+f(\sqrt{x}-1)$，若当 $y=1$ 时，$z=x$，求函数 $f(x)$ 和 z。

6. 确定并画出下列函数的定义域：

（1）$z=\sqrt{x}\ln(x+y)$　　　　　（2）$z=\ln(y-x^2)+\sqrt{1-x^2-y^2}$

（3）$z=\arcsin\dfrac{x^2+y^2}{4}$　　　　　（4）$u=\dfrac{1}{\sqrt{x}}+\dfrac{1}{\sqrt{y}}+\dfrac{1}{\sqrt{z}}$

7. 求下列各极限：

（1）$\lim\limits_{\substack{x\to0\\y\to1}}\dfrac{2-xy}{x^2+y^2}$　　　　　（2）$\lim\limits_{\substack{x\to0\\y\to0}}=\dfrac{\mathrm{e}^{xy}\cos y}{1+x+y}$

（3）$\lim\limits_{\substack{x\to0\\y\to0}}\dfrac{2xy}{\sqrt{xy+1}-1}$　　　　　（4）$\lim\limits_{\substack{x\to0\\y\to2}}\dfrac{\sin xy}{x(1+y)}$

（5）$\lim\limits_{\substack{x\to\infty\\y\to a}}\left(1+\dfrac{1}{x}\right)^{\frac{x^2}{x+y}}$　　　　　（6）$\lim\limits_{\substack{x\to\infty\\y\to\infty}}\dfrac{x^2+y^2}{x^4+y^4}$

（7）$\lim\limits_{\substack{x\to0\\y\to0}}xy\sin\dfrac{1}{x^2+y^2}$　　　　　（8）$\lim\limits_{\substack{x\to1\\y\to0}}\dfrac{\ln(x^2+\mathrm{e}^y)}{\sqrt{x^2-y^2}}$

8. 求下列函数的间断点：

（1）$z=\dfrac{1}{x^2+y^2}$　　　　　（2）$z=\dfrac{2xy}{y-x^2}$　　　　　（3）$u=\dfrac{1}{xyz}$

9. 设函数 $f(x,y)=\begin{cases}\dfrac{xy^2}{x^2+y^4}, & (x,y)\neq(0,0)\\[2mm] 0, & (x,y)=(0,0)\end{cases}$，

（1）证明函数 $f(x,y)$ 在点 $(0,0)$ 不连续。

（2）计算 $f'_x(0,0)$，$f'_y(0,0)$。

10. 证明：$f'_x(x,b)=\dfrac{\mathrm{d}}{\mathrm{d}x}[f(x,b)]$。

11. 求下列函数的偏导数：

（1）$z=x+y+\dfrac{1}{xy}$　　　　　（2）$z=\sqrt{1-x^2-y^2}$

（3）$z=y^{\ln x}$，$(y>0\neq1)$　　　（4）$z=\ln(x+\ln y)$

（5）$z=\mathrm{e}^{-\sin^2(xy^2)}$　　　　　（6）$z=\tan(xy-x^2)$

（7）$u=y\sin(xy)+z^2$　　　　　（8）$u=x-\cos(xy)+\arctan\dfrac{z}{y}$

12. 求下列函数在给定点的偏导数：

（1）已知 $z=x^{\frac{1}{y}}$，求 $\dfrac{\partial z}{\partial x}\Big|_{(1,1)}$，$\dfrac{\partial z}{\partial y}\Big|_{(1,1)}$。

（2）已知 $z=x+(y-1)\arcsin\sqrt{\dfrac{x}{y}}$，求 $\dfrac{\partial z}{\partial x}\Big|_{(x,1)}$。

(3)已知 $u=x^2+\sqrt{y-z^2}$，求 $\dfrac{\partial u}{\partial x}\Big|_{(1,2,1)}$，$\dfrac{\partial u}{\partial y}\Big|_{(1,2,1)}$，$\dfrac{\partial u}{\partial z}\Big|_{(1,2,1)}$。

13. 求下列函数的二阶偏导数：

(1)$z=x^3-y^3+2x^2y$　　(2)$z=x\ln(x+y)$　　(3)$z=\dfrac{\cos x^2}{y}$　　(4)$z=\arctan\dfrac{y}{x}$

14. 验证 $z=\ln(\mathrm{e}^x+\mathrm{e}^y)$ 满足方程：

$$\frac{\partial^2 z}{\partial x^2}\cdot\frac{\partial^2 z}{\partial y^2}-\left(\frac{\partial^2 z}{\partial x\partial y}\right)^2=0。$$

15. 设 $u=\dfrac{1}{\sqrt{x^2+y^2+z^2}}$，求证 $\dfrac{\partial^2 u}{\partial x^2}+\dfrac{\partial^2 u}{\partial y^2}+\dfrac{\partial^2 u}{\partial z^2}=0$。

16. 求函数 $z=\dfrac{y^2}{x}$ 在 $x=1$，$y=1$，$\Delta x=0.15$，$\Delta y=0.1$ 的全改变量与全微分。

17. 求下列函数的全微分：

(1)$z=xy^2\ln\dfrac{y}{x}$　　　　　　(2)$z=\dfrac{x+y}{x-y}$

(3)$z=\sin\dfrac{x}{y}\cdot\cos\dfrac{y}{x}$　　　(4)$u=\left(\dfrac{x}{y}\right)^z$

(5)$z=2^{\left(\frac{x}{y}+\mathrm{e}^{xy}\right)}$　　　　　　(6)已知 $z=f[x+\phi(y)]$，其中 f,ϕ 是二阶可微函数。

18. 用复合函数求导法则求下列函数的偏导数（或导数）：

(1)设 $z=u^2v-uv^2$，且 $u=x\cos y$，$v=x\sin y$，求 $\dfrac{\partial z}{\partial x}$，$\dfrac{\partial z}{\partial y}$。

(2)设 $z=\mathrm{e}^{x-2y^2}$，$x=\sin t$，$y=t^3$，求 $\dfrac{\mathrm{d}z}{\mathrm{d}t}$。

(3)设 $z=\arcsin\dfrac{x}{y}$，$y=\sqrt{x^2+1}$，求 $\dfrac{\mathrm{d}z}{\mathrm{d}x}$。

(4)设 $z=\tan(3t+2x^2-y^2)$，$x=\dfrac{1}{t}$，$y=\sqrt{t}$，求 $\dfrac{\mathrm{d}z}{\mathrm{d}t}$。

(5)设 $z=f(ax+by,cx^2+dy^2)$，a,b,c,d 为常数，求 $\dfrac{\partial z}{\partial x}$，$\dfrac{\partial z}{\partial y}$。

(6)设 $z=f(x^2-y^2,\mathrm{e}^{2x})$，求 $\dfrac{\partial z}{\partial x}$，$\dfrac{\partial z}{\partial y}$。

(7)设 $w=f(u,v)$，$u=x+y+z$，$v=x^2+y^2+z^2$，求 $\dfrac{\partial w}{\partial x}$，$\dfrac{\partial w}{\partial y}$，$\dfrac{\partial w}{\partial z}$，$\dfrac{\partial^2 w}{\partial x\partial y}$。

(8)设 $z=xy+xf(u)$，$u=\dfrac{y}{x}$，f 是可微的，求 $x\dfrac{\partial z}{\partial x}+y\dfrac{\partial z}{\partial y}$。

19. 求由下列方程所确定函数的偏导数（或导数）：

(1)设由方程 $\sin y+\mathrm{e}^x-xy^2=0$ 确定 $y=f(x)$，求 y'。

(2)设由方程 $\dfrac{x}{z}=\ln\dfrac{z}{y}$ 确定 $z=f(x,y)$，求 z'_x，z'_y。

(3)设由方程 $2xz-2xyz+\ln(xyz)=0$ 确定 $z=f(x,y)$，求 $\dfrac{\partial z}{\partial x}$，$\dfrac{\partial z}{\partial y}$。

(4)由方程 $xyz+\sqrt{x^2+y^2+z^2}=\sqrt{2}$ 确定 $z=f(x,y)$，求 $\dfrac{\partial z}{\partial x}\Big|_{(1,0,-1)}$，$\dfrac{\partial z}{\partial y}\Big|_{(1,0,-1)}$。

笔记栏

20. 设 z 是由方程 $e^{x+y}\sin(x+z)=0$ 所确定的 x,y 的函数,求 dz。

21. 计算 $(0.97)^{1.05}$ 的近似值。

22. 求下列函数的极值:

(1) $f(x,y)=x^2-(y-1)^2$ (2) $f(x,y)=4(x+y)-x^2-y^2$

(3) $f(x,y)=xy+\dfrac{50}{x}+\dfrac{20}{y}(x>0,y>0)$ (4) $f(x,y)=\sqrt{x^2+y^2}-1$

23. 求函数 $f(a,b)=\displaystyle\int_0^1(ax+b-x^2)^2dx$ 的极小值点。

24. 设某工厂生产甲种产品 M(吨)与所用两种原料 A,B 的数量 x,y(吨)之间的关系式为 $M(x,y)=0.005x^2y$,现在准备向银行贷款 150 万元购原料,已知 A、B 原料每吨单价分别为 1 万元和 2 万元,问怎样购进这两种原料,才能使生产的产品数量最多?

25. 人体对某种药物的效应 E(以适当的单位度量)与给药量 x(单位)、给药后经过的时间 t(小时)有如下关系:

$$E=x^2(a-x)t^2e^{-t}$$

试求取得最大效应的药量与时间(a 为常数,代表可允许的最大药量)。

26. 在椭球面 $\dfrac{x^2}{a^2}+\dfrac{y^2}{b^2}+\dfrac{z^2}{c^2}=1,(a>0,b>0,c>0)$ 上求一点,使其三个坐标乘积为最大。

27. 设平面上有 n 个质量为 m_i 的质点 $P(x_i,y_i),i=1,2,\cdots,n$。试在平面上求一点 $Q(x,y)$,使该质点系对点 $Q(x,y)$ 的转动惯量为最小。

28. 设观测变量 x,y 得下列数据:

i	1	2	3	4	5	6	7	8
x_i	1	2	3	4	5	6	7	8
y_i	27.0	26.8	26.5	26.3	26.1	25.7	25.3	24.8

试求 y 对 x 的经验公式 $y=ax+b$。

第八章

多元函数的积分

学习目标

1. 掌握直角坐标系与极坐标系下二重积分、曲线积分的计算,格林公式的使用方法。

2. 熟悉二重积分与曲线积分的概念、性质。

3. 了解二重积分的几何意义,积分与路径无关的条件。

第一节　二重积分的概念与性质

一、引例

首先,考虑两个实际问题。

1. 曲顶柱体的体积　曲顶柱体的顶是二元函数 $z=f(x,y)$ 所表示的连续曲面,底是 xoy 平面上的闭区域 D,侧面是以 D 的边界为准线且母线平行于 z 轴的柱体(图 8-1)。

曲顶柱体的顶部是曲面,当点 (x,y) 在区域 D 上变动时,它的高 $f(x,y)$ 是变量。我们可以仿照定积分定义中求曲边梯形面积的方法,用"**分割、取近似、求和、取极限**"来求得曲顶柱体的体积。

分割　将区域 D 任意分成 n 个小区域

$$\Delta\sigma_1,\Delta\sigma_2,\cdots,\Delta\sigma_i,\cdots\Delta\sigma_n$$

并用它们表示各小区域的面积。以各小区域的边界为准线,作母线平行于 z 轴的柱面,这样将原曲顶柱体分成 n 个小曲顶柱体。用 $\Delta V_i(i=1,2,\cdots,n)$ 表示第 i 个小曲顶柱体的体积,则

$$V=\sum_{i=1}^{n}\Delta V_i$$

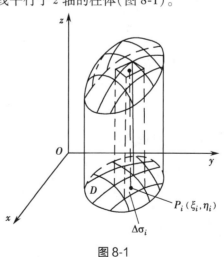

图 8-1

取近似　在每个小区域 $\Delta\sigma_i$ 上任意取一点 P_i (ξ_i,η_i),以函数值 $f(\xi_i,\eta_i)$ 为高,$\Delta\sigma_i$ 为底的小平顶柱体的体积 $f(\xi_i,\eta_i)\cdot\Delta\sigma_i$ 来近似代替小曲顶柱体的体积 ΔV_i,即

$$\Delta V_i\approx f(\xi_i,\eta_i)\cdot\Delta\sigma_i$$

求和　将 n 个小平顶柱体的体积相加,就得到曲顶柱体体积的近似值,即

$$V = \sum_{i=1}^{n} \Delta V_i \approx \sum_{i=1}^{n} f(\xi_i, \eta_i) \cdot \Delta\sigma_i$$

取极限 区域 D 上分成的小区域 $\Delta\sigma_i$ 越小,上式的近似程度就越高。用 d_i 表示 $\Delta\sigma_i$ 内任意两点间距离的最大值,称该**区域的直径**,令 $\lambda = \max\{d_i \mid i = 1, 2 \cdots n\}$,当 λ 趋于零时,上述和式的极限就是曲顶柱体的体积 V,于是

$$V = \lim_{\lambda \to 0} \sum_{i=1}^{n} f(\xi_i, \eta_i) \cdot \Delta\sigma_i$$

2. 平面薄片的质量 设有一平面薄片在 xoy 平面上占有的区域为 D,在点 (x, y) 处面密度为 $\rho(x, y)$ $[\rho(x, y) \geqslant 0$ 且在 D 上连续$]$,求该薄片的质量 M。

这里我们用与求曲顶柱体体积相类似的方法来求得。

将薄片分成 n 个小区域(图 8-2),在每个小区域 $\Delta\sigma_i(i = 1, 2, \cdots, n)$ 上任取一点 (ξ_i, η_i),则小区域 $\Delta\sigma_i$ 的质量为 $\Delta m_i \approx \rho(\xi_i, \eta_i) \cdot \Delta\sigma_i$。只要小区域 $\Delta\sigma_i$ 的直径足够小,通过求和、取极限就可得到所求平面薄片的质量,即

$$M = \lim_{\lambda \to 0} \sum_{i=1}^{n} \rho(\xi_i, \eta_i) \cdot \Delta\sigma_i$$

式中 λ 为平面薄片上小区域 $\Delta\sigma_i$ 中直径的最大值。

上面两个问题的实际意义虽然不同,但最终都归结为同类形式和式的极限。在物理、化学、生命科学、工程技术等领域都有类似的形式出现,可以抽象成一般概念,得出二重积分的定义。

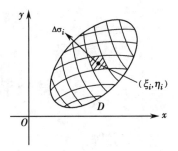

图 8-2

二、二重积分的定义

定义 8.1 设函数 $f(x, y)$ 在有界闭区域 D 上有定义,将区域 D 任意分成 n 个小区域 $\Delta\sigma_i(i = 1, 2, \cdots, n)$,并以 $\Delta\sigma_i$ 表示第 i 个小区域的面积。在每个小区域上任取一点 (ξ_i, η_i),作乘积 $f(\xi_i, \eta_i) \cdot \Delta\sigma_i$,并求其和式 $\sum_{i=1}^{n} f(\xi_i, \eta_i) \cdot \Delta\sigma_i$。若各小区域的直径最大值即 $\lambda = \max\{d_i \mid i = 1, 2, \cdots n\}$ 趋于零时该和式的极限存在,则称此极限为函数 $f(x, y)$ 在区域 D 上的**二重积分**,记作 $\iint\limits_{D} f(x, y) \, d\sigma$,即

$$\iint\limits_{D} f(x, y) \, d\sigma = \lim_{\lambda \to 0} \sum_{i=1}^{n} f(\xi_i, \eta_i) \cdot \Delta\sigma_i$$

其中 $f(x, y)$ 称为**被积函数**,$f(x, y) \, d\sigma$ 称为**被积表达式**,$d\sigma$ 称为**面积元素**,x 和 y 称为**积分变量**,D 称为**积分区域**,"$\iint$" 称为**二重积分符号**。

由二重积分的定义可知,曲顶柱体的体积就是曲顶函数 $z = f(x, y)$ 在区域 D 上的二重积分,即

$$V = \iint\limits_{D} f(x, y) \, d\sigma$$

平面薄片的质量就是它的面密度 $\rho(x, y)$ 在薄片所占区域 D 上的二重积分,即

$$M = \iint\limits_{D} \rho(x, y) \, d\sigma$$

由于二重积分定义中对区域 D 的划分是任意的,而和式的极限与 D 的分法以及点 (ξ_i, η_i) 的取法无关。因此,为方便起见,在直角坐标系中分别用平行于 x、y 轴的直线来分割

D,除了靠边界线的一些小区域外,得到的小区域基本上都是矩形。设这些矩形 $\Delta\sigma_i$ 的边长为 Δx_i 和 Δy_i,则 $\Delta\sigma_i = \Delta x_i \cdot \Delta y_i$。由于 $\iint\limits_D f(x,y)\mathrm{d}\sigma$ 中的 $\mathrm{d}\sigma$ 表示的是和式中的 $\Delta\sigma_i$,这时面积元素 $\mathrm{d}\sigma = \mathrm{d}x \cdot \mathrm{d}y$,于是二重积分可记作 $\iint\limits_D f(x,y)\mathrm{d}x\mathrm{d}y$。

可以证明,若函数 $f(x,y)$ 在闭区域 D 上连续,则 $f(x,y)$ 在闭区域 D 上的二重积分一定存在[即 $f(x,y)$ 在闭区域 D 上可积]。

二重积分的几何意义:当 $f(x,y) \geqslant 0$ 时,$\iint\limits_D f(x,y)\mathrm{d}x\mathrm{d}y$ 就是曲顶柱体的体积。当 $f(x,y) < 0$ 时,曲顶柱体在 xoy 平面的下方,此时二重积分的值为负,于是 $\left|\iint\limits_D f(x,y)\mathrm{d}x\mathrm{d}y\right|$ 仍是曲顶柱体的体积。当 $f(x,y)$ 在区域 D 上有正、负时,则二重积分的值等于位于 xoy 平面上方与下方曲顶柱体体积的代数和。

三、二重积分的性质

二重积分与定积分有类似的性质。

设函数 $f(x,y)$,$g(x,y)$ 在闭区域 D 上连续,则二重积分有如下性质:

性质 1　被积函数的常数因子可由积分号内提出来,即

$$\iint\limits_D kf(x,y)\mathrm{d}\sigma = k\iint\limits_D f(x,y)\mathrm{d}\sigma$$

性质 2　函数代数和的积分等于积分的代数和,即

$$\iint\limits_D [f(x,y) \pm g(x,y)]\mathrm{d}\sigma = \iint\limits_D f(x,y)\mathrm{d}\sigma \pm \iint\limits_D g(x,y)\mathrm{d}\sigma$$

性质 3　若区域 D 被分成两个互不重叠的区域 D_1 与 D_2,则函数 $f(x,y)$ 在 D 上的积分等于 D_1 与 D_2 上积分的和,即

$$\iint\limits_D f(x,y)\mathrm{d}\sigma = \iint\limits_{D_1} f(x,y)\mathrm{d}\sigma + \iint\limits_{D_2} f(x,y)\mathrm{d}\sigma$$

性质 4　在区域 D 上若 $f(x,y) = 1$,则 $f(x,y)$ 在 D 上的积分等于 D 的面积 σ,即

$$\sigma = \iint\limits_D 1 \cdot \mathrm{d}\sigma = \iint\limits_D \mathrm{d}\sigma$$

性质 5　在区域 D 上若 $f(x,y) \leqslant g(x,y)$,则有不等式

$$\iint\limits_D f(x,y)\mathrm{d}\sigma \leqslant \iint\limits_D g(x,y)\mathrm{d}\sigma$$

特别地,由于 $-|f(x,y)| \leqslant f(x,y) \leqslant |f(x,y)|$,则

$$\left|\iint\limits_D f(x,y)\mathrm{d}\sigma\right| \leqslant \iint\limits_D |f(x,y)|\mathrm{d}\sigma$$

性质 6　设 M 和 m 分别是 $f(x,y)$ 在区域 D 上的最大值和最小值,σ 是 D 的面积,则

$$m\sigma \leqslant \iint\limits_D f(x,y)\mathrm{d}\sigma \leqslant M\sigma$$

性质 7(二重积分的中值定理)　若函数 $f(x,y)$ 在区域 D 上连续,σ 是 D 的面积,则在 D 上至少有一点 (ξ,η),使下式成立

$$\iint\limits_D f(x,y)\mathrm{d}\sigma = f(\xi,\eta)\sigma$$

证　在性质 6 中,用 σ 除以不等式中的各项,得

$$m \leqslant \frac{1}{\sigma} \iint\limits_{D} f(x,y) \, \mathrm{d}\sigma \leqslant M$$

根据闭区域上连续函数的介值定理,在 D 上至少有一点 (ξ,η),使得

$$\frac{1}{\sigma} \iint\limits_{D} f(x,y) \, \mathrm{d}\sigma = f(\xi,\eta)$$

上式两边同乘以 σ,得到性质 7。

中值定理的几何意义是:在区域 D 上曲顶柱体的体积,等于以区域 D 某一点的函数值为高的平顶柱体的体积。

第二节 二重积分的计算

一、直角坐标系下二重积分的计算

通过讨论曲顶柱体的体积,从而导出二重积分的计算公式,关键是将二重积分化为二次定积分。

设曲顶柱体的曲顶函数 $z = f(x,y)$ (不妨设 $z \geqslant 0$),底面区域 D 由直线 $x = a$,$x = b$,与 $y = \varphi_1(x)$,$y = \varphi_2(x)$ 所围成(图 8-3)。

用平行于 yoz 坐标面的平面将曲顶柱体截成若干块薄片,只要小薄片的厚度无限微小,将小薄片的体积累加就可得到曲顶柱体的体积。

在区间 $[a,b]$ 上任取一微段 $[x,x+\mathrm{d}x]$,分别过 x 和 $x+\mathrm{d}x$ 作平行于 yoz 坐标面的平面,相应微段中小薄片的体积为 ΔV。由于过点 x 平行于 yoz 坐标面的平面截曲顶柱体所得的截面是一个以区间 $[\varphi_1(x),\varphi_2(x)]$ 为底,曲线 $z = f(x,y)$ 为曲边的曲边梯形(图 8-4)。设截面面积为 $S(x)$,则

$$S(x) = \int_{\varphi_1(x)}^{\varphi_2(x)} f(x,y) \, \mathrm{d}y$$

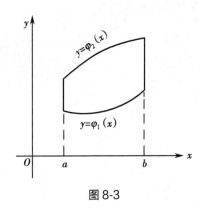

图 8-3

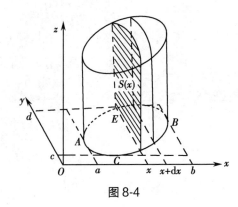

图 8-4

由微元法可知,小薄片的体积微元为 $\mathrm{d}V = S(x)\,\mathrm{d}x$,则曲顶柱体的体积为

$$V = \int_a^b S(x) \, \mathrm{d}x = \int_a^b \left[\int_{\varphi_1(x)}^{\varphi_2(x)} f(x,y) \, \mathrm{d}y \right] \mathrm{d}x$$

该体积就是所求的二重积分,即

$$\iint\limits_{D} f(x,y) \, \mathrm{d}\sigma = \int_a^b \left[\int_{\varphi_1(x)}^{\varphi_2(x)} f(x,y) \, \mathrm{d}y \right] \mathrm{d}x$$

事实上,上式右端是先对 y 后对 x 的二次积分。先对 y 积分时将 x 看作常数,$f(x,y)$ 看

成 y 的一元函数,对 y 计算从 $\varphi_1(x)$ 到 $\varphi_2(x)$ 的定积分,其结果显然是 x 的函数,再对 x 计算从 a 到 b 的定积分。通常可写成

$$\int_a^b \mathrm{d}x \int_{\varphi_1(x)}^{\varphi_2(x)} f(x,y)\,\mathrm{d}y$$

并用 $\mathrm{d}x\mathrm{d}y$ 代替 $\mathrm{d}\sigma$,得到二重积分的计算公式

$$\iint\limits_D f(x,y)\,\mathrm{d}x\mathrm{d}y = \int_a^b \mathrm{d}x \int_{\varphi_1(x)}^{\varphi_2(x)} f(x,y)\,\mathrm{d}y$$

同理,若区域 D 为

$$c \leqslant y \leqslant d, \psi_1(y) \leqslant \psi_2(y)$$

其中 $\psi_1(y)$ 和 $\psi_2(y)$ 在区间 $[c,d]$ 上连续(图 8-5),则二重积分的另一个计算公式

$$\iint\limits_D f(x,y)\,\mathrm{d}x\mathrm{d}y = \int_c^d \mathrm{d}y \int_{\psi_1(y)}^{\psi_2(y)} f(x,y)\,\mathrm{d}x$$

它是先对 x 积分,再对 y 积分。

计算二重积分时,积分次序将视具体情况而定。

若平行于坐标轴的直线与区域 D 的边界线的交点多于两点(图 8-6),可将区域 D 分成若干个互不重叠的子区域,计算出各区域的二重积分,把它们相加后得到函数在整个区域 D 上的二重积分。

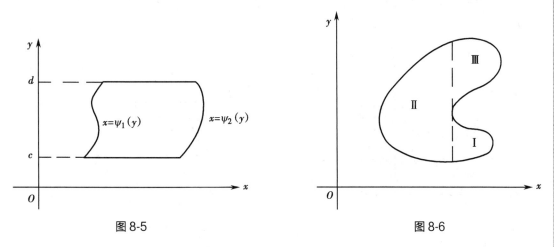

图 8-5 　　　　　　　　　　　　　　　　图 8-6

若积分区域是矩形区域: $a \leqslant x \leqslant b, c \leqslant y \leqslant d$(图 8-7),则二次积分的上、下限都是常数,则

$$\iint\limits_D f(x,y)\,\mathrm{d}x\mathrm{d}y = \int_a^b \mathrm{d}x \int_c^d f(x,y)\,\mathrm{d}y = \int_c^d \mathrm{d}y \int_a^b f(x,y)\,\mathrm{d}x$$

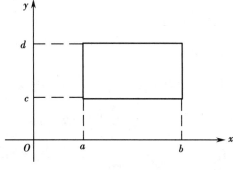

图 8-7

若被积函数是两个一元函数 $g(x)$ 和 $h(y)$ 的乘积,同样是上述矩形区域,则

$$\iint\limits_{D} f(x,y)\mathrm{d}x\mathrm{d}y = \iint\limits_{D} g(x)h(y)\mathrm{d}x\mathrm{d}y = \int_a^b g(x)\mathrm{d}x \int_c^d h(y)\mathrm{d}y$$

这是因为

$$\iint\limits_{D} g(x)h(y)\mathrm{d}x\mathrm{d}y = \int_a^b \mathrm{d}x \int_c^d g(x)h(y)\mathrm{d}y$$

在先对 y 积分时,$g(x)$ 可视为常数,将它提到积分号外,而对 x 积分时,$h(y)$ 也可视为常数提到积分号外。

例1 计算 $\iint\limits_{D} x\mathrm{d}x\mathrm{d}y$,其中 D 是由 $y=x^2$,$y=x+6$ 所围成的区域(图 8-8)。

解 求直线与抛物线的交点为 $(-2,4)$ 和 $(3,9)$。

若先对 y 后对 x 积分则较为简便。

这里 $D: -2 \leqslant x \leqslant 3, x^2 \leqslant y \leqslant x+6$,则

$$\iint\limits_{D} x\mathrm{d}x\mathrm{d}y = \int_{-2}^3 \mathrm{d}x \int_{x^2}^{x+6} x\mathrm{d}y = \int_{-2}^3 x\left[y\right]_{x^2}^{x+6}\mathrm{d}x = \int_{-2}^3 (x^2+6x-x^3)\mathrm{d}x = \frac{125}{12}$$

若先对 x 后对 y 积分,则需将区域 D 分为 D_1 和 D_2 两部分,显然计算比较烦琐,读者可以试做一下。

例2 计算 $\iint\limits_{D} x^2 y\mathrm{d}x\mathrm{d}y$,其中 D 是由双曲线 $x^2-y^2=1$ 和直线 $y=0, y=1$ 所围成的区域(图 8-9)。

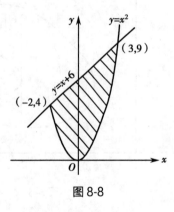

图 8-8

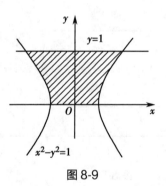

图 8-9

解 选先对 x 积分,$D: -\sqrt{1+y^2} \leqslant x \leqslant \sqrt{1+y^2}, 0 \leqslant y \leqslant 1$,则

$$\iint\limits_{D} x^2 y\mathrm{d}x\mathrm{d}y = \int_0^1 \mathrm{d}y \int_{-\sqrt{1+y^2}}^{\sqrt{1+y^2}} x^2 y\mathrm{d}x = \frac{2}{3}\int_0^1 y(1+y^2)^{\frac{3}{2}}\mathrm{d}y = \frac{2}{15}\left[(1+y^2)^{\frac{5}{2}}\right]_0^1 = \frac{2}{15}(4\sqrt{2}-1)$$

例3 计算 $\iint\limits_{D} x\mathrm{e}^{-y^2}\mathrm{d}x\mathrm{d}y$,其中 D 是由 $y=4x^2$,$y=9x^2$,$y=1$ 在第一象限所围成的区域(图 8-10)。

解 若先对 y 积分,则 $\iint\limits_{D} x\mathrm{e}^{-y^2}\mathrm{d}x\mathrm{d}y = \int_0^1 \mathrm{d}x \int_{4x^2}^{9x^2} x\mathrm{e}^{-y^2}\mathrm{d}y$。由于 $\int \mathrm{e}^{-y^2}\mathrm{d}y$ 在初等函数范围内属不可积,只能先对 x 后对 y 积分,$D: \dfrac{\sqrt{y}}{3} \leqslant x \leqslant \dfrac{\sqrt{y}}{2}, 0 \leqslant y \leqslant 1$,则

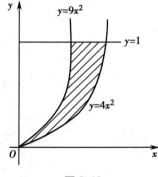

图 8-10

$$\iint\limits_{D} x e^{-y^2} \, dx \, dy = \int_0^1 dy \int_{\frac{\sqrt{y}}{3}}^{\frac{\sqrt{y}}{2}} x e^{-y^2} \, dx = \int_0^1 e^{-y^2} \, dy \int_{\frac{\sqrt{y}}{3}}^{\frac{\sqrt{y}}{2}} x \, dx$$

$$= \frac{1}{2} \int_0^1 \left(\frac{1}{4} y - \frac{1}{9} y \right) e^{-y^2} \, dy = \frac{5}{72} \int_0^1 y e^{-y^2} \, dy = \frac{5}{144} \left(1 - \frac{1}{e} \right)$$

例 4 计算 $\iint\limits_{D} y \left[1 + x e^{\frac{1}{2}(x^2+y^2)} \right] \, dx \, dy$,其中 D 是由 $y=x, y=-1, x=1$ 所围成的区域(图 8-11)。

解 这里先对 x 和先对 y 积分均可,若先对 x 积分,$D: y \leqslant x \leqslant 1, -1 \leqslant y \leqslant 1$,则

$$\iint\limits_{D} y \left[1 + x e^{\frac{1}{2}(x^2+y^2)} \right] \, dx \, dy = \iint\limits_{D} y \, dx \, dy + \iint\limits_{D} x y e^{\frac{1}{2}(x^2+y^2)} \, dx \, dy$$

其中

$$\iint\limits_{D} y \, dx \, dy = \int_{-1}^1 dy \int_y^1 y \, dx = \int_{-1}^1 y(1-y) \, dy = -\frac{2}{3}$$

$$\iint\limits_{D} x y e^{\frac{1}{2}(x^2+y^2)} \, dx \, dy = \int_{-1}^1 y \, dy \int_y^1 x e^{\frac{1}{2}(x^2+y^2)} \, dx = \int_{-1}^1 y \left[e^{\frac{1}{2}(1+y^2)} - e^{y^2} \right] \, dy = 0$$

这里被积函数是 y 的奇函数。

因此,原式 $= -\dfrac{2}{3}$。

例 5 计算由平面 $x=0, y=0, z=0, 3x+2y=6$ 及曲面 $z=3-\dfrac{1}{2}x^2$ 所围的立体体积(图 8-12)。

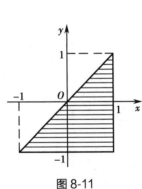

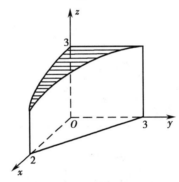

图 8-11   图 8-12

解 $V = \iint\limits_{D} \left(3 - \dfrac{1}{2} x^2 \right) dx \, dy = \int_0^2 dx \int_0^{3 - \frac{3}{2}x} \left(3 - \dfrac{1}{2} x^2 \right) dy = \int_0^2 \left(3 - \dfrac{1}{2} x^2 \right) \left(3 - \dfrac{3}{2} x \right) dx$

$= \int_0^2 \left(9 - \dfrac{9}{2} x - \dfrac{3}{2} x^2 + \dfrac{3}{4} x^3 \right) dx = \left[9x - \dfrac{9}{4} x^2 - \dfrac{1}{2} x^3 + \dfrac{3}{16} x^4 \right]_0^2 = 8$

例 6 更改二次积分 $\int_0^1 dx \int_x^{\sqrt{2x-x^2}} f(x,y) \, dy$ 的积分次序。

解 由题意可知 $D: 0 \leqslant x \leqslant 1, x \leqslant y \leqslant \sqrt{2x-x^2}$,作出区域 D 如图 8-13。

要求更改为先对 x 积分,$D: 0 \leqslant y \leqslant 1, 1-\sqrt{1-y^2} \leqslant x \leqslant y$,则

$$\int_0^1 dx \int_x^{\sqrt{2x-x^2}} f(x,y) \, dy = \int_0^1 dy \int_{1-\sqrt{1-y^2}}^y f(x,y) \, dx$$

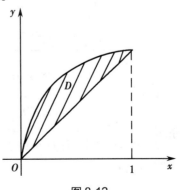

图 8-13

二、极坐标系下二重积分的计算

对于某些二重积分,在直角坐标系下计算会遇到一

些困难,甚至得不到结果。若积分区域是圆形、扇形、环形等区域,被积函数如$f(x^2+y^2)$型等情况下,采用极坐标计算往往可使计算简化。

极坐标与直角坐标之间的关系式为

$$x=r\cos\theta,y=r\sin\theta$$

将被积函数$f(x,y)$化为极坐标下的函数

$$f(x,y)=f(r\cos\theta,r\sin\theta)$$

现在来求极坐标系下面积元素$\mathrm{d}\sigma$。用以极点O为圆心的一组同心圆以及以O为起点的一组射线分割区域D,设$\Delta\sigma_i$是两条极径r_{i-1}与r_i的圆弧与极角分别为θ_{i-1}与θ_i的射线所围成的小区域(图 8-14)。如果分割很细,小区域的面积$\Delta\sigma_i\approx r_i\Delta\theta_i\Delta r_i$,那么面积元素为$\mathrm{d}\sigma=r\mathrm{d}\theta\mathrm{d}r$,于是,极坐标系下的二重积分为

$$\iint\limits_{D}f(x,y)\mathrm{d}x\mathrm{d}y=\iint\limits_{D}f(r\cos\theta,r\sin\theta)r\mathrm{d}r\mathrm{d}\theta$$

下面分三种情况讨论将极坐标系下的二重积分化为二次积分。

1. 极点在区域D外面(图 8-15)　积分区域$D:\alpha\leqslant\theta\leqslant\beta,r_1(\theta)\leqslant r\leqslant r_2(\theta)$,其中$r_1(\theta)$,$r_2(\theta)$在$[\alpha,\beta]$上连续,则

$$\iint\limits_{D}f(r\cos\theta,r\sin\theta)r\mathrm{d}r\mathrm{d}\theta=\int_{\alpha}^{\beta}\mathrm{d}\theta\int_{r_1(\theta)}^{r_2(\theta)}f(r\cos\theta,r\sin\theta)r\mathrm{d}r$$

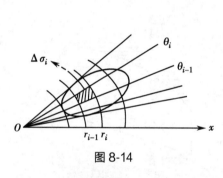

图 8-14　　　　　　　　　　　　　图 8-15

2. 极点在区域D的边界上(图 8-16)　积分区域$D:\alpha\leqslant\theta\leqslant\beta,0\leqslant r\leqslant r(\theta)$,则

$$\iint\limits_{D}f(r\cos\theta,r\sin\theta)r\mathrm{d}r\mathrm{d}\theta=\int_{\alpha}^{\beta}\mathrm{d}\theta\int_{0}^{r(\theta)}f(r\cos\theta,r\sin\theta)r\mathrm{d}r$$

3. 极点在区域D内部(图 8-17)　积分区域$D:0\leqslant\theta\leqslant2\pi,0\leqslant r\leqslant r(\theta)$,则

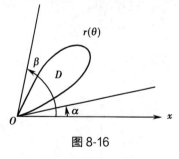

图 8-16

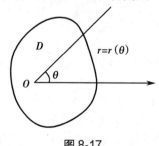

图 8-17

$$\iint\limits_{D}f(r\cos\theta,r\sin\theta)r\mathrm{d}r\mathrm{d}\theta=\int_{0}^{2\pi}\mathrm{d}\theta\int_{0}^{r(\theta)}f(r\cos\theta,r\sin\theta)r\mathrm{d}r$$

若在区域D上,有$f(r\cos\theta,r\sin\theta)=1$,此时极坐标系下的二重积分在数值上等于区域$D$的面积$\sigma$,则

$$\sigma = \iint\limits_{D} f(r\cos\theta, r\sin\theta) r\mathrm{d}r\mathrm{d}\theta = \iint\limits_{D} r\mathrm{d}r\mathrm{d}\theta = \int_{\alpha}^{\beta} \mathrm{d}\theta \int_{0}^{r(\theta)} r\mathrm{d}r = \frac{1}{2}\int_{\alpha}^{\beta} r^2(\theta)\mathrm{d}r$$

这正是定积分中平面图形在极坐标系下的面积计算公式。

例7 计算 $\iint\limits_{D}\sqrt{x^2+y^2}\mathrm{d}x\mathrm{d}y$，其中 D 是由 $0 \leqslant y \leqslant x, x^2+y^2 \leqslant 2x$ 所围成的区域（图8-18）。

解 由极坐标可知 $D: 0 \leqslant r \leqslant 2\cos\theta, 0 \leqslant \theta \leqslant \dfrac{\pi}{4}$，则

$$\iint\limits_{D}\sqrt{x^2+y^2}\mathrm{d}x\mathrm{d}y = \int_{0}^{\frac{\pi}{4}}\mathrm{d}\theta\int_{0}^{2\cos\theta} r\cdot r\mathrm{d}r = \frac{8}{3}\int_{0}^{\frac{\pi}{4}}\cos^3\theta\mathrm{d}\theta$$

$$= \frac{8}{3}\int_{0}^{\frac{\pi}{4}}(1-\sin^2\theta)\mathrm{d}\sin\theta$$

$$= \frac{8}{3}\left[\sin\theta - \frac{1}{3}\sin^3\theta\right]_{0}^{\frac{\pi}{4}} = \frac{10}{9}\sqrt{2}$$

例8 计算 $\iint\limits_{D}\dfrac{x+y}{x^2+y^2}\mathrm{d}x\mathrm{d}y$，其中 D 是由 $x^2+y^2 \leqslant 1, x+y>1$ 所围成的区域。

解 因为 $x+y=1, r=\dfrac{1}{\cos\theta+\sin\theta}, D:\dfrac{1}{\cos\theta+\sin\theta} \leqslant r \leqslant 1, 0 \leqslant \theta \leqslant \dfrac{\pi}{2}$，则

$$\iint\limits_{D}\frac{x+y}{x^2+y^2}\mathrm{d}x\mathrm{d}y = \iint\limits_{D}\frac{r(\cos\theta+\sin\theta)}{r^2}r\mathrm{d}r\mathrm{d}\theta = \int_{0}^{\frac{\pi}{2}}(\cos\theta+\sin\theta)\mathrm{d}\theta\int_{\frac{1}{\cos\theta+\sin\theta}}^{1}\mathrm{d}r$$

$$= \int_{0}^{\frac{\pi}{2}}(\cos\theta+\sin\theta-1)\mathrm{d}\theta = 2-\frac{\pi}{2}$$

例9 有一圆环形带电体，内外半径分别为 a, b，表面均匀带电，电荷面密度为 σ。计算位于环心铅直上方 h 处的电场强度（图8-19）。

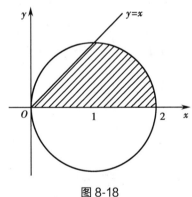

图 8-18

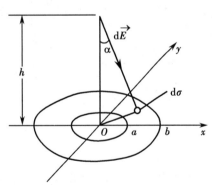

图 8-19

解 由对称性可知平行于圆环的电场强度相互抵消，只有铅直方向的电场，则

$$\mathrm{d}E_z = \mathrm{d}E\cdot\cos\alpha = \frac{\sigma\mathrm{d}x\mathrm{d}y}{4\pi\varepsilon_0(x^2+y^2+h^2)}\cdot\frac{h}{(x^2+y^2+h^2)^{\frac{1}{2}}}$$

$$E_z = \frac{\sigma h}{4\pi\varepsilon_0}\iint\limits_{D}\frac{1}{(x^2+y^2+h^2)^{3/2}}\mathrm{d}x\mathrm{d}y$$

$$= \frac{\sigma h}{4\pi\varepsilon_0}\int_{0}^{2\pi}\mathrm{d}\theta\int_{a}^{b}\frac{r}{(r^2+h^2)^{3/2}}\mathrm{d}r$$

$$= \frac{\sigma h}{2\varepsilon_0}\left(\frac{1}{\sqrt{a^2+h^2}}-\frac{1}{\sqrt{b^2+h^2}}\right)$$

第三节　二重积分的简单应用

一、几何上的应用

二重积分可以用来计算空间立体的体积和空间曲面的面积。这里主要讨论空间立体的体积,并根据空间立体的性质,如对称性等进行简化计算。

例 10　计算由两个圆柱面 $x^2+y^2=R^2$ 和 $x^2+z^2=R^2$ 相交所围成立体的体积(图 8-20)。

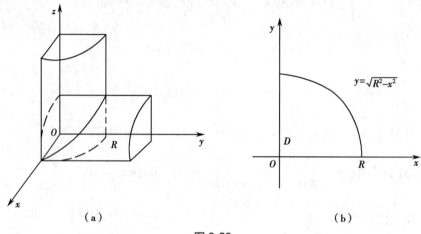

（a）　　　　　　　　　　　　（b）

图 8-20

解　利用立体关于坐标平面的对称性,只要算出第一卦限部分的体积再乘以 8,就是所要求的体积 V。

第一卦限部分是一个曲顶柱体,底部区域 $D:0\le x\le R,0\le y\le \sqrt{R^2-x^2}$,顶是柱面 $z=\sqrt{R^2-x^2}$,则

$$V=8\iint\limits_{D}\sqrt{R^2-x^2}\,\mathrm{d}x\mathrm{d}y=8\int_0^R\mathrm{d}x\int_0^{\sqrt{R^2-x^2}}\sqrt{R^2-x^2}\,\mathrm{d}y=8\int_0^R\mathrm{d}x\left[y\sqrt{R^2-x^2}\right]_0^{\sqrt{R^2-x^2}}$$

$$=8\int_0^R(R^2-x^2)\,\mathrm{d}x=\frac{16}{3}R^3$$

例 11　计算圆柱面 $y^2+z^2=a^2$ 在第一卦限中被平面 $y=b(0<b<a)$ 与平面 $x=y$ 所截下部分所围的体积(图 8-21)。

解　由图 8-21 可知,$D:0\le x\le y,0\le y\le b$,则

$$V=\iint\limits_{D}\sqrt{a^2-y^2}\,\mathrm{d}x\mathrm{d}y=\int_0^b\mathrm{d}y\int_0^y\sqrt{a^2-y^2}\,\mathrm{d}x$$

$$=\int_0^b y\sqrt{a^2-y^2}\,\mathrm{d}y=\left[-\frac{1}{3}(a^2-y^2)^{\frac{3}{2}}\right]_0^b$$

$$=\frac{1}{3}\left[a^3-(a^2-b^2)^{3/2}\right]$$

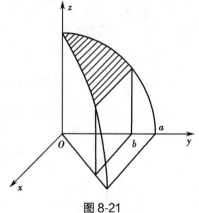

图 8-21

二、物理上的应用

1. 平面薄板的质量

例 12　计算由螺线 $r=2\theta$ 与直线 $\theta=\dfrac{\pi}{2}$ 所围成的平面薄板(图 8-22),其面密度为

$\rho(x,y)=x^2+y^2$,计算平面薄板的质量。

解 由微元法可知 $\mathrm{d}m=\rho\mathrm{d}x\mathrm{d}y$,则

$$m=\iint\limits_{D}\rho\mathrm{d}x\mathrm{d}y=\iint\limits_{D}\left(x^2+y^2\right)\mathrm{d}x\mathrm{d}y=\iint\limits_{D}r^2\cdot r\mathrm{d}r\mathrm{d}\theta$$

这里 $D:0\leqslant r\leqslant 2\theta,0\leqslant\theta\leqslant\dfrac{\pi}{2}$,所以

$$m=\int_0^{\frac{\pi}{2}}\mathrm{d}\theta\int_0^{2\theta}r^3\mathrm{d}r=4\int_0^{\frac{\pi}{2}}\theta^4\mathrm{d}\theta=\frac{\pi^5}{40}$$

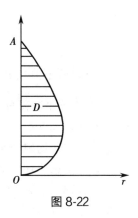

图 8-22

2. 平面薄板的重心

例 13 设有平面薄板,占有 xoy 平面上的区域 D,在点 (x,y) 处的面密度为 $\rho=\rho(x,y)(\rho\geqslant 0)$,且在 D 上连续,计算平面薄板的质量和重心。

解 在区域 D 上取面积元素 $\mathrm{d}\sigma$,其质量为 $\mathrm{d}m=\rho\mathrm{d}\sigma=\rho\mathrm{d}x\mathrm{d}y$,即平面薄板的质量为

$$m=\iint\limits_{D}\rho(x,y)\mathrm{d}x\mathrm{d}y$$

面积元素 $\mathrm{d}\sigma$ 对 x 轴和 y 轴的力矩大小分别为

$$\mathrm{d}M_x=y\cdot\rho\mathrm{d}x\mathrm{d}y,\mathrm{d}M_y=x\cdot\rho\mathrm{d}x\mathrm{d}y$$

整个薄板对 x 轴和 y 轴的力矩大小分别为

$$M_x=\iint\limits_{D}y\rho(x,y)\mathrm{d}x\mathrm{d}y,M_y=\iint\limits_{D}x\rho(x,y)\mathrm{d}x\mathrm{d}y$$

设平面薄板的重心坐标为 $(\bar{x},\bar{y})$,可以认为该薄板的质量集中在重心 $(\bar{x},\bar{y})$ 处,那么 $M_x=\bar{y}m,M_y=\bar{x}m$,则重心坐标为

$$\bar{x}=\frac{M_y}{m}=\frac{\iint\limits_{D}x\rho(x,y)\mathrm{d}x\mathrm{d}y}{\iint\limits_{D}\rho(x,y)\mathrm{d}x\mathrm{d}y},\bar{y}=\frac{M_x}{m}=\frac{\iint\limits_{D}y\rho(x,y)\mathrm{d}x\mathrm{d}y}{\iint\limits_{D}\rho(x,y)\mathrm{d}x\mathrm{d}y}$$

若平面薄板的面密度 $\rho(x,y)$ 是均匀的(为常数),则重心坐标为

$$\bar{x}=\frac{M_y}{m}=\frac{\iint\limits_{D}x\mathrm{d}x\mathrm{d}y}{\iint\limits_{D}\mathrm{d}x\mathrm{d}y},\bar{y}=\frac{M_x}{m}=\frac{\iint\limits_{D}y\mathrm{d}x\mathrm{d}y}{\iint\limits_{D}\mathrm{d}x\mathrm{d}y}$$

例 14 设一匀质圆形平面薄板,其密度为 ρ,计算它在第一象限部分的重心。

解 设对应于平面薄板的圆方程为 $x^2+y^2=a^2$,现要求计算 $x\geqslant 0,y\geqslant 0$ 部分的重心,利用极坐标有

$$M_x=\iint\limits_{D}\rho y\mathrm{d}x\mathrm{d}y=\rho\iint\limits_{D}r^2\sin\theta\mathrm{d}r\mathrm{d}\theta=\rho\int_0^{\frac{\pi}{2}}\sin\theta\mathrm{d}\theta\int_0^a r^2\mathrm{d}r=\frac{\rho a^3}{3}$$

$$M_y=\iint\limits_{D}\rho x\mathrm{d}x\mathrm{d}y=\rho\iint\limits_{D}r^2\cos\theta\mathrm{d}r\mathrm{d}\theta=\rho\int_0^{\frac{\pi}{2}}\cos\theta\mathrm{d}\theta\int_0^a r^2\mathrm{d}r=\frac{\rho a^3}{3}$$

$$m=\iint\limits_{D}\rho\mathrm{d}x\mathrm{d}y=\rho\iint\limits_{D}r\mathrm{d}r\mathrm{d}\theta=\rho\int_0^{\frac{\pi}{2}}\mathrm{d}\theta\int_0^a r\mathrm{d}r=\frac{\rho\pi a^2}{4}$$

则重心坐标为

$$\bar{x}=\frac{M_y}{m}=\frac{4a}{3\pi},\bar{y}=\frac{M_x}{m}=\frac{4a}{3\pi}$$

第四节 曲线积分

一、对弧长的曲线积分

1. 对弧长曲线积分的定义 在讨论曲线积分时,假设曲线弧是光滑或分段光滑,即曲线弧上各点处都有切线,且当切点连续变化时,切线也连续变化。

这里考虑非均匀分布曲线弧的质量问题。

设 L 为质量非均匀分布的平面曲线弧,在 L 上任一点 (x,y) 处的线密度为 $\rho=\rho(x,y)$,现要计算该曲线弧的质量 m(图 8-23)。

我们仍然采用"分割、取近似、求和、取极限"的方法处理。用 L 上的内点 $M_1,M_2,\cdots,M_{n-1}$ 将 L 分成 n 个小段,取其中一小段 $M_{i-1}M_i$ 来分析。以 Δs_i 表示这一小段的弧长。当 Δs_i 很小时,这一小段上的线密度可看成常数,在其中任取一点 (ξ_i,η_i),得到这一小段的质量为

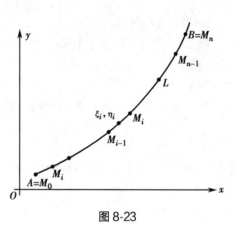

图 8-23

$$\Delta m_i \approx \rho(\xi_i,\eta_i)\Delta s_i$$

整个曲线弧的质量为

$$m \approx \sum_{i=1}^{n} \rho(\xi_i,\eta_i)\Delta s_i$$

用 λ 表示 n 个曲线弧中的最大长度,当 $\lambda \to 0$ 时,上述和式的极限便是曲线弧 L 的质量 m,即

$$m = \lim_{\lambda \to 0} \sum_{i=1}^{n} \rho(\xi_i,\eta_i)\Delta s_i$$

定义 8.2 设 L 为 xoy 平面上一条光滑曲线弧,$z=f(x,y)$ 在曲线弧 L 上连续,用内分点 $M_1,M_2,\cdots,M_{n-1}$ 把 L 分成 n 小段,第 i 小段的长度为 $\Delta s_i(i=1,2,\cdots,n)$,记 $\lambda = \max_{1\leqslant i\leqslant n}\{\Delta s_i\}$,在第 i 小段上任取一点 (ξ_i,η_i),作和式 $\sum_{i=1}^{n} f(\xi_i,\eta_i)\Delta s_i$。若极限 $\lim_{\lambda \to 0} \sum_{i=1}^{n} f(\xi_i,\eta_i)\Delta s_i$ 存在,则称此极限值为函数 $f(x,y)$ 在曲线弧 L 上**对弧长的曲线积分**(也称为**第一类曲线积分**),记作

$$\int_L f(x,y)\,\mathrm{d}s = \lim_{\lambda \to 0} \sum_{i=1}^{n} f(\xi_i,\eta_i)\Delta s_i$$

其中,$f(x,y)$ 称为**被积函数**,L 称为**积分路径**,$\mathrm{d}s$ 称为**弧长微元**。

若函数 $f(x,y)$ 在曲线弧 L 上有界,则 $f(x,y)$ 对弧长 L 的曲线积分也存在。

由上述定义可知,平面曲线 L 的质量 m 就等于线密度 $\rho(x,y)$ 在 L 上对弧长的曲线积分,即

$$m = \int_L \rho(x,y)\,\mathrm{d}s$$

类似地,可定义三元函数 $f(x,y,z)$ 在空间曲线 Γ 上对弧长的曲线积分为

$$\int_\Gamma f(x,y,z)\,\mathrm{d}s = \lim_{\lambda \to 0} \sum_{i=1}^{n} f(\xi_i,\eta_i,\zeta_i)\Delta s_i$$

若 L 是闭曲线,则 $f(x,y)$ 在闭曲线 L 上对弧长的曲线积分为

$$\oint_L f(x,y)\,\mathrm{d}s$$

2. 对弧长的曲线积分的性质 设函数 $f(x,y),g(x,y)$ 在曲线弧 L 上连续,则有如下性质:

性质1 被积函数中的常数因子可以提到曲线积分的外面,即

$$\int_L kf(x,y)\,\mathrm{d}s = k\int_L f(x,y)\,\mathrm{d}s$$

性质2 代数和的曲线积分,等于曲线积分的代数和,即

$$\int_L [f(x,y)\pm g(x,y)]\,\mathrm{d}s = \int_L f(x,y)\,\mathrm{d}s \pm \int_L g(x,y)\,\mathrm{d}s$$

性质3 若光滑曲线弧 L 可分成两段互不相交的曲线弧 L_1 和 L_2,则

$$\int_L f(x,y)\,\mathrm{d}s = \int_{L_1} f(x,y)\,\mathrm{d}s + \int_{L_2} f(x,y)\,\mathrm{d}s$$

性质4 若在曲线弧 L 上 $f(x,y)\leqslant g(x,y)$,则

$$\int_L f(x,y)\,\mathrm{d}s \leqslant \int_L g(x,y)\,\mathrm{d}s$$

特别地,有 $\left|\int_L f(x,y)\,\mathrm{d}s\right| \leqslant \int_L |f(x,y)|\,\mathrm{d}s$。

性质5 若在曲线弧 L 上 $f(x,y)=1$,则

$$\int_L f(x,y)\,\mathrm{d}s = \int_L \mathrm{d}s = s$$

3. 对弧长的曲线积分的计算 在曲线积分 $\int_L f(x,y)\,\mathrm{d}s$ 中,被积函数 $f(x,y)$ 虽然是二元函数,但点 (x,y) 必须在曲线 L 上,x,y 只有一个是独立变量。因此,只要在曲线 L 的方程中消去一个变量,就可以将对弧长的曲线积分化为定积分来计算。下面分三种情况来讨论。

(1)设曲线 L 由参数方程 $x=\phi(t),y=\varphi(t)\,(\alpha\leqslant t\leqslant\beta)$ 所确定,其中 $\phi(t),\varphi(t)$ 及其导数在 $[\alpha,\beta]$ 上连续。当 $t=\alpha,t=\beta$ 时,分别对应于曲线 L 的端点 AB,则

$$\mathrm{d}s = \sqrt{(\mathrm{d}x)^2+(\mathrm{d}y)^2} = \sqrt{[\phi'(t)]^2+[\varphi'(t)]^2}\,\mathrm{d}t$$

于是

$$\int_L f(x,y)\,\mathrm{d}s = \int_\alpha^\beta f[\phi(t),\varphi(t)]\sqrt{[\phi'(t)]^2+[\varphi'(t)]^2}\,\mathrm{d}t$$

由于 $\mathrm{d}s$ 总是正的,因此要求 $\alpha<\beta$。

(2)设曲线 L 由函数 $y=y(x)\,(a\leqslant x\leqslant b)$ 所确定,则

$$\mathrm{d}s = \sqrt{1+[y'(x)]^2}\,\mathrm{d}x$$

于是

$$\int_L f(x,y)\,\mathrm{d}s = \int_a^b f[x,y(x)]\sqrt{1+[y'(x)]^2}\,\mathrm{d}x$$

(3)设空间曲线 Γ 由参数方程 $x=\phi(t),y=\varphi(t),z=\omega(t),(\alpha\leqslant t\leqslant\beta)$ 所确定,则

$$\int_\Gamma f(x,y,z)\,\mathrm{d}s = \int_\alpha^\beta f[\phi(t),\varphi(t),\omega(t)]\sqrt{[\phi'(t)]^2+[\varphi'(t)]^2+[\omega'(t)]^2}\,\mathrm{d}t$$

例15 计算 $\int_L xy\,\mathrm{d}s$,其中 $L:x=a\cos t,y=a\sin t\,(a>0)$ 位于第一象限部分。

解 因为 $x'=-a\sin t,y'=a\cos t$,且 $0\leqslant t\leqslant\dfrac{\pi}{2}$,则

$$\int_L xy\,\mathrm{d}s = \int_0^{\frac{\pi}{2}} a\cos t\cdot a\sin t\sqrt{(-a\sin t)^2+(a\cos t)^2}\,\mathrm{d}t$$

$$= a^3\int_0^{\frac{\pi}{2}}\sin t\cos t\,\mathrm{d}t = \frac{a^3}{2}$$

例 16 计算 $\displaystyle\int_L (2x+y)\mathrm{d}s$，其中 L 是圆周 $x^2+y^2=25$ 上位于点 $(3,4)$ 与 $(4,3)$ 之间最短的一段弧。

解 由题意可知 $y=\sqrt{25-x^2}$，$\sqrt{1+y'^2}=\sqrt{1+\left(\dfrac{-x}{\sqrt{25-x^2}}\right)^2}=\dfrac{5}{\sqrt{25-x^2}}$，则

$$\int_L (2x+y)\mathrm{d}s=\int_3^4 \left(2x+\sqrt{25-x^2}\right)\cdot\frac{5}{\sqrt{25-x^2}}\mathrm{d}x=5\int_3^4\left(\frac{2x}{\sqrt{25-x^2}}+1\right)\mathrm{d}x$$

$$=5\left[-2\sqrt{25-x^2}+x\right]_3^4=15$$

二、对坐标的曲线积分

1. 对坐标的曲线积分的定义 这里考虑变力沿曲线做功的问题。

设一质点 M 在变力 $\vec{F}(x,y)=P(x,y)\vec{i}+Q(x,y)\vec{j}$ 的作用下，沿平面光滑曲线弧 L 从点 A 运动到点 B（图 8-24），计算变力 F 所作的功。

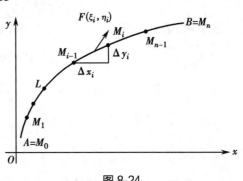

图 8-24

类似于定积分，用"**分割、取近似、求和、取极限**"的方法来计算。

将曲线弧 L 任意分成 n 个小曲线弧，即 $\Delta L_1,\Delta L_2,\cdots,\Delta L_n$。各小曲线弧起点至终点形成的有向线段 $\Delta L_i=\Delta x_i\vec{i}+\Delta y_i\vec{j}$。

在小曲线弧 ΔL_i 上任取一点 (ξ_i,η_i)，用 $F(\xi_i,\eta_i)$ 来近似代替该小弧段上任意一点处的力，则沿小曲线弧所作的功约为

$$\Delta W_i\approx F(\xi_i,\eta_i)\cdot\Delta L_i=P(\xi_i,\eta_i)\Delta x_i+Q(\xi_i,\eta_i)\Delta y_i$$

于是

$$W\approx\sum_{i=1}^n \left[P(\xi_i,\eta_i)\Delta x_i+Q(\xi_i,\eta_i)\Delta y_i\right]$$

当 $\lambda=\max\{\Delta L_i\,|\,i=1,2,\cdots n\}\to 0$ 时，如果上述极限存在，则沿曲线 L 所做的功为

$$W=\lim_{\lambda\to 0}\sum_{i=1}^n \left[P(\xi_i,\eta_i)\Delta x_i+Q(\xi_i,\eta_i)\Delta y_i\right]$$

定义 8.3 设 L 为 xoy 平面上从点 A 到点 B 的一条有向光滑曲线弧，$P(x,y)$、$Q(x,y)$ 是定义在 L 上的连续函数。将 L 任意分成 n 个有向小曲线弧，在第 i 个小曲线弧上任取一点 (ξ_i,η_i)，作和 $\displaystyle\sum_{i=1}^n \left[P(\xi_i,\eta_i)\Delta x_i+Q(\xi_i,\eta_i)\Delta y_i\right]$，若小曲线弧中的最大长度 $\lambda=\max\{\Delta L_i\,|\,i=1,2,\cdots n\}$ 趋向于零时，极限 $\displaystyle\lim_{\lambda\to 0}\sum_{i=1}^n \left[P(\xi_i,\eta_i)\Delta x_i+Q(\xi_i,\eta_i)\Delta y_i\right]$ 存在，则称此极限值为函数 $P(x,y)$、$Q(x,y)$ 沿曲线 L 从点 A 到点 B 对坐标的曲线积分（也称为第二类曲线积分），记作

$$\int_L P(x,y)\mathrm{d}x+Q(x,y)\mathrm{d}y \quad\text{或}\quad \int_L P(x,y)\mathrm{d}x+\int_L Q(x,y)\mathrm{d}y$$

变力 $\vec{F}(x,y)=P(x,y)\vec{i}+Q(x,y)\vec{j}$ 沿平面光滑曲线弧 L 从点 A 运动到点 B 所作的功为

$$W=\int_L P(x,y)\mathrm{d}x+Q(x,y)\mathrm{d}y$$

类似地，空间曲线 Γ 上的函数 $P(x,y,z),Q(x,y,z),R(x,y,z)$ 对坐标的曲线积分为

$$\int_{\Gamma} P(x,y,z)\,\mathrm{d}x+Q(x,y,z)\,\mathrm{d}y+R(x,y,z)\,\mathrm{d}z$$

2. 对坐标的曲线积分的性质 设函数 $P(x,y)$，$Q(x,y)$ 在光滑曲线弧 L 上连续,则 $\int_L P(x,y)\,\mathrm{d}x+Q(x,y)\,\mathrm{d}y$ 有如下性质:

性质 1 常数因子 k 可以提到曲线积分的外面,即

$$\int_L kP\,\mathrm{d}x+kQ\,\mathrm{d}y=k\int_L P\,\mathrm{d}x+Q\,\mathrm{d}y$$

性质 2 代数和的曲线积分等于曲线积分的代数和,即

$$\int_L (P_1\pm P_2)\,\mathrm{d}x+(Q_1\pm Q_2)\,\mathrm{d}y=\int_L P_1\,\mathrm{d}x+Q_1\,\mathrm{d}y\pm\int_L P_2\,\mathrm{d}x+Q_2\,\mathrm{d}y$$

性质 3 光滑曲线弧 L 可分成两段互不相交的有向曲线弧 L_1 和 L_2,则

$$\int_L P\,\mathrm{d}x+Q\,\mathrm{d}y=\int_{L_1} P\,\mathrm{d}x+Q\,\mathrm{d}y+\int_{L_2} P\,\mathrm{d}x+Q\,\mathrm{d}y$$

性质 4 若改变积分路径的方向,则对坐标的曲线积分要改变符号,即

$$\int_{L^-} P\,\mathrm{d}x+Q\,\mathrm{d}y=-\int_L P\,\mathrm{d}x+Q\,\mathrm{d}y$$

这里 L^- 是和 L 方向相反的光滑有向曲线弧。

3. 对坐标曲线积分的计算 设曲线弧 L 由参数方程 $x=\phi(t)$，$y=\varphi(t)$ 给出,其中 $\phi(t)$ 和 $\varphi(t)$ 在区间 $[\alpha,\beta]$ 上有连续的一阶导数。函数 $P(x,y)$，$Q(x,y)$ 在曲线弧 L 上连续,则曲线积分可转化为定积分,即

$$\int_L P(x,y)\,\mathrm{d}x+Q(x,y)\,\mathrm{d}y=\int_{\alpha}^{\beta}\{P[\phi(t),\varphi(t)]\phi'(t)+Q[\phi(t),\varphi(t)]\varphi'(t)\}\,\mathrm{d}t$$

证 在 L 上从点 A 到点 B 取 n 个小弧段,在小弧段 ΔL_i 上任取一点 (x_i,y_i),对应参数为 τ_i,由拉格朗日中值定理有

$$\Delta x_i=x_i-x_{i-1}=\phi(t_i)-\phi(t_{i-1})=\phi'(c)\Delta t_i(t_{i-1}<c<t_i)$$

于是

$$\int_L P(x,y)\,\mathrm{d}x=\lim_{\lambda\to0}\sum_{i=1}^{n}P(x_i,y_i)\Delta x_i=\lim_{\lambda\to0}\sum_{i=1}^{n}P[x(\tau_i),y(\tau_i)]\phi'(c)\Delta t_i$$

$$=\int_{\alpha}^{\beta}P[\phi(t),\varphi(t)]\phi'(t)\,\mathrm{d}t$$

同理,可证

$$\int_L Q(x,y)\,\mathrm{d}y=\int_{\alpha}^{\beta}Q[\phi(t),\varphi(t)]\varphi'(t)\,\mathrm{d}t$$

两式合并可写为

$$\int_L P(x,y)\,\mathrm{d}x+Q(x,y)\,\mathrm{d}y=\int_{\alpha}^{\beta}\{P[\phi(t),\varphi(t)]\phi'(t)+Q[\phi(t),\varphi(t)]\varphi'(t)\}\,\mathrm{d}t$$

由于对坐标曲线积分的路径具有方向性,计算时要以曲线起点对应的参数 α 做下限,终点对应的参数 β 做上限。

若曲线 L 的方程为 $y=f(x)(a\le x\le b)$,其中 $f(x)$ 是 $[a,b]$ 上的单值可导函数,则取 x 为参数,曲线方程可化为定积分,即

$$\int_L P(x,y)\,\mathrm{d}x+Q(x,y)\,\mathrm{d}y=\int_a^b\{P[x,f(x)]+Q[x,f(x)]f'(x)\}\,\mathrm{d}x$$

若曲线 L 的方程是 y 的单值可导函数,$x=g(y)(c\le y\le d)$,则

$$\int_L P(x,y)\,\mathrm{d}x+Q(x,y)\,\mathrm{d}y=\int_c^d\{P[g(y),y]g'(y)+Q[g(y),y]\}\,\mathrm{d}y$$

若空间曲线 Γ 的参数方程为 $x=\phi(t)$，$y=\varphi(t)$，$z=\omega(t)$（$\alpha\le t\le\beta$），则

$$\int_{\Gamma}P(x,y,z)\mathrm{d}x+Q(x,y,z)\mathrm{d}y+R(x,y,z)\mathrm{d}z$$

$$=\int_{\alpha}^{\beta}\{P[\phi(t),\varphi(t),\omega(t)]\phi'(t)+Q[\phi(t),\varphi(t),\omega(t)]\varphi'(t)+R[\phi(t),\varphi(t),\omega(t)]\omega'(t)\}\mathrm{d}t$$

例 17　计算 $\displaystyle\int_{L}2xy\mathrm{d}x+x^2\mathrm{d}y$，其中 L 是曲线 $y=x^3$ 上从点 $A(0,0)$ 到点 $B(1,1)$ 的路径。

解
$$\int_{L}2xy\mathrm{d}x+x^2\mathrm{d}y=\int_{0}^{1}2x\cdot x^3\mathrm{d}x+x^2\cdot 3x^2\mathrm{d}x$$

$$=\int_{0}^{1}5x^4\mathrm{d}x=1$$

例 18　计算 $\displaystyle\int_{L}y\mathrm{d}x-x^2\mathrm{d}y$，其中 L 为抛物线 $y=x^2$ 上从点 $A(-1,1)$ 到 $B(1,1)$，再沿直线段 BC 到 $C(0,2)$ 的路径（图 8-25）。

解　将路径分为弧 AB 和直线 BC 两段，直线 BC 的方程为 $y=2-x$，则

$$\int_{AB}y\mathrm{d}x-x^2\mathrm{d}y=\int_{-1}^{1}(x^2-x^2\cdot 2x)\mathrm{d}x=2\int_{-1}^{1}x^2\mathrm{d}x=\frac{2}{3}$$

$$\int_{BC}y\mathrm{d}x-x^2\mathrm{d}y=\int_{1}^{0}[(2-x)-x^2(-1)]\mathrm{d}x=\int_{1}^{0}(2-x+x^2)\mathrm{d}x$$

$$=\left[2x-\frac{1}{2}x^2+\frac{1}{3}x^3\right]_{1}^{0}=-\frac{11}{6}$$

$$\int_{L}y\mathrm{d}x-x^2\mathrm{d}y=\frac{2}{3}+\left(-\frac{11}{6}\right)=-\frac{7}{6}$$

例 19　计算 $\displaystyle\int_{L}-y\mathrm{d}x+x\mathrm{d}y$，其中 L 是沿曲线 $y=\sqrt{2x-x^2}$ 从点 $(2,0)$ 到点 $(0,0)$ 的弧段（图 8-26）。

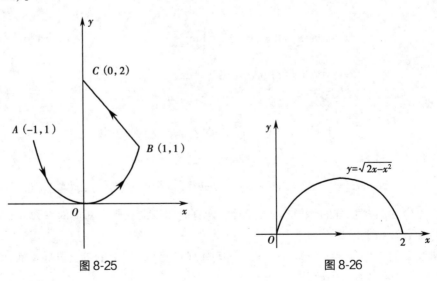

图 8-25　　　　　　　　　　图 8-26

解　因 $y=\sqrt{2x-x^2}$，故 $\mathrm{d}y=\dfrac{1-x}{\sqrt{2x-x^2}}\mathrm{d}x$，则

$$\int_{L}-y\mathrm{d}x+x\mathrm{d}y=\int_{2}^{0}\left(-\sqrt{2x-x^2}+x\frac{1-x}{\sqrt{2x-x^2}}\right)\mathrm{d}x$$

$$= -\int_2^0 \frac{x}{\sqrt{2x-x^2}}\mathrm{d}x = \int_0^2 \frac{(x-1)+1}{\sqrt{1-(x-1)^2}}\mathrm{d}x$$

$$= \left[-\sqrt{2x-x^2}\right]_0^2 + \left[\arcsin(x-1)\right]_0^2 = \pi$$

三、格林公式与应用

1. 格林公式

定理 8.1 设函数 $P(x,y),Q(x,y)$ 在以 L 为边界的简单闭区域上有连续的一阶偏导数,则

$$\oint_L P(x,y)\mathrm{d}x + Q(x,y)\mathrm{d}y = \iint_D \left(\frac{\partial Q}{\partial x} - \frac{\partial P}{\partial y}\right)\mathrm{d}x\mathrm{d}y$$

其中 L 以逆时针方向为正。此公式称为**格林公式**(Green formula)。

证 如图 8-27 可知,闭区域上的二重积分

$$\iint_D \frac{\partial P}{\partial y}\mathrm{d}x\mathrm{d}y = \int_a^b \mathrm{d}x \int_{\varphi_1(x)}^{\varphi_2(x)} \frac{\partial P}{\partial y}\mathrm{d}y = \int_a^b \left[P(x,y)\right]_{\varphi_1(x)}^{\varphi_2(x)}\mathrm{d}x$$

$$= \int_a^b \{P[x,\varphi_2(x)] - P[x,\varphi_1(x)]\}\mathrm{d}x$$

而

$$\oint_L P(x,y)\mathrm{d}x = \int_{L_1} P(x,y)\mathrm{d}x + \int_{L_2} P(x,y)\mathrm{d}x$$

$$= \int_a^b P[x,\varphi_1(x)]\mathrm{d}x + \int_b^a P[x,\varphi_2(x)]\mathrm{d}x$$

$$= -\int_a^b \{P[x,\varphi_2(x)] - P[x,\varphi_1(x)]\}\mathrm{d}x$$

比较两个积分,得

$$\iint_D \frac{\partial P}{\partial y}\mathrm{d}x\mathrm{d}y = -\oint_L P(x,y)\mathrm{d}x$$

同理可证

$$\iint_D \frac{\partial Q}{\partial x}\mathrm{d}x\mathrm{d}y = \oint_L Q(x,y)\mathrm{d}y$$

两式相减便得到格林公式。

若区域 D 不是简单区域(图 8-28),可在 D 内作辅助曲线 AB,将 D 分成 D_1,D_2 两个小区域,使每个小区域都是简单区域,而沿曲线 BA 和 AB 的两个曲线积分互相抵消,则

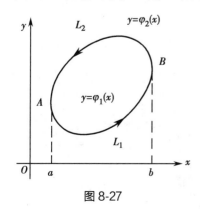

图 8-27

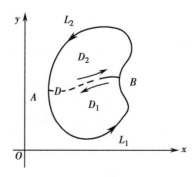

图 8-28

$$\iint\limits_{D}\left(\frac{\partial Q}{\partial x}-\frac{\partial P}{\partial y}\right)\mathrm{d}x\mathrm{d}y = \iint\limits_{D_1}\left(\frac{\partial Q}{\partial x}-\frac{\partial P}{\partial y}\right)\mathrm{d}x\mathrm{d}y + \iint\limits_{D_2}\left(\frac{\partial Q}{\partial x}-\frac{\partial P}{\partial y}\right)\mathrm{d}x\mathrm{d}y$$

$$= \oint_{L_1+BA}P(x,y)\mathrm{d}x+Q(x,y)\mathrm{d}y + \oint_{L_2+AB}P(x,y)\mathrm{d}x+Q(x,y)\mathrm{d}y$$

$$= \int_{L_1}P(x,y)\mathrm{d}x+Q(x,y)\mathrm{d}y + \int_{L_2}P(x,y)\mathrm{d}x+Q(x,y)\mathrm{d}y$$

$$= \oint_{L}P(x,y)\mathrm{d}x+Q(x,y)\mathrm{d}y$$

另外,用曲线积分也可以计算平面图形的面积。

在格林公式中,若取 $P(x,y)=-y,Q(x,y)=0$,则得到区域 D 的面积

$$\sigma = \iint\limits_{D}\mathrm{d}x\mathrm{d}y = -\oint_{L}y\mathrm{d}x$$

类似地,若取 $P(x,y)=0,Q(x,y)=x$,可得到区域 D 的面积

$$\sigma = \iint\limits_{D}\mathrm{d}x\mathrm{d}y = \oint_{L}x\mathrm{d}y$$

将两式相加除以 2,又可得到区域 D 的面积

$$\sigma = \frac{1}{2}\oint_{L}x\mathrm{d}y-y\mathrm{d}x$$

例 20　计算 $\oint_{L}x^2y\mathrm{d}x+y^3\mathrm{d}y$,其中 L 是沿由 $y^3=x^2,y=x$ 所构成闭曲线的正向。

解　因为 $P(x,y)=x^2y,Q(x,y)=y^3$,所以 $\frac{\partial P}{\partial y}=x^2,\frac{\partial Q}{\partial x}=0$,则

利用格林公式,有

$$\oint_{L}x^2y\mathrm{d}x+y^3\mathrm{d}y = \iint\limits_{D}(0-x^2)\mathrm{d}x\mathrm{d}y = \int_0^1\mathrm{d}x\int_x^{x^{\frac{2}{3}}}(-x^2)\mathrm{d}y = -\frac{1}{44}$$

例 21　计算 $\int_{AB}(e^x\sin y-y)\mathrm{d}x+(e^x\cos y-y)\mathrm{d}y$,其中 AB 是从起点 $A(a,0)$ 到终点 $B(0,a)$ 的一段圆弧,圆心在原点。

解　取直线段 BO 和 OA,使 $AB+BO+OA$ 成四分之一闭圆域弧 L,由格林公式

$$P(x,y)=e^x\sin y-y,Q(x,y)=e^x\cos y-y$$

$$\frac{\partial P}{\partial y}=e^x\cos y-1,\frac{\partial Q}{\partial x}=e^x\cos y$$

$$\int_{L}(e^x\sin y-y)\mathrm{d}x+(e^x\cos y-y)\mathrm{d}y = \iint\limits_{D}(e^x\cos y-e^x\cos y+1)\mathrm{d}x\mathrm{d}y$$

$$= \iint\limits_{D}\mathrm{d}x\mathrm{d}y = \frac{1}{4}\pi a^2$$

又

$$\int_{BO}(e^x\sin y-y)\mathrm{d}x+(e^x\cos y-y)\mathrm{d}y = \int_a^0\cos y-y\mathrm{d}y = \frac{1}{2}a^2-\sin a$$

$$\int_{OA}(e^x\sin y-y)\mathrm{d}x+(e^x\cos y-y)\mathrm{d}y = \int_0^a 0\mathrm{d}x = 0$$

则

$$\int_{AB}(e^x\sin y-y)\mathrm{d}x+(e^x\cos y-y)\mathrm{d}y = \frac{1}{4}\pi a^2-\frac{1}{2}a^2+\sin a$$

2. 曲线积分与路径无关的条件

定理 8.2 曲线积分与路径无关的充分必要条件是沿闭区域 D 内任意闭曲线的曲线积分为零，即

$$\oint_C P\mathrm{d}x+Q\mathrm{d}y=0$$

证 若曲线积分在区域 D 内与路径无关，则在 D 内任意闭曲线 C 上任取 A、B 两点，将 C 分为从 A 到 B 的路径 L_1 以及 B 到 A 的 L_2，则

$$\oint_C P\mathrm{d}x+Q\mathrm{d}y=\int_{L_1} P\mathrm{d}x+Q\mathrm{d}y+\int_{L_2} P\mathrm{d}x+Q\mathrm{d}y=\int_{L_1} P\mathrm{d}x+Q\mathrm{d}y-\int_{L_2^-} P\mathrm{d}x+Q\mathrm{d}y=0$$

若对 D 内任意闭曲线 C 有 $\oint_C P\mathrm{d}x+Q\mathrm{d}y=0$，同样利用 $C=AB+BA$，由于在 C 上曲线积分为 0，所以

$$\int_{L_1} P\mathrm{d}x+Q\mathrm{d}y-\int_{L_2} P\mathrm{d}x+Q\mathrm{d}y=\int_{L_1} P\mathrm{d}x+Q\mathrm{d}y+\int_{L_2^-} P\mathrm{d}x+Q\mathrm{d}y=0$$

即

$$\int_{L_1} P\mathrm{d}x+Q\mathrm{d}y=\int_{L_2} P\mathrm{d}x+Q\mathrm{d}y$$

说明曲线积分在区域 D 内与路径无关。

定理 8.3 若函数 $P(x,y)$，$Q(x,y)$ 在单连通区域 D 有连续的一阶偏导数，则曲线积分 $\int_C P\mathrm{d}x+Q\mathrm{d}y$ 在区域 D 内与路径无关的充要条件是

$$\frac{\partial P}{\partial y}=\frac{\partial Q}{\partial x}$$

证 充分性 若 $\dfrac{\partial P}{\partial y}=\dfrac{\partial Q}{\partial x}$，根据格林公式，有

$$\oint_C P\mathrm{d}x+Q\mathrm{d}y=\iint_D\left(\frac{\partial Q}{\partial x}-\frac{\partial P}{\partial y}\right)\mathrm{d}x\mathrm{d}y=0$$

由定理 8.2 可知，曲线积分与路径无关。

必要性 若曲线积分与路径无关，则对闭区域 D 内任意一条闭曲线，有

$$\oint_C P\mathrm{d}x+Q\mathrm{d}y=0\int_C P\mathrm{d}x+Q\mathrm{d}y=0$$

设在 D 内点 $M_0(x_0,y_0)$ 处，有 $\dfrac{\partial P}{\partial y}\neq\dfrac{\partial Q}{\partial x}$，不妨假设 $\dfrac{\partial Q}{\partial x}-\dfrac{\partial P}{\partial y}>0$。由于 $P(x,y)$，$Q(x,y)$ 在 D 内有连续的一阶偏导数，总可找到一个以 $M_0(x_0,y_0)$ 为圆心、半径足够小的圆形闭区域 D_0，使 D_0 上的各点恒有 $\dfrac{\partial Q}{\partial x}-\dfrac{\partial P}{\partial y}>0$，由格林公式可知

$$\oint_C P\mathrm{d}x+Q\mathrm{d}y=\iint_D\left(\frac{\partial Q}{\partial x}-\frac{\partial P}{\partial y}\right)\mathrm{d}x\mathrm{d}y>0$$

这与在"D 内任意闭曲线 C 上的曲线积分为零"相矛盾。因此，在闭区域 D 内的曲线积分与路径无关时，在 D 内各点都有 $\dfrac{\partial P}{\partial y}=\dfrac{\partial Q}{\partial x}$。

例 22 计算曲线积分 $\int_L x\mathrm{e}^{2y}\mathrm{d}x+(x^2\mathrm{e}^{2y}+y^5)\mathrm{d}y$，其中 L 是由点 $A(4,0)$ 到点 $O(0,0)$ 的半圆周（图 8-29）。

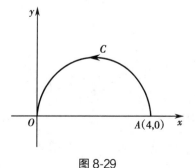

图 8-29

解 由于 $P(x,y)=xe^{2y}$，$Q(x,y)=x^2e^{2y}+y^5$，而 $\dfrac{\partial P}{\partial y}=\dfrac{\partial Q}{\partial x}=2xe^{2y}$ 在 xoy 平面成立，所以曲线积分在 xoy 平面上与路径无关。取有向线段 AO 代替曲线 L，此时 $y=0,\mathrm{d}y=0$，则

$$\int_L xe^{2y}\mathrm{d}x+(x^2e^{2y}+y^5)\mathrm{d}y=\int_{AO}xe^{2y}\mathrm{d}x=\int_4^0 x\mathrm{d}x=-8$$

例 23 计算曲线积分 $\oint_L(3x^2+6xy)\mathrm{d}x+(3x^2-y^2)\mathrm{d}y$，其中 L 是 $x^2+y^2=1$ 的圆周曲线。

解 由于 $P(x,y)=3x^2+6xy$，$Q(x,y)=3x^2-y^2$，则 $\dfrac{\partial P}{\partial y}=\dfrac{\partial Q}{\partial x}=6x$，于是由定理 8.2、定理 8.3 可知

$$\oint_L(3x^2+6xy)\mathrm{d}x+(2x^3-y^2)\mathrm{d}y=0$$

例 24 计算 $\int_L(2xy^3-y^2\cos x)\mathrm{d}x+(1-2y\sin x+3x^2y^2)\mathrm{d}y$，其中 L 为抛物线 $2x=\pi y^2$ 从点 $(0,0)$ 到点 $\left(\dfrac{\pi}{2},1\right)$ 的一段曲线（图 8-30）。

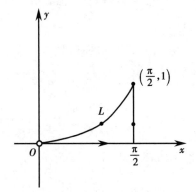

图 8-30

解 因为

$$P(x,y)=2xy^3-y^2\cos x,Q(x,y)=1-2y\sin x+3x^2y^2$$

有

$$\frac{\partial P}{\partial y}=6xy^2-2y\cos x,\frac{\partial Q}{\partial x}=-2y\cos x+6xy^2$$

即

$$\frac{\partial P}{\partial y}=\frac{\partial Q}{\partial x}$$

则已知曲线积分与路径无关。取折线段 $(0,0)$ 到 $\left(\dfrac{\pi}{2},0\right)$ 再到 $\left(\dfrac{\pi}{2},1\right)$ 为积分路径，则

$$\int_L(2xy^3-y^2\cos x)\mathrm{d}x+(1-2y\sin x+3x^2y^2)\mathrm{d}y$$

$$=\int_0^{\frac{\pi}{2}}0\mathrm{d}x+\int_0^1\left[1-2y\sin\frac{\pi}{2}+3\left(\frac{\pi}{2}\right)^2y^2\right]\mathrm{d}y=\left[y-y^2+\frac{1}{4}\pi^2y^3\right]_0^1=\frac{\pi^2}{4}$$

例 25 计算曲线积分 $\int_L(4x^3+10xy^3-3y^4)\mathrm{d}x+(15x^2y^2-12xy^3+5y^4)\mathrm{d}y$，其中 L 是从点 $(0,0)$ 到点 (x,y) 的某段曲线弧。

解 由于 $P(x,y)=4x^3+10xy^3-3y^4$，$Q(x,y)=15x^2y^2-12xy^3+5y^4$，则

$$\frac{\partial P}{\partial y}=\frac{\partial Q}{\partial x}=30xy^2-12y^3$$

即在 xoy 平面上曲线积分与路径无关。于是在 xoy 平面上沿 $(0,0)\rightarrow(x,0)\rightarrow(x,y)$ 的折线进行计算较为简便,故

$$\int_L \left(4x^3+10xy^3-3y^4\right)\mathrm{d}x+\left(15x^2y^2-12xy^3+5y^4\right)\mathrm{d}y$$

$$=\int_0^x 4x^3\mathrm{d}x+\int_0^y \left(15x^2y^2-12xy^3+5y^4\right)\mathrm{d}y=x^4+5x^2y^3-3xy^4+y^5$$

若将此结果记为 $u(x,y)$,并求其全微分,则

$$\mathrm{d}u(x,y)=\frac{\partial u}{\partial x}\mathrm{d}x+\frac{\partial u}{\partial y}\mathrm{d}y=\left(4x^3+10xy^3-3y^4\right)\mathrm{d}x+\left(15x^2y^2-12xy^3+5y^4\right)\mathrm{d}y$$

此全微分正是曲线积分的被积表达式。

一般地,若 $P(x,y)Q(x,y)$ 在单连通区域 D 内有连续一阶偏导数,且 $\frac{\partial P}{\partial y}=\frac{\partial Q}{\partial x}$,则

$$u(x,y)=\int_{(x_0,y_0)}^{(x,y)} P(x,y)\mathrm{d}x+Q(x,y)\mathrm{d}y$$

的全微分为

$$\mathrm{d}u(x,y)=\frac{\partial u}{\partial x}\mathrm{d}x+\frac{\partial u}{\partial y}\mathrm{d}y=P(x,y)\mathrm{d}x+Q(x,y)\mathrm{d}y$$

称 $u(x,y)$ 是 $P(x,y)\mathrm{d}x+Q(x,y)\mathrm{d}y$ 的原函数,这些在热力学熵的计算中会用到。

知识链接

奥斯特罗格拉茨基

奥斯特罗格拉茨基(1801—1862)是 19 世纪俄国最伟大的数学家之一,俄国在数学物理方面的奠基人。他 15 岁进入哈尔科夫大学数学物理系学习,于 1828 年给出体积积分与面积积分相互关系的公式,即奥斯特罗格拉茨基-高斯公式,1834 年他又把这个公式推广到 n 重积分的情形;给出了二重积分和三重积分的变换公式,解决了求多重积分的极值问题;利用任意参数的变分法揭示了线性微分方程积分的某些性质,给出了非保守系统的一般变分原理的一些结果,并推广到变分学的一般等周问题;在研究傅里叶提出的固体中热分布的微分方程以后,解决了物体温度的测定方法,还给出了求气体声震方程、弹性薄片方程的积分等。他对数论、概率论、高等代数和几何学等也都做过深入的研究。

奥斯特罗格拉茨基还是一位卓越的教育家,他的科学思想和教育思想孕育了俄国几代的学者,被奉为俄国数学界的一代宗师。

学习小结

1. 学习内容

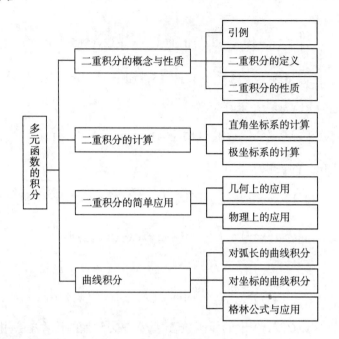

2. 学习方法 学习多元函数积分时,要时刻与一元函数作比较,要以"分割、取近似、求和、取极限"这一微积分的重要思想为指导,从平面曲线和曲面过渡到空间曲线和曲面,定义域从一条数轴变为平面区域,化二重积分为二次类似于一元函数的定积分。

对于二重积分,首先要画出积分区域,然后确定积分顺序,最后计算二次积分。在更换积分顺序中,根据积分的上下限确定积分区域,然后再更换积分顺序。若积分区域是圆形、环形等区域,被积函数形如$f(x^2+y^2)$的二重积分,则采用极坐标计算较为简便。对空间曲线的积分,可利用对弧长、对坐标的曲线积分公式进行计算。格林公式主要是表达平面区域上的二重积分与沿该区域边界上曲线积分的关系。利用格林公式除了进行曲面积分和曲线积分的互换之外,还可讨论曲线积分与路径无关的条件,这样可以把对坐标的曲线积分化为最简积分。

(吕鹏举 洪全兴)

习题八

1. 将二重积分 $\iint\limits_{D} f(x,y)\,d\sigma$ 化为二次积分,积分区域分别为:

(1) D 为 $x+y=1, x-y=1, x=0$ 围成的区域。

(2) D 为 $x=a, x=2a, y=-b, y=\dfrac{b}{2}(a>0,b>0)$ 围成的区域。

(3) D 为 $(x-2)^2+(y-3)^2 \le 4$ 围成的区域。

(4) D 为 $x^2+y^2 \le 1, y \ge x, x \ge 0$ 围成的区域。

(5) D 为 $y=x^2, y=4-x^2$ 围成的区域。

2. 更换下列二次积分的次序：

（1）$\displaystyle\int_0^1 dy \int_y^{\sqrt{y}} f(x,y)\,dx$
（2）$\displaystyle\int_{-1}^1 dx \int_0^{\sqrt{1-x^2}} f(x,y)\,dy$

（3）$\displaystyle\int_0^1 dy \int_y^{2-y} f(x,y)\,dx$
（4）$\displaystyle\int_{-1}^0 dy \int_2^{1-y} f(x,y)\,dx$

（5）$\displaystyle\int_1^e dx \int_0^{\ln x} f(x,y)\,dy$
（6）$\displaystyle\int_0^1 dx \int_{-\sqrt{x}}^{\sqrt{x}} f(x,y)\,dy + \int_1^4 dx \int_{x-2}^{\sqrt{x}} f(x,y)\,dy$

3. 计算下列二重积分：

（1）$\displaystyle\iint\limits_D xy\,dx\,dy$，其中 D 是 $y=x$ 与 $y=x^2$ 围成的区域。

（2）$\displaystyle\iint\limits_D (x^2+y)\,dx\,dy$，其中 D 是 $y=x^2$ 与 $x=y^2$ 围成的区域。

（3）确定常数 a，使 $\displaystyle\iint\limits_D a\sin(x+y)\,dx\,dy=1$，其中 D 是 $y=x, y=2x, x=\dfrac{\pi}{2}$ 所围成的区域。

（4）$\displaystyle\iint\limits_D x\,dx\,dy$，其中 D 是以 $(0,0),(1,2),(2,1)$ 为顶点的三角形区域。

（5）$\displaystyle\iint\limits_D f(x,y)\,dx\,dy$，其中 D 是 $x^2+y^2 \geqslant 2x, x=1, x=2, y=x$ 围成的区域，设

$$f(x,y)=\begin{cases} x^2 y, & 1\leqslant x \leqslant 2, 0 \leqslant y \leqslant x \\ 0, & \text{其他} \end{cases}。$$

（6）$\displaystyle\iint\limits_D e^{-y^2}\,dx\,dy$，其中 D 是以 $(0,0),(1,1),(0,1)$ 为顶点的三角形区域。

（7）$\displaystyle\iint\limits_D (x^2-y^2)\,dx\,dy$，其中 D 是 $x=0, y=0, x=\pi$ 与 $y=\sin x$ 围成的区域。

（8）计算 $\displaystyle\iint\limits_D y\,dx\,dy$，其中 D 是由直线 $y=x, x=1, x=0$ 及曲线 $y=e^x$ 围成的平面区域。

（9）计算二重积分 $I=\displaystyle\iint\limits_D \left(2-y-\dfrac{x}{2}\right)dx\,dy$，其中 D 是由抛物线 $2y^2=x$ 和直线 $x+2y=4$ 围成的平面区域。

4. 利用极坐标计算下列二重积分：

（1）$\displaystyle\iint\limits_D (x^2+y^2)\,dx\,dy$，其中 D 是 $a^2 \leqslant x^2+y^2 \leqslant b^2$ 的圆形区域。

（2）$\displaystyle\iint\limits_D \sqrt{x^2+y^2}\,dx\,dy$，其中是 $x^2+y^2=4, x^2+y^2=2x$ 围成的区域。

（3）$\displaystyle\iint\limits_D y\,dx\,dy$，其中 D 是圆 $x^2+y^2=a^2$ 在第一象限内的区域。

（4）$\displaystyle\iint\limits_D (x+y)\,dx\,dy$，其中 D 是 $x^2+y^2 \leqslant x+y$ 所围成的区域。

（5）$\displaystyle\iint\limits_D \arctan\dfrac{y}{x}\,dx\,dy$，其中 D 是 $1 \leqslant x^2+y^2 \leqslant 4$ 及直线 $y=x, y=0$ 所围成的第一象限内的区域。

5. 利用二重积分，计算下列曲线围成的平面图形的面积：

（1）$y=x, y=5x, x=1$。

（2）$xy=a^2, xy=2a^2, y=x, y=2x (x>0, y>0)$

6. 设 $f(x)$ 连续，证明：

$$\int_0^a \mathrm{d}x \int_0^x f(y)\,\mathrm{d}y = \int_0^a (a-x)f(x)\,\mathrm{d}x$$

7. 计算下列对弧长的曲线积分：

(1) $\displaystyle\int_L (x^2+y^2)\,\mathrm{d}s$，其中 L 为 $x=a\cos t, y=a\sin t\left(0\leqslant t\leqslant\dfrac{\pi}{2}\right)$。

(2) $\displaystyle\int_L y\,\mathrm{d}s$，其中 L 为抛物线 $y^2=4x$ 在点 $(0,0)$ 到点 $(1,2)$ 的弧段。

(3) $\displaystyle\int_L (x+y)\,\mathrm{d}s$，其中 L 为点 $(1,0)$ 到点 $(0,1)$ 两点的直线段。

(4) $\displaystyle\int_L \sqrt{x^2+y^2}\,\mathrm{d}s$，其中 L 为圆周 $x^2+y^2=ax$。

8. 计算下列对坐标的曲线积分：

(1) $\displaystyle\int_L xy\,\mathrm{d}x+(y-x)\,\mathrm{d}y$，其中 L 为抛物线 $y^2=x$ 从点 $(0,0)$ 到点 $(1,1)$ 的弧段。

(2) $\displaystyle\int_L (x+y)\,\mathrm{d}x+(x-y)\,\mathrm{d}y$，其中 L 为抛物线 $y=x^2$ 上从点 $(-1,1)$ 到点 $(1,1)$ 的弧段。

(3) $\displaystyle\int_L y^2\,\mathrm{d}x+x^2\,\mathrm{d}y$，其中 L 为 $x=a\cos t, y=b\sin t$ 的上半部分顺时针方向。

(4) $\displaystyle\int_L (x^2+y^2)\,\mathrm{d}x-2xy^2\,\mathrm{d}y$，其中 L 为从点 $(0,0)$ 到点 $(1,2)$ 的直线段。

9. 设有一平面力 F，大小等于该点横坐标的平方，而方向与 y 轴正方向相反，求质量为 m 的质点沿抛物线 $1-x=y^2$ 从点 $(1,0)$ 移动到 $(0,1)$ 时力所作的功。

10. 利用格林公式计算下列曲线积分：

(1) $\displaystyle\oint_L xy^2\,\mathrm{d}x-x^2y\,\mathrm{d}y$，其中 L 为圆周 $x^2+y^2=a^2$ 的正向边界曲线。

(2) $\displaystyle\oint_L x^2y\,\mathrm{d}x+y^3\,\mathrm{d}y$，其中 L 为 $y^3=x^2$ 与 $y=x$ 所围成的正向边界曲线。

(3) $\displaystyle\int_L (e^x\sin y-3y)\,\mathrm{d}x+(e^x\cos y+x)\,\mathrm{d}y$，其中 L 为从点 $(0,0)$ 到点 $(0,2)$ 的右半圆周 $x^2+y^2=2y$ 的正向边界曲线。

11. 利用曲线积分计算下列曲线所围成图形的面积：

(1) 椭圆 $\dfrac{x^2}{a^2}+\dfrac{y^2}{b^2}=1$

(2) 圆 $x^2+y^2=2x$

(3) 闭曲线 $x=2a\cos t-a\cos 2t, y=2a\sin t-a\sin 2t$

12. 证明下列曲线积分与路径无关，并计算积分值。

(1) $\displaystyle\int_{(0,1)}^{(2,3)} (x+y)\,\mathrm{d}x+(x-y)\,\mathrm{d}y$

(2) $\displaystyle\int_{(1,0)}^{(6,8)} \dfrac{x\,\mathrm{d}x+y\,\mathrm{d}y}{\sqrt{x^2+y^2}}$

(3) $\displaystyle\int_{\left(\frac{\pi}{2},1\right)}^{(\pi,2)} \dfrac{\cos x}{y}\,\mathrm{d}x-\dfrac{\sin x}{y^2}\,\mathrm{d}y$，其中 L 不经过 x 轴。

(4) 计算曲线积分 $I=\displaystyle\oint_L \dfrac{x\,\mathrm{d}y-y\,\mathrm{d}x}{4x^2+y^2}$，其中 L 是以点 $(1,0)$ 为中心，R 为半径的圆周 $(R>1)$，取逆时针方向。

13. 计算函数 $u(x,y)$，使 $\mathrm{d}u=(x^2+2xy-y^2)\,\mathrm{d}x+(x^2-2xy-y^2)\,\mathrm{d}y$。

第九章

无 穷 级 数

学习目标

1. 掌握数项级数的收敛判别准则,函数展开成幂级数的方法,幂级数收敛半径和收敛域的求法。

2. 熟悉数项级数、幂级数的概念。

3. 了解无穷级数的简单应用。

第一节　数 项 级 数

一、常数项级数的概念与性质

1. 常数项级数的基本概念　无穷级数的本质是什么? 简而言之,无穷级数就是求"无穷和"。从形式上看,无穷级数是"有限多项相加"到"无限多项相加"的推广;然而从本质上来看,两类相加却有着天壤之别。我们通过下面的例题引导出无穷级数的概念。

例 1　一个从 1m 高处落到地面的皮球不断弹跳,每次弹起的高度是前次的 $\frac{2}{3}$。求此皮球第一次落地后,每次弹跳的路程长度。假设球永远弹跳不止,求第一次落地后弹跳所经历的总路程。

解　此皮球开始从 1m 高处落到地面后,第一次弹起 $\frac{2}{3}$m,再落下 $\frac{2}{3}$m,第二次弹起 $\left(\frac{2}{3}\right)^2$m,落下也是 $\left(\frac{2}{3}\right)^2$m;…;第 n 次弹起 $\left(\frac{2}{3}\right)^n$m,落下 $\left(\frac{2}{3}\right)^n$m;这样第一次落下后,每次弹起的路程长度形成一个无穷数列:

$$2 \cdot \frac{2}{3}, 2 \cdot \left(\frac{2}{3}\right)^2, \cdots, 2 \cdot \left(\frac{2}{3}\right)^n, \cdots$$

显然,球从第一次落地后,弹跳所经历的总路程为:

$$S = 2 \cdot \frac{2}{3} + 2 \cdot \left(\frac{2}{3}\right)^2 + \cdots + 2 \cdot \left(\frac{2}{3}\right)^n + \cdots$$

类似这样无穷多个数依次相加的实际问题是很多的,我们有必要作一般性讨论。
一般地,若给定无穷数列:

$$u_1, u_2, \cdots, u_n, \cdots$$

其中每个 u_n 都是实数,则表达式

$$u_1+u_2+\cdots+u_n+\cdots$$

称为**常数项无穷级数**,简称为无穷级数或级数,记为 $\displaystyle\sum_{n=1}^{\infty} u_n$,其中的第 n 项 u_n 称为级数的一**般项**或**通项**。

怎样理解无穷级数中无穷多项相加呢?联系例1,我们可以从有限项的和出发来考虑皮球落地弹跳经历的路程,观察它的变化趋势,由此来推算总路程。

为此,取无穷级数的前 n 项的和,即

$$S_n=u_1+u_2+\cdots+u_n$$

称为级数的前 n 项部分和。因此,当 $n=1,2,\cdots$ 时,相应地得到一个新的数列:

$$S_1=u_1,S_2=u_1+u_2,\cdots S_n=u_1+u_2+\cdots+u_n,\cdots$$

称它为级数 $\displaystyle\sum_{n=1}^{\infty} u_n$ 的部分和数列,记为 $\{S_n\}$,由数列 $\{S_n\}$ 的敛散性,可以引出无穷级数的定义。

定义 9.1 若级数 $\displaystyle\sum_{n=1}^{\infty} u_n$ 的部分和构成的数列

$$S_1,S_2,\cdots,S_n,\cdots$$

存在极限,即 $\displaystyle\lim_{n\to+\infty} S_n=S$,就称此无穷级数收敛,级数的和记为 S,并写成

$$S=\sum_{n=1}^{\infty} u_n=u_1+u_2+\cdots+u_n+\cdots$$

若 S_n 没有极限,则称级数发散。

对于收敛级数,其部分和 S_n 可作为级数的和 S 的近似值,它们之间的差为

$$R_n=S-S_n=u_{n+1}+u_{n+2}+\cdots=\sum_{k=n+1}^{\infty} u_k$$

称为级数的余项,记为 R_n。易知,$|R_n|$ 表示以 S_n 代替 S 时所产生的误差。显然,对于收敛级数有

$$\lim_{n\to+\infty} R_n=0$$

例 2 讨论等比级数(或称**几何级数**)$a+aq+aq^2+\cdots+aq^{n-1}+\cdots$ $(a\neq 0)$ 的敛散性。

解 等比级数的部分和为

$$S_n=a+aq+aq^2+\cdots+aq^{n-1}=a\frac{1-q^n}{1-q} \quad (q\neq 1)$$

当 $|q|<1$ 时,$\displaystyle\lim_{n\to+\infty} S_n=\frac{a}{1-q}$,级数收敛;

当 $|q|>1$ 时,$\displaystyle\lim_{n\to+\infty} S_n$ 不存在,级数发散;

当 $q=1$ 时,$S_n=na$,$\displaystyle\lim_{n\to+\infty} S_n$ 不存在,级数发散;

当 $q=-1$ 时,级数为 $a-a+a-a+\cdots$,$S_n=\begin{cases} a, & n=2k-1 \\ 0, & n=2k \end{cases}$,$\displaystyle\lim_{n\to+\infty} S_n$ 不存在,级数发散。

综上所述,当 $|q|<1$ 时,级数收敛;当 $|q|\geq 1$ 时,级数发散。

2. 常数项级数的性质 由无穷级数敛散性的定义,不难得出无穷级数的几个基本性质。

性质 1 设 k 为非零常数,若级数 $\displaystyle\sum_{n=1}^{\infty} u_n$ 收敛,则级数 $\displaystyle\sum_{n=1}^{\infty} ku_n$ 也收敛,且 $\displaystyle\sum_{n=1}^{\infty} ku_n = k\sum_{n=1}^{\infty} u_n$;

若级数 $\displaystyle\sum_{n=1}^{\infty} u_n$ 发散,则级数 $\displaystyle\sum_{n=1}^{\infty} ku_n$ 也发散。

证　因为部分和

$$S_n = u_1 + u_2 + \cdots + u_n$$

$$\sigma_n = ku_1 + ku_2 + \cdots + ku_n = kS_n$$

所以

$$\lim_{n \to +\infty} \sigma_n = \lim_{n \to +\infty} kS_n = kS$$

若 $\sum\limits_{n=1}^{\infty} u_n$ 发散，即 $\lim\limits_{n \to +\infty} S_n$ 不存在，则 $\lim\limits_{n \to +\infty} \sigma_n = \lim\limits_{n \to +\infty} kS_n$ 也不存在，从而级数 $\sum\limits_{n=1}^{\infty} ku_n$ 发散。

性质 2　若级数 $\sum\limits_{n=1}^{\infty} u_n$ 与级数 $\sum\limits_{n=1}^{\infty} v_n$ 均收敛，则级数 $\sum\limits_{n=1}^{\infty} (u_n \pm v_n)$ 也收敛，且

$$\sum_{n=1}^{\infty} (u_n \pm v_n) = \sum_{n=1}^{\infty} u_n \pm \sum_{n=1}^{\infty} v_n$$

证　设级数 $\sum\limits_{n=1}^{\infty} u_n$ 和级数 $\sum\limits_{n=1}^{\infty} v_n$ 的部分和分别为：

$$U_n = u_1 + u_2 + \cdots + u_n ; \quad V_n = v_1 + v_2 + \cdots + v_n$$

则

$$\begin{aligned} S_n &= (u_1 \pm v_1) + (u_2 \pm v_2) + \cdots + (u_n \pm v_n) \\ &= (u_1 + u_2 + \cdots + u_n) \pm (v_1 + v_2 + \cdots + v_n) \\ &= U_n \pm V_n \end{aligned}$$

若 $\lim\limits_{n \to +\infty} U_n = U$，$\lim\limits_{n \to +\infty} V_n = V$，则有

$$\lim_{n \to +\infty} S_n = \lim_{n \to +\infty} (U_n \pm V_n) = \lim_{n \to +\infty} U_n \pm \lim_{n \to +\infty} V_n = U \pm V$$

故级数 $\sum\limits_{n=1}^{\infty} (u_n \pm v_n)$ 收敛，其和为 $\sum\limits_{n=1}^{\infty} u_n \pm \sum\limits_{n=1}^{\infty} v_n$ 。

性质 3　在级数 $\sum\limits_{n=1}^{\infty} u_n$ 中去掉、加上或改变有限项，不会改变级数 $\sum\limits_{n=1}^{\infty} u_n$ 的收敛性。

证　考虑下面两部分和

$$S_{k+n} = u_1 + u_2 + \cdots + u_k + u_{k+1} + \cdots + u_{k+n}$$

$$S_n = u_{k+1} + \cdots + u_{k+n}$$

记 $A = u_1 + u_2 + \cdots + u_k$，于是

$$S_{k+n} = A + S_n$$

因为 A 为常数，所以 S_{k+n} 与 S_n 同时有极限或同时没有极限，若 $\lim\limits_{n \to +\infty} S_n = S$，则

$$\lim_{n \to +\infty} S_{k+n} = \lim_{n \to +\infty} (A + S_n) = A + S$$

因此，收敛级数前面加上或去掉有限项，级数仍然收敛，但其和不同。

性质 4　若级数 $\sum\limits_{n=1}^{\infty} u_n$ 收敛于 S，则对这个级数的项任意加括号后所成的级数

$$(u_1 + \cdots + u_{n_1}) + (u_{n_1+1} + \cdots + u_{n_2}) + \cdots$$

仍收敛于 S。

证　设收敛级数为

$$\sum_{n=1}^{\infty} u_n = u_1 + u_2 + \cdots + u_n + \cdots = S$$

且设它按某一规律加括号后，所成级数为

$$u_1 + (u_2 + u_3) + (u_4 + u_5 + u_6) + \cdots$$

用 σ_m 表示加括号后所成级数的前 n 项和，用 S_n 表示原收敛级数中与 σ_m 相应的前 n 项

笔记栏

和,于是有

$$\sigma_1 = S_1, \sigma_2 = S_3, \sigma_3 = S_6, \cdots, \sigma_m = S_n, \cdots$$

显然,当 $m \to +\infty$ 时, $n \to +\infty$,而且

$$\lim_{m \to +\infty} \sigma_m = \lim_{n \to +\infty} S_n = S$$

若任意组合加括号所组成级数发散,原来级数也一样发散。值得注意的是:级数组合加括号后收敛,并不一定在去掉括号后也收敛。例如,级数

$$(1-1) + (1-1) + \cdots + (1-1) + \cdots = 0 + 0 + \cdots + 0 + \cdots = 0$$

收敛于零,但去掉括号的级数

$$1 - 1 + 1 - 1 + \cdots + 1 - 1 + \cdots$$

却是发散的。然而,若收敛级数的各项都大于零,则去掉括号后所成的级数仍收敛。

性质5 (级数收敛的必要条件)若级数 $\sum_{n=1}^{\infty} u_n$ 收敛,则 $\lim_{n \to +\infty} u_n = 0$。

证 因为 $\lim_{n \to +\infty} S_n = S$,且 $u_n = S_n - S_{n-1}$,所以

$$\lim_{n \to +\infty} u_n = \lim_{n \to +\infty} (S_n - S_{n-1}) = \lim_{n \to +\infty} S_n - \lim_{n \to +\infty} S_{n-1} = S - S = 0$$

由这个性质可知,若 $\lim_{n \to +\infty} u_n \neq 0$,则级数 $\sum_{n=1}^{\infty} u_n$ 一定发散。常可用它来判断级数的发散性。

例如,级数 $\sum_{n=1}^{\infty} aq^{n-1} (|q| > 1)$, $\sum_{n=1}^{\infty} \dfrac{n}{n+1}$,其一般项当 $n \to +\infty$ 时均不趋于 0,所以它们都是发散的。

注 $\lim_{n \to +\infty} u_n = 0$ 是级数 $\sum_{n=1}^{\infty} u_n$ 收敛的必要条件而非充分条件,即由 $\lim_{n \to +\infty} u_n = 0$,不能推出级数 $\sum_{n=1}^{\infty} u_n$ 收敛。

例3 讨论调和级数 $1 + \dfrac{1}{2} + \dfrac{1}{3} + \cdots + \dfrac{1}{n} + \cdots$ 的敛散性。

解 利用第三章第一节的微分中值定理知,当 $x > 0$ 时, $x > \ln(1+x)$,由此不等式,调和级数的前 n 项和

$$S_n = 1 + \frac{1}{2} + \frac{1}{3} + \cdots + \frac{1}{n} > \ln(1+1) + \ln\left(1 + \frac{1}{2}\right) + \ln\left(1 + \frac{1}{3}\right) + \cdots + \ln\left(1 + \frac{1}{n}\right)$$

$$= \ln\left(2 \times \frac{3}{2} \times \frac{4}{3} \times \cdots \times \frac{n+1}{n}\right) = \ln(n+1)$$

当 $n \to +\infty$ 时, $S_n > \ln(n+1) \to +\infty$,所以调和级数是发散的。

二、常数项级数收敛判别法

1. 正项级数与判别法 正项级数是常数项级数中最简单、最基本的一类级数,在级数的研究中有着非常重要的作用,许多级数的收敛性问题往往可以归结为正项级数的收敛性问题。本节主要讨论正项级数的收敛性。

定义9.2 若级数 $\sum_{n=1}^{\infty} u_n$ 满足条件 $u_n \geq 0 (n = 1, 2, \cdots)$,则称级数 $\sum_{n=1}^{\infty} u_n$ 为正项级数。

易知,一个正项级数的部分和 S_n 显然组成一个单调递增数列:

$$S_1 \leq S_2 \leq S_3 \leq \cdots \leq S_n \leq \cdots$$

于是,可得关于正项级数收敛性的基本判别定理。

定理 9.1 正项级数收敛的充分必要条件是它的部分和数列 $\{S_n\}$ 有界。

利用定理 9.1 判别正项级数的收敛性问题中,直接判定 $\{S_n\}$ 是否有界是比较困难的。但是,根据这个充分必要条件,可以推导出下面一些使用上非常有效的正项级数敛散性的判别法。

定理 9.2(比较判别法) 设 $\displaystyle\sum_{n=1}^{\infty}u_n$ 和 $\displaystyle\sum_{n=1}^{\infty}v_n$ 是两个正项级数,且有

$$u_n \leqslant v_n (n=1,2,\cdots)$$

(1)若级数 $\displaystyle\sum_{n=1}^{\infty}v_n$ 收敛,则级数 $\displaystyle\sum_{n=1}^{\infty}u_n$ 也收敛;

(2)若级数 $\displaystyle\sum_{n=1}^{\infty}u_n$ 发散,则级数 $\displaystyle\sum_{n=1}^{\infty}v_n$ 也发散。

证 (1)已知级数 $\displaystyle\sum_{n=1}^{\infty}v_n$ 收敛于和 σ,则级数 $\displaystyle\sum_{n=1}^{\infty}u_n$ 的部分和

$$S_n = u_1+u_2+\cdots+u_n \leqslant v_1+v_2+\cdots+v_n \leqslant \sigma$$

即数列 $\{S_n\}$ 有界,由定理 9.1 知正项级数 $\displaystyle\sum_{n=1}^{\infty}u_n$ 收敛。

(2)若级数 $\displaystyle\sum_{n=1}^{\infty}u_n$ 发散,则 $\{S_n\}$ 无界,因此级数 $\displaystyle\sum_{n=1}^{\infty}v_n$ 的部分和也无界,故级数 $\displaystyle\sum_{n=1}^{\infty}v_n$ 发散。

注 级数的每一项乘以不为零的常数 k 不会影响级数的敛散性,因此,如果存在正数 k,使得 $u_n \leqslant kv_n$ 成立,比较判别法仍然成立。

例 4 判别级数 $1+\dfrac{1}{1\cdot2}+\dfrac{1}{2\cdot2^2}+\dfrac{1}{3\cdot2^3}+\cdots+\dfrac{1}{n\cdot2^n}+\cdots$ 的敛散性。

解 因为 $n\geqslant2$ 时,有

$$\frac{1}{n\cdot2^n}<\frac{1}{2^n}$$

而级数 $\displaystyle\sum_{n=1}^{\infty}\dfrac{1}{2^n}$ 是一个公比为 $\dfrac{1}{2}$ 的等比级数,它是收敛的。由定理 9.2 知所给级数收敛。

例 5 讨论 p 级数 $1+\dfrac{1}{2^p}+\dfrac{1}{3^p}+\cdots+\dfrac{1}{n^p}+\cdots$(常数 $p>0$)的敛散性。

解 当 $p\leqslant1$ 时,$\dfrac{1}{n^p}\geqslant\dfrac{1}{n}$,已知调和级数 $\displaystyle\sum_{n=1}^{\infty}\dfrac{1}{n}$ 是发散的,由定理 9.2 知,级数 $\displaystyle\sum_{n=1}^{\infty}\dfrac{1}{n^p}$ 也发散。

当 $p>1$ 时,依次把级数的一项、两项、四项、八项、……括起来。有如下形式

$$\sum_{n=1}^{\infty}\frac{1}{n^p}=1+\left(\frac{1}{2^p}+\frac{1}{3^p}\right)+\left(\frac{1}{4^p}+\cdots+\frac{1}{7^p}\right)+\left(\frac{1}{8^p}+\cdots+\frac{1}{15^p}\right)+\cdots$$

$$<1+\left(\frac{1}{2^p}+\frac{1}{2^p}\right)+\left(\frac{1}{4^p}+\cdots+\frac{1}{4^p}\right)+\left(\frac{1}{8^p}+\cdots+\frac{1}{8^p}\right)+\cdots$$

$$=1+\left(\frac{1}{2^{p-1}}\right)+\left(\frac{1}{2^{p-1}}\right)^2+\left(\frac{1}{2^{p-1}}\right)^3+\cdots$$

而最后一个级数是等比级数,其公比 $q=\dfrac{1}{2^{p-1}}<1$,所以它是收敛的。于是当 $p>1$ 时,p 级数也

是收敛的。综上所述,p 级数 $\sum\limits_{n=1}^{\infty}\dfrac{1}{n^p}$,当 $p>1$ 时收敛,当 $p\leqslant 1$ 时发散。

显然,利用定理 9.2 来判别给定级数的敛散性时,需要有一个已知敛散性的级数,用它来作比较。能否由级数本身来判别其敛散性呢? 我们有下面的定理。

定理 9.3[比值判别法,达朗贝尔(**D'Alembert**)判别法] 设正项级数 $\sum\limits_{n=1}^{\infty}u_n$ 的一般项满足

$$\lim_{n\to+\infty}\frac{u_{n+1}}{u_n}=\rho$$

则

(1)当 $\rho<1$ 时,级数 $\sum\limits_{n=1}^{\infty}u_n$ 收敛;

(2)当 $\rho>1$ 或 $\rho=\infty$ 时,级数 $\sum\limits_{n=1}^{\infty}u_n$ 发散;

(3)当 $\rho=1$ 时,级数 $\sum\limits_{n=1}^{\infty}u_n$ 可能收敛也可能发散。

证 (1)当 $\rho<1$ 时,取适当小的 ε,使 $\rho+\varepsilon=q<1$。根据极限定义,对任意正数 ε,存在 N,使当 $n>N$ 时,有

$$\frac{u_{n+1}}{u_n}<\rho+\varepsilon=q$$

从而有

$$u_{N+k}=\frac{u_{N+k}}{u_{N+k-1}}\cdot\frac{u_{N+k-1}}{u_{N+k-2}}\cdot\ldots\cdot\frac{u_{N+1}}{u_N}\cdot u_N<q^k u_N$$

由于等比级数 $\sum\limits_{k=1}^{\infty}u_N q^k$ 收敛,根据定理 9.2 和无穷级数性质 3,级数 $\sum\limits_{n=1}^{\infty}u_n$ 收敛。

(2)当 $\rho>1$ 或 $\rho=\infty$ 时,可取适当小的 ε,使 $\rho-\varepsilon>1$,对此 ε 存在 N,当 $n>N$ 时有

$$\frac{u_{n+1}}{u_n}>\rho-\varepsilon>1$$

从而有

$$0\leqslant u_n<u_{n+1}$$

即 u_n 是单调增加的,因此 $\lim\limits_{n\to+\infty}u_n\neq 0$。由性质 5 知级数 $\sum\limits_{n=1}^{\infty}u_n$ 发散。

(3)当 $\rho=1$ 时,级数可能收敛,也可能发散。例如,$\sum\limits_{n=1}^{\infty}\dfrac{1}{n^2}$ 收敛,$\sum\limits_{n=1}^{\infty}\dfrac{1}{n}$ 发散,而这两个级数求出的 ρ 都等于 1。所以,当 $\rho=1$ 时,要另选其他方法判别级数的敛散性。

例 6 判别级数 $\dfrac{1}{3}+\dfrac{1}{3\cdot 3^3}+\dfrac{1}{5\cdot 3^5}+\dfrac{1}{7\cdot 3^7}+\cdots$ 的敛散性。

解 因为 $u_n=\dfrac{1}{(2n-1)\cdot 3^{2n-1}}$,所以

$$\lim_{n\to+\infty}\frac{u_{n+1}}{u_n}=\lim_{n\to+\infty}\frac{\dfrac{1}{(2n+1)\cdot 3^{(2n+1)}}}{\dfrac{1}{(2n-1)\cdot 3^{(2n-1)}}}=\lim_{n\to+\infty}\frac{1}{9}\cdot\frac{2n-1}{2n+1}=\frac{1}{9}<1$$

故所给级数收敛。

例 7 讨论级数 $\sum\limits_{n=1}^{\infty} nx^{n-1}(x>0)$ 的敛散性。

解 因为

$$\lim_{n\to+\infty}\frac{u_{n+1}}{u_n}=\lim_{n\to+\infty}\frac{(n+1)x^n}{nx^{n-1}}=\lim_{n\to+\infty}x\cdot\frac{n+1}{n}=x\lim_{n\to+\infty}\frac{n+1}{n}=x$$

根据比值判别法知,当 $0<x<1$ 时级数收敛;当 $x>1$ 时级数发散;当 $x=1$ 时,所构成的级数 $\sum\limits_{n=1}^{\infty}n$ 显然发散。

2. 任意项级数 前面已经讨论了任意项级数中一类最特殊的重要级数——正项级数。下面我们将研究这样的常数项级数 $\sum\limits_{n=1}^{\infty}u_n$,它的一般项 u_n 为可正可负的任意实数,即所谓的任意项级数。

定义 9.3 设任意项级数 $\sum\limits_{n=1}^{\infty}u_n$,若级数的每一项取绝对值后组成的正项级数 $\sum\limits_{n=1}^{\infty}|u_n|$ 收敛,则称级数 $\sum\limits_{n=1}^{\infty}u_n$ 绝对收敛。若 $\sum\limits_{n=1}^{\infty}|u_n|$ 发散,而 $\sum\limits_{n=1}^{\infty}u_n$ 收敛,则称级数 $\sum\limits_{n=1}^{\infty}u_n$ 条件收敛。

易知,若正项级数收敛,则必为绝对收敛。

定理 9.4 对于级数 $\sum\limits_{n=1}^{\infty}u_n$,若 $\sum\limits_{n=1}^{\infty}|u_n|$ 收敛,则 $\sum\limits_{n=1}^{\infty}u_n$ 也收敛。

证 若级数 $\sum\limits_{n=1}^{\infty}|u_n|$ 收敛,由于

$$0\leqslant|u_n|+u_n\leqslant 2|u_n|$$

根据正项级数的比较判别法,知级数 $\sum\limits_{n=1}^{\infty}(|u_n|+u_n)$ 收敛,而

$$u_n=(|u_n|+u_n)-|u_n|$$

所以,由性质 2 可知级数 $\sum\limits_{n=1}^{\infty}u_n=\sum\limits_{n=1}^{\infty}(|u_n|+u_n)-\sum\limits_{n=1}^{\infty}|u_n|$ 收敛。

由于级数 $\sum\limits_{n=1}^{\infty}|u_n|$ 是正项级数,所以可以引用正项级数的各种判别法对它的敛散性进行讨论。

例 8 试讨论级数 $\sum\limits_{n=1}^{\infty}\frac{\sin nx}{n^2}$ 的敛散性。

解 级数的一般项 $u_n=\frac{\sin nx}{n^2}$,那么

$$|u_n|=\left|\frac{\sin nx}{n^2}\right|\leqslant\frac{1}{n^2}$$

由比较判别法,因为级数 $\sum\limits_{n=1}^{\infty}\frac{1}{n^2}$ 收敛,所以级数 $\sum\limits_{n=1}^{\infty}\left|\frac{\sin nx}{n^2}\right|$ 收敛,从而 $\sum\limits_{n=1}^{\infty}\frac{\sin nx}{n^2}$ 绝对收敛。

例 9 讨论级数 $\sum\limits_{n=1}^{\infty}(-1)^n\frac{n!}{n^n}$ 的敛散性。

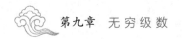

解 因为

$$\lim_{n\to+\infty}\left|\frac{u_{n+1}}{u_n}\right|=\lim_{n\to+\infty}\frac{\dfrac{(n+1)!}{(n+1)^{n+1}}}{\dfrac{n!}{n^n}}=\lim_{n\to+\infty}\left(\frac{n}{n+1}\right)^n=\lim_{n\to+\infty}\frac{1}{\left(1+\dfrac{1}{n}\right)^n}=\frac{1}{\mathrm{e}}<1$$

由正项级数的比值判别法知所给级数绝对收敛。

3. 交错级数与判别法 在任意项级数中,还有一类特殊的重要级数,就是级数的各项符号正负相间,即

$$u_1-u_2+u_3-u_4+\cdots+(-1)^{n-1}u_n+\cdots$$

或

$$-u_1+u_2-u_3+u_4+\cdots+(-1)^nu_n+\cdots$$

这样的级数,我们称之为交错级数,其中 $u_n>0(n=1,2,\cdots)$。

关于交错级数的敛散性问题,有下面的判别法。

定理 9.5(莱布尼茨判别法) 若交错级数 $\displaystyle\sum_{n=1}^{\infty}(-1)^{n-1}u_n$ 满足下列条件

(1) $u_n\geqslant u_{n+1}(n=1,2,\cdots)$;

(2) $\displaystyle\lim_{n\to+\infty}u_n=0$,

则交错级数收敛,其和 $S\leqslant u_1$,余项 R_n 的绝对值 $|R_n|\leqslant u_{n+1}$。

证 先考虑前 $2n$ 项的部分和 S_{2n}:

$$S_{2n}=(u_1-u_2)+(u_3-u_4)+\cdots+(u_{2n-1}-u_{2n})$$

根据条件(1)右端每一个括号里都是非负的,所以,S_{2n} 是单调递增的。再将 S_{2n} 用另一种形式表示:

$$S_{2n}=u_1-(u_2-u_3)-(u_4-u_5)-\cdots-(u_{2n-2}-u_{2n-1})-u_{2n}$$

等式右端每一个括号里都是非负的,所以 $S_{2n}<u_1$。单调有界数列必有极限,于是,当 $n\to+\infty$ 时 S_{2n} 有极限,记为 S,且 $S\leqslant u_1$。由于 $S_{2n+1}=S_{2n}+u_{2n+1}$,由条件(2)知

$$\lim_{n\to+\infty}S_{2n+1}=\lim_{n\to+\infty}(S_{2n}+u_{2n+1})=S+0=S$$

综合以上两个结果,交错级数 $\displaystyle\sum_{n=1}^{\infty}(-1)^{n-1}u_n$ 收敛。余项 $R_n=\pm(u_{n+1}-u_{n+2}+\cdots)$,其绝对值为 $|R_n|=u_{n+1}-u_{n+2}+\cdots$ 也是一个交错级数,且满足条件(1)和(2),故该级数收敛,其和的绝对值不大于其首项,即 $|R_n|\leqslant u_{n+1}$。

例 10 试判别级数 $1-\dfrac{1}{2}+\dfrac{1}{3}-\dfrac{1}{4}+\cdots+(-1)^{n-1}\dfrac{1}{n}+\cdots$ 的敛散性。

解 所给级数满足条件:

$$u_n=\frac{1}{n}\geqslant u_{n+1}=\frac{1}{n+1},\ (n=1,2,\cdots)$$

$$\lim_{n\to+\infty}u_n=\lim_{n\to+\infty}\frac{1}{n}=0$$

所以,由定理 9.5 交错级数 $\displaystyle\sum_{n=1}^{\infty}\frac{(-1)^{n-1}}{n}$ 收敛。

思政元素

讨论 0.999 9… 与 1 的大小关系

当我们比较 0.999 9… 与 1 的大小关系时，经常会凭直觉认为 0.999 9… < 1。但是，我们学习了无穷级数后，我们可以把 0.999 9… 写成无穷级数，即有 0.999 9… = 0.9+0.09+0.009+0.000 9+…，其右边是以 0.1 为公比的等比级数，其前 n 项和 $s_n = \dfrac{0.9(1-0.1^n)}{1-0.1}$，可得 $\lim\limits_{n\to\infty} s_n = 1$，所以 0.999 9… = 1。

即使我们现在用无穷级数的方法计算出 0.999 9… = 1，但很多人还是很难从心里接受这一结果。这主要是因为我们习惯于用有限的运算和思维去解决问题，没有看到问题的本质。通过这个例子告诉我们：一方面我们遇到问题时不能想当然地凭主观去想问题，更不能唯经验论，要看清问题的本质，注意解决问题的思路和方法的正确性。另一方面，这个问题也说明了无限积累不同于有限相加，无限积累可能会由量变引起质变。由此，我们在日常的学习和成长过程中需要点滴的积累，当我们建立了自己的目标时，就要注意平时一点一滴的积累，朝着目标去奋斗，定能实现。

第二节　幂级数与展开式

一、幂级数

1. 幂级数与收敛性　若给定一个定义在区间 (a,b) 上的函数列
$$u_1(x), u_2(x), \cdots, u_n(x), \cdots$$
把该函数列组成的表达式
$$u_1(x)+u_2(x)+\cdots+u_n(x)+\cdots$$
称为定义在区间上 (a,b) 的**函数项无穷级数**。

特别地，若函数项级数的每一项都是幂函数，即
$$a_0+a_1(x-x_0)+a_2(x-x_0)^2+\cdots+a_n(x-x_0)^n+\cdots \tag{9-1}$$
则称其为**幂级数**。不失一般性，先讨论 $x_0=0$ 的幂级数形式：
$$a_0+a_1x+a_2x^2+\cdots+a_nx^n+\cdots \tag{9-2}$$
其中 $a_0, a_1, a_2, \cdots a_n, \cdots$ 都是常数，称为幂级数的系数。从某种意义上说，幂级数可以看作是多项式函数的延伸，幂级数在理论和实际上都有很多应用，特别是在用它表示函数方面。

现在我们先通过下面的例题来讨论任意给定的一个幂级数怎样确定收敛域和发散域的问题。

例 11　试讨论幂级数（**几何级数**）$1+x+x^2+\cdots+x^n+\cdots \; x\in(-\infty,+\infty)$ 的收敛域和发散域。

解　几何级数的部分和函数
$$S_n(x)=1+x+x^2+\cdots+x^n=\frac{1-x^n}{1-x}$$

当 $|x|<1$ 时，$\lim\limits_{n\to+\infty} S_n(x)=\lim\limits_{n\to+\infty}\dfrac{1-x^n}{1-x}=\dfrac{1}{1-x}$，此时，级数收敛；

当 $|x|\geqslant 1$ 时，$\lim\limits_{n\to+\infty} S_n(x)$ 不存在，故级数发散；

因此,几何级数的收敛域为 $(-1,1)$,其发散域为 $(-\infty,-1]\cup[1,+\infty)$。

例 12 求幂级数 $1+x+\dfrac{x^2}{2!}+\cdots+\dfrac{x^n}{n!}+\cdots$ 的收敛域。

解 对任何 x 值都有

$$\lim_{n\to+\infty}\left|\frac{u_{n+1}(x)}{u_n(x)}\right|=\lim_{n\to+\infty}\left|\frac{x}{n+1}\right|=0$$

根据比值判别法,这个幂级数对一切 x 都是绝对收敛的,就是说,收敛域为无穷区间 $(-\infty,+\infty)$。

例 13 求幂级数 $\displaystyle\sum_{n=1}^{\infty}n^n x^n$ 的收敛域。

解 此幂级数在 $x=0$ 收敛。在 $x\neq0$ 点,只要 $n>\dfrac{1}{|x|}$ 时,就有

$$|u_n(x)|=|n^n x^n|=|nx|^n>1$$

因此,当 $n\to+\infty$ 时,一般项的绝对值 $|u_n(x)|$ 不趋于零,从而这个幂级数对一切不等于零的 x 都发散,其收敛域只有 $x=0$ 这一点。

一般地,可以证明:若幂级数不是仅在 $x=0$ 收敛,也不是在 $(-\infty,+\infty)$ 上收敛,则必存在一个正数 R,当 $|x|<R$ 时,幂级数(9-2)绝对收敛;当 $|x|>R$ 时,幂级数(9-2)发散;当 $x=R$ 或 $x=-R$ 时,幂级数(9-2)可能收敛,也可能发散。这个正数 R 称为幂级数(9-2)的收敛半径,由幂级数在 $x=\pm R$ 处的收敛性可以决定。

定理 9.6 对于幂级数(9-2),若

$$\lim_{n\to+\infty}\left|\frac{a_{n+1}}{a_n}\right|=\rho$$

则

(1)当 $0<\rho<+\infty$ 时,幂级数(9-2)的收敛半径为 $R=\dfrac{1}{\rho}$;

(2)当 $\rho=0$ 时,幂级数(9-2)的收敛半径为 $R=+\infty$;

(3)当 $\rho=+\infty$ 时,幂级数(9-2)的收敛半径 $R=0$。

证 考察幂级数(9-2)各项取绝对值所构成的级数

$$|a_0|+|a_1x|+|a_2x^2|+\cdots+|a_nx^n|+\cdots \tag{9-3}$$

$$\lim_{n\to\infty}\frac{u_{n+1}}{u_n}=\lim_{n\to\infty}\frac{|a_{n+1}x^{n+1}|}{|a_nx^n|}=\lim_{n\to\infty}\left|\frac{a_{n+1}}{a_n}\right|\cdot|x|=\rho\cdot|x|$$

根据比值判别法知:

(1)若 $0<\rho<+\infty$,当 $\rho\cdot|x|<1$,即 $|x|<\dfrac{1}{\rho}$ 时,级数(9-3)收敛,从而级数(9-2)绝对收敛。

当 $\rho\cdot|x|>1$,即 $|x|>\dfrac{1}{\rho}$ 时,级数(9-3)发散,并且通项 $|a_nx^n|$ 不能趋近于零,从而级数(9-2)发散,因此,收敛半径 $R=\dfrac{1}{\rho}$。

(2)若 $\rho=0$,对一切 x,有 $\lim\limits_{n\to+\infty}\dfrac{u_{n+1}}{u_n}=\rho\cdot|x|=0$,由此值判别法知级数(9-3)收敛,从而级数(9-2)绝对收敛,则收敛半径 $R=+\infty$。

(3)若 $\rho=+\infty$ 及 $x\neq0$,级数(9-3)的一般项 $|a_nx^n|$ 不趋于零,级数(9-3)发散,从而级数

(9-2)也发散。而当 $x=0$ 时,幂级数(9-2)收敛,所以收敛半径 $R=0$。

例 14 求幂级数 $\sum\limits_{n=1}^{\infty} n! \, x^n$ 的收敛半径。

解 由于

$$\lim_{n\to+\infty}\left|\frac{a_{n+1}}{a_n}\right|=\lim_{n\to+\infty}\left|\frac{(n+1)!}{n!}\right|=\lim_{n\to+\infty}(n+1)=+\infty$$

所以幂级数 $\sum\limits_{n=1}^{\infty} n! \, x^n$ 的收敛半径 $R=0$。

例 15 求幂级数 $\sum\limits_{n=1}^{\infty}\dfrac{x^n}{n\cdot 5^n}$ 的收敛半径与收敛域。

解 由于

$$\lim_{n\to+\infty}\left|\frac{a_{n+1}}{a_n}\right|=\lim_{n\to+\infty}\left|\frac{\dfrac{1}{5^{n+1}(n+1)}}{\dfrac{1}{5^n\cdot n}}\right|=\lim_{n\to+\infty}\frac{n}{5(n+1)}=\frac{1}{5}$$

所以幂级数的收敛半径 $R=5$,收敛区间为 $(-5,5)$;但当 $x=-5$ 时,级数成 $\sum\limits_{n=1}^{\infty}\dfrac{(-1)^n}{n}$,它是一个收敛的交错级数;当 $x=5$ 时,级数成为 $\sum\limits_{n=1}^{\infty}\dfrac{1}{n}$,它是发散的调和级数,所以该幂级数的收敛域为 $[-5,5)$。

例 16 求幂级数 $\sum\limits_{n=1}^{\infty}(-1)^{n-1}\dfrac{(x-1)^n}{5n}$ 的收敛半径及收敛域。

解 由于

$$\lim_{n\to+\infty}\left|\frac{a_{n+1}}{a_n}\right|=\lim_{n\to+\infty}\frac{5n}{5(n+1)}=\lim_{n\to+\infty}\frac{n}{n+1}=1$$

因此,幂级数的收敛半径 $R=1$,当 $|x-1|<R=1$ 时,幂级数 $\sum\limits_{n=1}^{\infty}(-1)^{n-1}\dfrac{(x-1)^n}{5n}$ 绝对收敛,故收敛区间为 $(0,2)$。

当 $x=0$ 时,幂级数为

$$\sum_{n=1}^{\infty}(-1)^{n-1}\frac{(-1)^n}{5n}=\sum_{n=1}^{\infty}\frac{(-1)^{2n-1}}{5n}=\sum_{n=1}^{\infty}\frac{-1}{5n}=-\frac{1}{5}\sum_{n=1}^{\infty}\frac{1}{n}$$

由于调和级数发散,所以级数也发散。

当 $x=2$ 时,幂级数为

$$\sum_{n=1}^{\infty}(-1)^{n-1}\frac{1}{5n}=\frac{1}{5}\sum_{n=1}^{\infty}\frac{(-1)^{n-1}}{n}$$

我们知道级数 $\sum\limits_{n=1}^{\infty}\dfrac{(-1)^{n-1}}{n}$ 为条件收敛,因此级数 $\sum\limits_{n=1}^{\infty}\dfrac{(-1)^{n-1}}{5n}$ 条件收敛;所以,幂级数 $\sum\limits_{n=1}^{\infty}(-1)^{n-1}\dfrac{(x-1)^n}{5n}$ 的收敛域为 $(0,2]$。

2. 幂级数的运算与性质 我们提出以下的有关幂级数常用的运算法则而不加证明。

设有两个幂级数

$$a_0+a_1x+a_2x^2+\cdots+a_nx^n+\cdots$$
$$b_0+b_1x+b_2x^2+\cdots+b_nx^n+\cdots$$

它们的和函数分别为 $S_a(x)$, $S_b(x)$, 收敛半径分别为 R_a, R_b. 记 $R=\min\{R_a, R_b\}$, 显然 R 是两个级数共同的收敛半径, 则在它们收敛区间 $(-R, R)$ 内有下列运算:

(1) 加法、减法运算

$$\sum_{n=0}^{\infty} a_n x^n \pm \sum_{n=0}^{\infty} b_n x^n = \sum_{n=0}^{\infty} (a_n + b_n) x^n = S_a(x) \pm S_b(x) \quad |x| < R$$

(2) 乘法运算

$$\left(\sum_{n=0}^{\infty} a_n x^n\right) \cdot \left(\sum_{n=0}^{\infty} b_n x^n\right) = \sum_{n=0}^{\infty} c_n x^n = S_a(x) \cdot S_b(x) \quad |x| < R$$

其中 $c_n = \sum_{i=0}^{n} a_i b_{n-i} = a_0 b_n + a_1 b_{n-1} + \cdots + a_n b_0$

(3) 除法运算

$$\frac{\sum_{n=0}^{\infty} a_n x^n}{\sum_{n=0}^{\infty} b_n x^n} = \sum_{n=0}^{\infty} c_n x^n = \frac{S_a(x)}{S_b(x)}$$

这里假设 $b_0 \neq 0$, 系数 $c_0, c_1, c_2, \cdots, c_n, \cdots$ 的确定可根据

$$\left(\sum_{n=0}^{\infty} b_n x^n\right) \cdot \left(\sum_{n=0}^{\infty} c_n x^n\right) = \sum_{n=0}^{\infty} a_n x^n$$

即

$$a_0 = b_0 c_0$$
$$a_1 = b_1 c_0 + b_0 c_1$$
$$a_2 = b_2 c_0 + b_1 c_1 + b_0 c_2$$
$$\cdots\cdots$$

依次求得, 而 $\sum_{n=0}^{\infty} c_n x^n$ 的收敛区间可能比原来两个级数的收敛区间小得多。

(4) 导数运算: 设幂级数 $\sum_{n=0}^{\infty} a_n x^n$ 的收敛区间为 $(-R, R)$, 和函数为 $S(x)$, 则对 $(-R, R)$ 内任意一点 x 有

$$S'(x) = \left(\sum_{n=0}^{\infty} a_n x^n\right)' = \sum_{n=0}^{\infty} (a_n x^n)' = \sum_{n=0}^{\infty} n a_n x^{n-1}, |x| < R$$

这就是说幂级数在其收敛区间 $(-R, R)$ 内可逐项求导, 逐项求导后所得级数的收敛半径不变, 其和函数为原来级数和函数的导数。

(5) 积分运算: 设幂级数 $\sum_{n=0}^{\infty} a_n x^n$ 的收敛区间为 $(-R, R)$, 和函数为 $S(x)$, 对 $(-R, R)$ 内任意一点 x 有

$$\int_0^x S(x)\,\mathrm{d}x = \int_0^x \left[\sum_{n=0}^{\infty} a_n x^n\right]\mathrm{d}x$$

$$= \sum_{n=0}^{\infty} \frac{a_n}{n+1} x^{n+1} = a_0 x + \frac{a_1}{2} x^2 + \frac{a_2}{3} x^3 + \cdots + \frac{a_n}{n+1} x^{n+1} + \cdots$$

这就是说幂级数在其收敛区间 $(-R, R)$ 内可逐项积分, 逐项积分后所得级数的收敛半径不变, 其和函数为原级数和函数在相应区间上的积分。

根据幂级数的运算, 可以求一些幂级数的和函数, 或从已知的幂级数展开式求出一些未知函数的幂级数展开式, 下面我们举例来看它们的应用。

例 17 求幂级数 $1+2x+3x^2+\cdots+nx^{n-1}+\cdots$ 的和函数。

解 幂级数的收敛区间为 $(-1,1)$，设它在 $(-1,1)$ 上的和函数为 $S(x)$，即

$$S(x)=1+2x+3x^2+\cdots+nx^{n-1}+\cdots \qquad |x|<1$$

等式两边求积分，根据逐项积分法则有

$$\int_0^x S(x)\,\mathrm{d}x = \int_0^x 1\mathrm{d}x+\int_0^x 2x\mathrm{d}x+\cdots+\int_0^x nx^{n-1}\mathrm{d}x+\cdots$$
$$=x+x^2+x^3+\cdots+x^n+\cdots \qquad |x|<1$$

这是公比为 x 的等比数列，其和函数为 $\dfrac{x}{1-x}$，因此

$$\int_0^x S(x)\,\mathrm{d}x = \frac{x}{1-x}$$

等式两边再求导数，便得到所求的和函数

$$S(x)=\left(\int_0^x S(x)\,\mathrm{d}x\right)' = \left(\frac{x}{1-x}\right)' = \frac{1}{(1-x)^2} \qquad |x|<1$$

例 18 求幂级数 $\displaystyle\sum_{n=1}^{\infty}\frac{n(n+1)}{2}x^{n-1}$ 在收敛域 $(-1,1)$ 内的和函数。

解 由例 17 知

$$\frac{1}{(1-x)^2}=1+2x+3x^2+\cdots+nx^{n-1}+(n+1)x^n+\cdots \qquad |x|<1$$

对上式两边求导后再除以 2，即可得到

$$\frac{1}{(1-x)^3}=1+3x+\cdots+\frac{n(n+1)}{2}x^{n-1}+\cdots=\sum_{n=1}^{\infty}\frac{n(n+1)}{2}x^{n-1} \qquad |x|<1$$

所以

$$\sum_{n=1}^{\infty}\frac{n(n+1)}{2}x^{n-1}=\frac{1}{(1-x)^3} \qquad |x|<1$$

二、函数展开成幂级数

通过上文讨论，我们已经知道，给定幂级数可以求出其收敛域与和函数。现考虑相反的问题，给定一个函数 $f(x)$，能否用一个收敛的幂级数来表示它呢？这个问题具有重要的理论价值和实用价值。为此先来介绍泰勒公式与泰勒级数。

1. 泰勒公式与泰勒级数

定理 9.7（泰勒定理） 若函数 $f(x)$ 在点 x_0 的某邻域内具有直到 $(n+1)$ 阶的导数，则在该邻域内 $f(x)$ 可表示成 $(x-x_0)$ 的一个 n 次多项式 $p_n(x)$ 和一个余项 $R_n(x)$ 的和，即

$$f(x)=p_n(x)+R_n(x) \tag{9-4}$$

其中

$$p_n(x)=f(x_0)+f'(x_0)(x-x_0)+\frac{f''(x_0)}{2!}(x-x_0)^2+\cdots+\frac{f^{(n)}(x_0)}{n!}(x-x_0)^n$$

$$R_n(x)=\frac{f^{(n+1)}(\varepsilon)}{(n+1)!}(x-x_0)^{n+1} \qquad (\varepsilon \text{ 位于 } x_0 \text{ 与 } x \text{ 之间})$$

证 令

$$R_n(x)=f(x)-P_n(x)=f(x)-f(x_0)-f'(x_0)(x-x_0)$$

$$-\frac{f''(x_0)}{2!}(x-x_0)^2-\cdots-\frac{f^{(n)}(x_0)}{n!}(x-x_0)^n$$

则由假设可知 $R_n(x)$ 在点 x_0 的某邻域内具有直到 $(n+1)$ 阶的导数,且

$$R_n(x_0)=R_n'(x_0)=\cdots=R_n^{(n)}(x_0)=0$$

对函数 $R_n(x)$ 与 $(x-x_0)^{n+1}$ 在区间 $[x_0,x]$ 上应用柯西中值定理,有

$$\frac{R_n(x)}{(x-x_0)^{n+1}}=\frac{R_n(x)-R_n(x_0)}{(x-x_0)^{n+1}-0}=\frac{R_n'(\varepsilon_1)}{(n+1)(\varepsilon_1-x_0)^n}\quad \varepsilon_1\in(x_0,x)$$

再对函数 $R_n'(x)$ 与 $(n+1)(x-x_0)^n$ 在区间 $[x_0,\varepsilon_1]$ 上应用柯西中值定理,有

$$\frac{R_n'(\varepsilon_1)}{(n+1)(\varepsilon_1-x_0)^n}=\frac{R_n'(\varepsilon_1)-R_n'(x_0)}{(n+1)(\varepsilon_1-x_0)^n-0}=\frac{R_n''(\varepsilon_2)}{n(n+1)(\varepsilon_2-x_0)^{n-1}}\quad \varepsilon_2\in(x_0,\varepsilon_1)$$

照此继续下去,经过 $(n+1)$ 次操作后,有

$$\frac{R_n(x)}{(x-x_0)^{n+1}}=\frac{R_n^{(n+1)}(\varepsilon)}{(n+1)!}\quad \varepsilon\in(x_0,x)$$

注意到 $R_n^{(n+1)}(x)=f^{(n+1)}(x)\left[\text{因}p_n^{(n+1)}(x)=0\right]$,于是上式又可写成

$$R_n(x)=\frac{f^{(n+1)}(\varepsilon)}{(n+1)!}(x-x_0)^{n+1}\quad \varepsilon\in(x_0,x)$$

式(9-4)称为 $f(x)$ 在 x_0 的 n 阶泰勒公式,多项式 $p_n(x)$ 称为 $f(x)$ 在 x_0 的 n 次泰勒多项式,余式 $R_n(x)$ 称为拉格朗日型余项。当用 $p_n(x)$ 近似表示函数 $f(x)$ 时,其误差为 $|R_n(x)|$。

下面我们利用泰勒公式,可导出泰勒级数。

如 $f(x)$ 在点 x_0 的某邻域内具有各阶导数 $f'(x),f''(x),\cdots,f^{(n)}(x),\cdots$ 且有

$$\lim_{n\to+\infty}R_n(x)=0$$

此时,把 $p_n(x)$ 改写成 $S_{n+1}(x)$,用它来表示幂级数

$$f(x_0)+f'(x_0)(x-x_0)+\frac{f''(x_0)}{2!}(x-x_0)^2+\cdots+\frac{f^{(n)}(x_0)}{n!}(x-x_0)^n+\cdots$$

的前 $(n+1)$ 项的和,同时将式(9-4)改写为

$$f(x)-S_{n+1}(x)=R_n(x)$$

由假设条件

$$\lim_{n\to+\infty}[f(x)-S_{n+1}(x)]=\lim_{n\to+\infty}R_n(x)=0$$

于是

$$f(x)=\lim_{n\to+\infty}S_{n+1}(x)$$

$$=f(x_0)+f'(x_0)(x-x_0)+\frac{f''(x_0)}{2!}(x-x_0)^2+\cdots+\frac{f^{(n)}(x_0)}{n!}(x-x_0)^n+\cdots$$

$$=\sum_{n=0}^{\infty}\frac{f^{(n)}(x_0)}{n!}(x-x_0)^n\quad (|x-x_0|<R)\tag{9-5}$$

式(9-5)称为函数 $f(x)$ 在 x_0 的泰勒级数。

由上面分析可知,若一个函数 $f(x)$ 在点 x_0 的某邻域内具有各阶导数,且 $\lim\limits_{n\to+\infty}R_n(x)=0$,则它一定能展开形如式(9-5)的幂级数。

当 $x_0=0$ 时,泰勒公式(9-4)与泰勒级数(9-5)分别成为如下的麦克劳林公式(9-6)与麦克劳林级数(9-7)。

$$f(x)=f(0)+f'(0)x+\frac{f''(0)}{2!}x^2+\cdots+\frac{f^{(n)}(0)}{n!}x^n+\frac{f^{(n+1)}(\xi)}{(n+1)!}x^{n+1}\tag{9-6}$$

$$f(x)=f(0)+f'(0)x+\frac{f''(0)}{2!}x^2+\cdots+\frac{f^{(n)}(0)}{n!}x^n+\cdots\tag{9-7}$$

2. 初等函数的幂级数展开 下面我们以基本初等函数为例,建立它们的幂级数展开式。需要指出的是,以后我们所指的函数 $f(x)$ 幂级数展开式通常是指麦克劳林级数。

(1)**直接法**:把已给的函数 $f(x)$ 展开为 x 的幂级数,可按照下列步骤进行

第一步 求出 $f(x)$ 在 $x=0$ 处的各阶导数 $f^{(n)}(0)$ $(n=1,2,\cdots)$;

第二步 确定各系数的值

$$a_0 = f(0), a_n = \frac{1}{n!}f^{(n)}(0) \quad (n=1,2,\cdots);$$

第三步 确定 $f(x)$ 的麦克劳林级数的收敛半径 R,即可得到

$$f(x) = f(0) + f'(0)x + \frac{f''(0)}{2!}x^2 + \cdots + \frac{f^{(n)}(0)}{n!}x^n + \cdots \quad |x| < R;$$

第四步 考察在收敛区间 $(-R,R)$ 内余项的极限。

例 19 求 $f(x) = e^x$ 的幂级数展开式。

解 1)$f(x)$ 的各阶导数

$$f'(x) = e^x, f''(x) = e^x, \ldots, f^{(n)}(x) = e^x$$

2)$f^{(n)}(0) = 1, a_n = \frac{1}{n!}$ $(n=1,2,\cdots)$

3)$\lim\limits_{n\to+\infty}\left|\frac{a_{n+1}}{a_n}\right| = \lim\limits_{n\to+\infty}\left|\frac{\frac{1}{(n+1)!}}{\frac{1}{n!}}\right| = 0$

它的收敛半径 $R = +\infty$。所以 e^x 的麦克劳林级数为:

$$1 + x + \frac{x^2}{2!} + \cdots + \frac{x^n}{n!} + \cdots$$

4)对任意有限的 x,ξ,(ξ 在 0 与 x 之间)

$$R_n(x) = \left|\frac{e^\xi x^{n+1}}{(n+1)!}\right| < e^{|\xi|}\frac{|x|^{n+1}}{(n+1)!}$$

因 $e^{|\xi|}$ 为有限数,故当 $n\to+\infty$ 时,$|R_n(x)|\to 0$。由此得展开式

$$e^x = 1 + x + \frac{x^2}{2!} + \cdots + \frac{x^n}{n!} + \cdots \quad (-\infty < x < +\infty)$$

例 20 求 $f(x) = \sin x$ 的幂级数展开式。

解 1)$f(x)$ 的各阶导数为

$$f'(x) = \cos x = \sin\left(x + \frac{\pi}{2}\right)$$

$$f''(x) = \cos\left(x + \frac{\pi}{2}\right) = \sin\left(x + \frac{2\pi}{2}\right)$$

$$\cdots\cdots$$

$$f^{(n)}(x) = \sin\left(x + \frac{n\pi}{2}\right)$$

2)当 $k = 0,1,2,\cdots$ 时,有

$$n = 2k \text{ 时}, f^{(n)}(0) = 0, a_n = 0;$$

$$n = 4k+1 \text{ 时}, f^{(n)}(0) = 1, a_n = \frac{1}{n!};$$

$$n = 4k+3 \text{ 时}, f^{(n)}(0) = -1, a_n = \frac{-1}{n!}。$$

3）它的收敛半径 $R=+\infty$，其泰勒级数为

$$x-\frac{x^3}{3!}+\frac{x^5}{5!}-\frac{x^7}{7!}+\cdots+\frac{(-1)^n x^{2n+1}}{(2n+1)!}+\cdots$$

4）讨论余项，对任意有限的 x,ξ,ξ 在 0 与 x 之间，余项的绝对值为

$$|R_n(x)|=\left|\frac{\sin\left[\xi+(n+1)\dfrac{\pi}{2}\right]}{(n+1)!}x^{n+1}\right|<\frac{|x|^{n+1}}{(n+1)!}$$

而 $\dfrac{|x|^{n+1}}{(n+1)!}$ 是收敛级数 $\displaystyle\sum_{n=1}^{\infty}\frac{|x|^{n+1}}{(n+1)!}$ 的一般项，所以当 $n\to+\infty$ 时，$\dfrac{|x|^{n+1}}{(n+1)!}\to 0$，即当 $n\to+\infty$ 时，$|R_n(x)|\to 0$，由此得展开式

$$\sin x=x-\frac{x^3}{3!}+\frac{x^5}{5!}-\frac{x^7}{7!}+\cdots+\frac{(-1)^n x^{2n+1}}{(2n+1)!}+\cdots\quad(-\infty<x<+\infty)$$

（2）**间接法**：是从已知的展开式出发，通过变量代换、四则运算、逐项求导数或逐项积分等方法，间接地求得函数的幂级数展开式。

例 21　求 $f(x)=\cos x$ 的幂级数展开式。

解　已知

$$\sin x=x-\frac{x^3}{3!}+\frac{x^5}{5!}-\frac{x^7}{7!}+\cdots+\frac{(-1)^n x^{2n+1}}{(2n+1)!}+\cdots(-\infty<x<+\infty)$$

只要对上式的两边逐项求导，则得到 $\cos x$ 的幂级数展开式：

$$\cos x=1-\frac{x^2}{2!}+\frac{x^4}{4!}-\frac{x^6}{6!}+\cdots+\frac{(-1)^n x^{2n}}{(2n)!}+\cdots(-\infty<x<+\infty)$$

三、函数展开成幂级数的应用

1. 泰勒级数在近似计算上的应用　在科学技术中，特别是基础理论的研究中，常常将复杂的公式简化为近似公式。我们知道，幂级数的前 n 项部分和是 x 的一个多项式，多项式函数是结构简单而运算容易的一种函数，对它进行微分和积分运算十分方便。因此，用多项式来代替级数所表示的函数，给我们的计算带来了极大的方便。下面我们介绍函数展开成幂级数的应用。

例 22　求 $\sqrt{\dfrac{25}{26}}$ 的近似值，精确到 0.000 1。

解　因为

$$(1-x)^m=1-mx+\frac{m(m-1)}{2!}x^2-\cdots+(-1)^n\frac{m(m-1)\cdots(m-n+1)}{n!}x^n+\cdots(-1<x<1)\text{所以}$$

$$\sqrt{\frac{25}{26}}=\sqrt{1-\frac{1}{26}}=\left(1-\frac{1}{26}\right)^{\frac{1}{2}}$$

$$=1-\frac{1}{2}\left(\frac{1}{26}\right)+\frac{\frac{1}{2}\left(\frac{1}{2}-1\right)}{2!}\left(\frac{1}{26}\right)^2-\frac{\frac{1}{2}\left(\frac{1}{2}-1\right)\left(\frac{1}{2}-2\right)}{3!}\left(\frac{1}{26}\right)^3+\cdots$$

$$=1-\frac{1}{2}\cdot\frac{1}{26}-\frac{1}{2^2 2!}\left(\frac{1}{26}\right)^2-\frac{1\cdot 3}{2^3 3!}\left(\frac{1}{26}\right)^3-\cdots-\frac{1\cdot 3\cdots(2n-3)}{2^n n!}\left(\frac{1}{26}\right)^n-\cdots$$

误差估计

$$\left|R_n\left(\frac{1}{26}\right)\right|<\frac{1\cdot 3\cdots(2n-3)}{2^n n!}\left(\frac{1}{26}\right)^n\left[1+\left(\frac{1}{26}\right)+\left(\frac{1}{26}\right)^2+\cdots\right]$$

$$= \frac{1 \cdot 3 \cdots (2n-3)}{2^n \cdot n!} \cdot \frac{1}{25} \cdot \left(\frac{1}{26}\right)^{n-1}$$

要求精确到 0.000 1,则需要 $n \geqslant 3$。取 $n=3$,有

$$\sqrt{\frac{25}{26}} = 1 - \frac{1}{2} \cdot \frac{1}{26} - \frac{1}{2^2 2!}\left(\frac{1}{26}\right)^2 = 1 - 0.019\ 23 - 0.000\ 18 = 0.980\ 59 \approx 0.980\ 6$$

例 23 计算定积分 $\int_0^1 \frac{\sin x}{x} \mathrm{d}x$ 的近似值(精确到小数点后第 4 位)。

解 因为 $\lim\limits_{x \to 0} \frac{\sin x}{x} = 1$,只需补充定义被积函数在 $x=0$ 处的值为 1,则被积函数就是 $[0,1]$ 上的连续函数。但由于 $\frac{\sin x}{x}$ 的原函数无法用初等函数来表示,所以采用它的幂级数展开式来求积分。

将被积函数展开为

$$\frac{\sin x}{x} = 1 - \frac{x^2}{3!} + \frac{x^4}{5!} - \frac{x^6}{7!} + \cdots$$

对幂级数展开式逐项积分

$$\int_0^1 \frac{\sin x}{x}\mathrm{d}x = 1 - \frac{1}{3 \cdot 3!} + \frac{1}{5 \cdot 5!} - \frac{1}{7 \cdot 7!} + \cdots$$

根据交错级数的误差估计,其第四项的绝对值

$$|R_4| < \frac{1}{7 \cdot 7!} < 10^{-4}$$

因此,只要取前三项作为积分的近似值便可,即

$$\int_0^1 \frac{\sin x}{x}\mathrm{d}x \approx 1 - \frac{1}{3 \cdot 3!} + \frac{1}{5 \cdot 5!} \approx 1 - 0.055\ 55 + 0.001\ 67 = 0.946\ 1$$

2. 欧拉公式 利用三角函数和指数函数的幂级数展开式,可知

$$\begin{aligned}
\cos x + i\sin x &= \left(1 - \frac{x^2}{2!} + \frac{x^4}{4!} - \cdots\right) + i\left(x - \frac{x^3}{3!} + \frac{x^5}{5!} - \cdots\right)\\
&= 1 + ix - \frac{x^2}{2!} - i\frac{x^3}{3!} + \frac{x^4}{4!} + i\frac{x^5}{5!} + \cdots\\
&= 1 + ix + \frac{(ix)^2}{2!} + \frac{(ix)^3}{3!} + \frac{(ix)^4}{4!} + \frac{(ix)^5}{5!} + \cdots\\
&= \mathrm{e}^{ix}
\end{aligned}$$

所以

$$\mathrm{e}^{ix} = \cos x + i\sin x$$

这就是**欧拉公式**,将欧拉公式中的 x 换成 $-x$,有 $\mathrm{e}^{-ix} = \cos x - i\sin x$,于是

$$\cos x = \frac{\mathrm{e}^{ix} + \mathrm{e}^{-ix}}{2}$$

$$\sin x = \frac{\mathrm{e}^{ix} - \mathrm{e}^{-ix}}{2i}$$

从而得到欧拉公式的另一形式,它揭示了三角函数与指数函数之间的关系。

🔍 **知识链接**

泰　勒

　　泰勒(Brook Taylor,1685—1731),英国数学家,18世纪早期牛顿学派最优秀代表之一。泰勒的主要著作是1715年出版的《正的和反的增量方法》,书内陈述了他已于1712年7月给其老师梅钦(数学家、天文学家)的信中首先提出的著名定理——泰勒定理,当 $x=0$ 时便称为麦克劳林定理。1772年,拉格朗日强调了此公式的重要性,而且称之为微分学基本定理。但泰勒在证明当中并没有考虑级数的收敛性,因而使证明不严谨,这项工作直至19世纪20年代才由柯西完成。泰勒定理开创了有限差分理论,使任何单变量函数都可展开成幂级数;同时亦使泰勒成为有限差分理论的奠基者。泰勒还研究了微积分在一系列物理问题中的应用,其中以有关弦的横向振动结果尤为重要。他通过求解方程导出了基本频率公式,开创了研究弦振问题之先河。此外,他还进行了其他创造性工作,如论述常微分方程的奇异解、曲率问题的研究等。

📖 **学习小结**

1. 学习内容

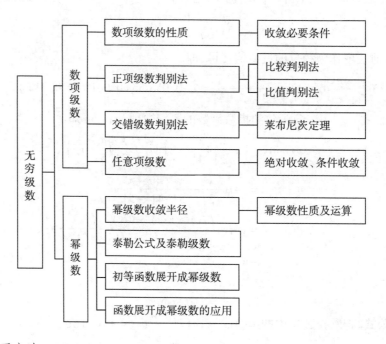

2. 学习方法

(1)对无穷级数 $\sum_{n=1}^{\infty} u_n$,可先观察其一般项是否趋向于零,若 $\lim\limits_{n\to\infty} u_n \neq 0$,可由级数收敛的必要条件判定该级数发散。若 $\lim\limits_{n\to\infty} u_n = 0$,可用级数其他判别法判定。

(2)正项级数的收敛性有比较判别法和比值判别法。在用比较判别法时,通常利用 p 级数或等比级数作为参照比较。

(3)任意项级数的条件收敛,必须明确两个问题:①取绝对值后的正项级数发散(非绝对收敛);②任意级数本身收敛,交错级数非绝对收敛时,一般用莱布尼茨定理来判别其收敛性。

(4)求幂级数 $\sum\limits_{n=1}^{\infty} a_n x^n$ 的收敛域时,首先求出半径 R,再判别级数 $\sum\limits_{n=1}^{\infty} a_n R^n$ 与 $\sum\limits_{n=1}^{\infty} a_n$ $(-R)^n$ 的敛散性。

(5)函数展开成幂级数时,应尽可能利用 $\dfrac{1}{1-x}$,e^x,$\sin x$,$\cos x$,$\ln(1+x)$ 和 $(1+x)^m$ 等初等函数的展开式。

(6)常用展开式

$$\frac{1}{1-x}=1+x+x^2+x^3+\cdots+x^n+\cdots \quad (-1<x<1)$$

$$e^x=1+x+\frac{x^2}{2!}+\cdots+\frac{x^n}{n!}+\cdots \quad (-\infty<x<+\infty)$$

$$\sin x=x-\frac{x^3}{3!}+\frac{x^5}{5!}-\frac{x^7}{7!}+\cdots+\frac{(-1)^n x^{2n+1}}{(2n+1)!}+\cdots \quad (-\infty<x<+\infty)$$

$$\cos x=1-\frac{x^2}{2!}+\frac{x^4}{4!}-\frac{x^6}{6!}+\cdots+\frac{(-1)^n x^{2n}}{(2n)!}+\cdots \quad (-\infty<x<+\infty)$$

$$\ln(1+x)=x-\frac{x^2}{2}+\frac{x^3}{3}\cdots+(-1)^n\frac{x^{n+1}}{n+1}+\cdots (-1<x\leq 1)$$

$$(1+x)^m=1+mx+\frac{m(m-1)}{2!}x^2+\cdots+\frac{m(m-1)\cdots(m-n+1)}{n!}x^n+\cdots(-1<x<1)$$

(白丽霞 董寒晖)

习题九

1. 写出下列级数的一般项:

(1) $1-\dfrac{1}{3}+\dfrac{1}{5}-\dfrac{1}{7}+\cdots$

(2) $\dfrac{1}{\ln 2}+\dfrac{1}{2\ln 3}+\dfrac{1}{3\ln 4}+\cdots$

(3) $-1+0+\dfrac{1}{3}+\dfrac{2}{4}+\dfrac{3}{5}+\cdots$

(4) $\dfrac{1}{2\cdot 5}+\dfrac{1}{3\cdot 6}+\dfrac{1}{4\cdot 7}+\cdots$

(5) $-a^2+\dfrac{a^3}{2}-\dfrac{a^4}{6}+\dfrac{a^5}{24}-\cdots$

(6) $1+3x+\dfrac{3\cdot 4}{2}x^2+\dfrac{4\cdot 5}{2}x^3+\cdots$

2. 判别下列级数的敛散性:

(1) $\sum\limits_{n=1}^{\infty}\dfrac{1}{\ln(n+1)}$

(2) $\sum\limits_{n=1}^{\infty}\dfrac{1}{\sqrt{n(n+1)}}$

(3) $\sum\limits_{n=1}^{\infty}\dfrac{1}{(n+1)(n+4)}$

(4) $\sum\limits_{n=1}^{\infty}\dfrac{1+n}{1+n^2}$

(5) $\sum\limits_{n=1}^{\infty}\dfrac{n+2}{2^n}$

(6) $\sum\limits_{n=1}^{\infty}\dfrac{n^2}{3^n}$

笔记栏

$(7) \displaystyle\sum_{n=1}^{\infty} \dfrac{5^n}{n!}$　　　　　　　　　　$(8) \displaystyle\sum_{n=1}^{\infty} \dfrac{(n!)^2}{3n^2}$

3. 判别下列级数是否收敛？如果是收敛的，是绝对收敛还是条件收敛？

$(1)\ 1-\dfrac{1}{\sqrt{2}}+\dfrac{1}{\sqrt{3}}-\dfrac{1}{\sqrt{4}}+\cdots$　　　　$(2) \displaystyle\sum_{n=1}^{\infty} (-1)^{n-1}\dfrac{n}{3^{n-1}}$

$(3) \displaystyle\sum_{n=1}^{\infty} (-1)^{n}\dfrac{n}{n+1}$　　　　　　$(4) \displaystyle\sum_{n=1}^{\infty} (-1)^{n}\dfrac{1+n}{n^2}$

$(5) \displaystyle\sum_{n=1}^{\infty} (-1)^{n-1}\dfrac{1}{n2^n}$　　　　　　$(6) \displaystyle\sum_{n=1}^{\infty} (-1)^{n-1}\dfrac{1}{\ln(n+1)}$

4. 求下列幂级数的收敛半径与收敛域：

$(1) \displaystyle\sum_{n=1}^{\infty} (-1)^{n}n^3 x^n$　　　　　　　$(2) \displaystyle\sum_{n=1}^{\infty} (-1)^{n-1}\dfrac{x^n}{n}$

$(3) \displaystyle\sum_{n=1}^{\infty} \dfrac{2^n}{n^2+1}x^n$　　　　　　$(4) \displaystyle\sum_{n=1}^{\infty} \dfrac{1}{3^n}(2x)^n$

$(5) \displaystyle\sum_{n=1}^{\infty} \dfrac{n^2}{n!}x^n$　　　　　　　$(6) \displaystyle\sum_{n=1}^{\infty} \dfrac{2^n}{\sqrt{n}}(x+1)^n$

5. 把下列级数展开成 x 的幂级数：

$(1)\ xe^x$　　　　　　　　　　$(2)\ \dfrac{x}{x^2-2x-3}$

$(3)\ \cos^2 x$　　　　　　　　　$(4)\ a^x$

$(5)\ \dfrac{1}{\sqrt{1-x^2}}$　　　　　　　　$(6)\ \sin\dfrac{x}{2}$

6. 把下列函数展开成 $(x-x_0)$ 的幂级数：

$(1)\ f(x)=\dfrac{1}{x}$ 在 $x_0=-2$　　　$(2)\ f(x)=\lg x$ 在 $x_0=1$

$(3)\ f(x)=\dfrac{1}{4-x}$ 在 $x_0=2$　　　$(4)\ f(x)=\cos x$ 在 $x_0=-\dfrac{\pi}{3}$

7. 利用逐项求导或逐项积分方法求下列幂级数在收敛区间内的和函数：

$(1) \displaystyle\sum_{n=1}^{\infty} \dfrac{x^n}{n},\ |x|<1$　　　　　$(2) \displaystyle\sum_{n=1}^{\infty} nx^{n-1},\ |x|<1$

$(3) \displaystyle\sum_{n=1}^{\infty} (-1)^n\dfrac{x^{2n+1}}{2n+1},\ |x|<1$　　$(4) \displaystyle\sum_{n=1}^{\infty} \dfrac{2n-1}{2^n}x^{2n-2},\ |x|<\sqrt{2}$

8. 利用函数的幂级数展开式，求下列函数的近似值：

$(1)\ \ln 3$ 的近似值（精确到 0.000 1）　　　$(2)\ \dfrac{2}{\sqrt{\pi}} \displaystyle\int_0^{\frac{1}{2}} e^{-x^2}\mathrm{d}x$（精确到 0.000 1）

主要参考书目

[1] 武京君. 高等数学[M]. 2版. 北京:中国人民大学出版社,2015.

[2] 乐经良,祝国强. 医用高等数学[M]. 2版. 北京:高等教育出版社,2008.

[3] 同济大学数学系. 高等数学[M]. 8版. 北京:高等教育出版社,2023.

[4] 周永治,严云良. 医药高等数学[M]. 3版. 北京:科学出版社,2009.

[5] 周喆. 高等数学[M]. 9版. 北京:中国中医药出版社,2012.

[6] 赵迁贵. 高等数学同步辅导[M]. 徐州:中国矿业大学出版社,2005.

[7] 朱家生. 数学史[M]. 3版. 北京:高等教育出版社,2022.

[8] 刘桂茹,孙永华. 微积分[M]. 2版. 天津:南开大学出版社,2008.

[9] 罗庆来,宋柏生. 高等数学(下册)[M]. 北京:高等教育出版社,2001.

[10] 马建忠,赵玉荣. 医学高等数学[M]. 北京:科学出版社,1999.

[11] 毛宗秀. 高等数学[M]. 3版. 北京:人民卫生出版社,2006.

[12] 李新. 医药高等数学[M]. 沈阳:辽宁科学技术出版社,1998.

[13] 齐欢. 数学模型方法[M]. 武汉:华中理工大学出版社,1996.

[14] 方积乾. 高等数学[M]. 2版. 北京:人民卫生出版社,1992.

[15] 刘泗章,陈晓光. 医学生物数学[M]. 长春:东北师范大学出版社,1987.

[16] 王高雄,周之铭,朱思铭,等. 常微分方程[M]. 4版. 北京:高等教育出版社,2020.

[17] 罗蕴玲,李乃华,安建业,等. 高等数学及其应用[M]. 3版. 北京:高等教育出版社,2021.

复习思考题
答案要点

模拟试卷